湖南省农田杂草防控技术与应用协同创新中心
湖南省农学与生物科学类专业校企合作人才培养示范基地
农药学湖南省重点学科
农药无害化应用湖南省高校重点实验室
国家自然科学基金（31401789、31501661）
湖南省高校创新平台开放基金（14K053、15K066）
湖南人文科技学院农业硕士教材建设基金
湖南省高校产业化培育项目（13CY030）
湖南省自然科学基金项目（12JJ6026、2015JJ6047）

联合资助

水稻病虫草害统防统治原理与实践

主　编　金晨钟

西南交通大学出版社
·成　都·

图书在版编目（CIP）数据

水稻病虫草害统防统治原理与实践／金晨钟主编.
—成都：西南交通大学出版社，2016.8
ISBN 978-7-5643-4863-2

Ⅰ.①水… Ⅱ.①金… Ⅲ.①水稻－病虫害防治－高
等学校－教材 Ⅳ.①S435.11

中国版本图书馆 CIP 数据核字（2016）第 178898 号

农业硕士研究生系列教材
水稻病虫草害统防统治原理与实践
主编 金晨钟

责 任 编 辑	牛 君
特 邀 编 辑	王雅琴
封 面 设 计	何东琳设计工作室
出 版 发 行	西南交通大学出版社 （四川省成都市二环路北一段 111 号 西南交通大学创新大厦 21 楼）
发 行 部 电 话	028-87600564　028-87600533
邮 政 编 码	610031
网　　　址	http://www.xnjdcbs.com
印　　　刷	四川煤田地质制图印刷厂
成 品 尺 寸	185 mm×260 mm
印　　　张	14.5
字　　　数	362 千
版　　　次	2016 年 8 月第 1 版
印　　　次	2016 年 8 月第 1 次
书　　　号	ISBN 978-7-5643-4863-2
定　　　价	38.00 元

课件咨询电话：028-87600533
图书如有印装质量问题　本社负责退换
版权所有　盗版必究　举报电话：028-87600562

《水稻病虫草害统防统治原理与实践》
编 委 会 名 单

主　编　金晨钟

副主编　刘　秀　黄安辉　谭显胜

参　编　（以姓氏拼音排序）

陈　维	湖南人文科技学院
邓亚男	湖南省农业生物技术研究中心
胡一鸿	湖南人文科技学院
黄安辉	湖南万家丰科技有限公司
黄勤勤	湖南振农科技有限公司
金晨钟	湖南人文科技学院
金雯昕	广东省戒毒管理局
李福星	湖南省平江县大洲乡人民政府
李　姣	湖南人文科技学院
李静波	湖南人文科技学院
刘秦燕	湖南人文科技学院
刘　晴	湖南人文科技学院
刘　秀	湖南人文科技学院
龙丹霞	湖南九龙集团农科公司
孟桂元	湖南人文科技学院
覃　梦	湖南人文科技学院
谭显胜	湖南人文科技学院
吴晓峰	湖南省永州市农科所
曾　智	湖南人文科技学院
张雪娇	湖南人文科技学院

前言

水稻是我国重要的粮食作物，每年水稻病虫草害发生情况复杂多样，造成的产量损失巨大，因此把握水稻病虫草害发生、为害规律并进行科学防治是必须的。近年来我国农村劳动力人口锐减，同时国家提出了农药的减量使用政策，如何进行科学合理的病虫草害防治，并控制农药的使用量，是植物保护工作者需要思考的问题。农作物病虫草害统防统治理念的提出和现代化植物保护器械的发展，为水稻病虫草害的统防统治提供了理论基础和物质条件。

鉴于水稻病虫草害防治技术综合性强、应用的产品更新快等特点，我们参考了相关专业教材和国内外大量最新文献报道，以水稻病虫草害统防统治概述、水稻主要病害、水稻主要虫害、稻田杂草、农药安全使用技术、常用喷雾器介绍和稻田主要农药使用技术为主线，结合我们在教学实践中的体会编写了本书。书中同时还精选了一些病虫草害的具体防治方法，对水稻病虫草害的防治工作具有现实指导意义。

本书分三部分，第一部分为水稻病虫草害统防统治原理概述，比较系统地介绍了病虫草害统防统治的发展历史、概念、指导思想及主要工作；第二部分为水稻病虫草害的发生、为害特征、规律及其综合防治技术，重点介绍了水稻上发生为害的十大病害、九类虫害和十个不同科的稻田杂草；第三部分为农药安全使用技术及器械介绍，介绍了农药学相关基本概念、农药选购和使用方法及注意事项、常用喷雾器及稻田常用的农药品种等。

全书共分七章，编写分工如下：第一章由黄安辉、李福星、金晨钟编写，第二章由金晨钟、邓亚男、金雯昕编写，第三章由刘秀、刘晴、黄勤勤、李姣编写，第四章由金晨钟、陈维、李静波编写，第五章由谭显胜、胡一鸿、孟桂元、覃梦编写，第六章由刘秀、吴晓峰、刘秦燕、张雪娇编写，第七章由金晨钟、曾智、胡一鸿、龙丹霞编写。湖南万家丰科技有限公司黄安辉、湖南九龙集团农科公司龙丹霞两位老师审读了全书，在此表示衷心的感谢。

本书可作为植物保护领域农业硕士、植物保护和农学等相关本科专业选修课程的教材和教学参考书，也可作为专业化统防统治合作组织、水稻种植大户病虫草害防治的培训教材。

由于编者水平有限，书中疏漏与不足之处在所难免，恳请广大读者提出宝贵意见。

编　者

2016 年 4 月于湖南娄底

目　录

第一部分　水稻病虫草害统防统治原理概述

第二部分　水稻病虫草害的发生、为害特征、规律及其综合防治技术

第三部分　农药安全使用技术及器械介绍

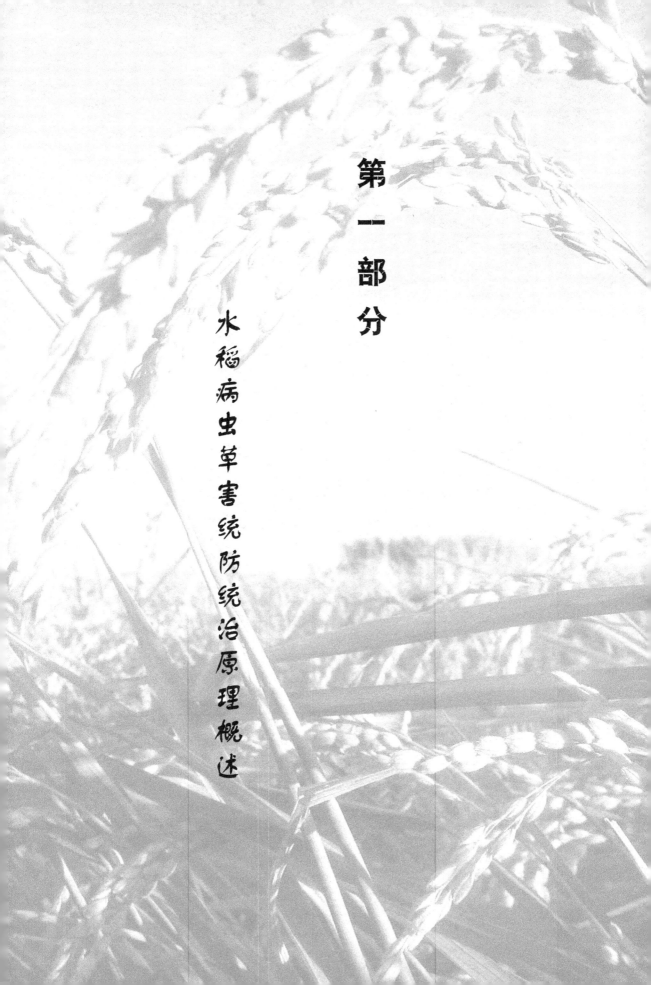

第一部分

水稻病虫草害统防统治原理概述

第一部分

第一章　水稻病虫草害统防统治概述

【内容提要】

水稻病虫害专业化统防统治是近年来兴起的一种水稻植保方式，是指具备相应植物保护专业技术和设备的服务组织，开展社会化、规模化、集约化水稻病虫害防治服务的行为。专业化统防统治对于水稻产业规模化、集约化经营，水稻生产机械化水平提升，粮食品质提高，农资科技推广普及，农村经济合作组织建设乃至农民群众增收、农业产业增效，都有着一定的积极意义。本章主要介绍统防统治的历史及发展、实施意义、基本概念、主要特征、指导思想与主要工作等。

第一节　统防统治的历史及发展

一、统防统治的历史

病虫害专业化防治是由传统的统防统治、应急防治和机械防治演变而来。1981 年，农村实行家庭联产承包责任制后，沿用 20 多年的防治病虫体制随之解散，防治病虫体制由社队统一防治改为农户分散喷药防治。但 1983 年中共中央 1 号文件《当前农村经济政策的若干问题》明确指出，"以分户经营为主的社队，要随着生产发展的需要，按照互利的原则，办好社员要求统一办的事情，如机耕、水利、植保、防疫、制种、配种等，都应统筹安排，统一管理，分别承包，建立制度，为农户服务"，这里提及的"植保""统筹安排，统一管理，分别承包，建立制度"具有专业化统防统治的雏形。随后，1983 年 5 月 23 日，国家经济委员会、农牧渔业部、财政部、商业部、化学工业部、机械工业部、中国农业银行联合发布《关于积极扶持发展植保公司的联合通知》，明确提到了"专业统防统治"这个名词。这个联合通知对专业防治的组织形式、组织发展情况、经济效益、社会效益、扶持政策等做了比较详细的介绍。在政府倡导、扶持下，专业化防治组织在 20 世纪 80 年代得到了较大的发展。随着农业生产方式变革和社会化服务体系的发展，各地以市场化运作的专业化统防统治服务应运而生，如湖北、陕西、四川、浙江等省份涌现出了一些机防服务合作社、协会、公司等专业化防治典型，并逐步向全国宣传推广应用。

随着农村经济社会的进步,现阶段单家独户防病治虫的模式越来越不适应农村经济社会的发展要求。为适应现代农业发展要求,提升病虫防治的组织化和规模化水平,2008 年中央 1 号文件提出,"探索建立专业化防治队伍,推进重大植物病虫害统防统治",开始探索专业化防治工作。经过 2 年的摸索,2010 年中央 1 号文件明确提出"大力推进农作物病虫害专业化统防统治",对专业化防治工作提出了更高的要求。2010 年 4 月,农业部在河南郑州召开全国植保工作会议,为在更大规模、更广范围、更高层次上深入推进农作物病虫害专业化防治,会议期间启动了全国开展农作物病虫害统防统治"百千万行动"(建设 100 个示范县,抓好 1 000 个示范区,扶持 10 000 个示范组织),力争通过若干年的努力,实现主要作物、重点地区、重大病虫统防统治全覆盖,逐步建立一批"拿得出、用得上、打得赢"的专业化防治队伍,使之成为重大病虫防控的主导力量,全面提升农作物重大病虫灾害防控能力,专业化防治迎来了新的发展契机。

二、统防统治的发展

目前,全国有各类农作物病虫害防治组织 10 万多个,其中经工商和民政部门注册登记的专业化防治组织近 5 500 个。各种形式的防治服务中,全程承包和带药分次承包的比例约占 10%,代防代治和其他形式约占 90%。主要粮食作物病虫统防统治面积已达 8 亿多亩次(1 亩 = 666.7 m^2)次,其中 2009 年的小麦重大病虫统防统治面积已达 8 234 万亩次,覆盖率由 2007 年的 6%提高到 10%;水稻重大病虫统防统治面积近 5 亿亩次,覆盖率由 9%提高到 18%;玉米重大病虫统防统治近 1 亿亩次,覆盖率由 7%提高到 16%。专业化防治效果比农民自防提高 10%,平均每亩可多挽回粮食损失 30 kg,减少用药 1～2 次,节省用药成本 25 元/亩,节约用工成本 10 元/亩,每亩为农民增收节支 100 元左右。在推进专业化防治过程中,各地积极探索,积累了许多成功的经验与做法,如强化行政推动,落实扶持政策,推行规范管理,搞好服务指导,注重典型引路等。

第二节　实施统防统治的意义

一、开展病虫害统防统治是水稻重大病虫防控工作、保障粮食安全的需要

从我国国情看,保障粮食安全和主要农产品的有效供给是一项长期而艰巨的战略任务。受异常气候、耕作制度变革等因素的影响,农作物病虫害呈多发、重发和频发态势,成为制约农业丰收的重要因素,确保粮食稳定增产对植保工作提出了更高的要求。与传统防治方式

相比，专业化统防统治具有技术集成度高、装备比较先进、防控效果好、防治成本低等优势，能有效控制病虫害暴发成灾。各地实践证明，专业化统防统治作业效率可提高 5 倍以上，每亩水稻可增产 50 kg 以上，小麦可增产 30 kg 以上。

二、开展病虫害统防统治是保障农产品质量安全和生态安全的需要

由于我国目前农业生产仍以分散经营为主，大多数农民缺乏病虫防治的相关知识，不懂农药使用技术，施药观念落后，仍习惯大容量、针对性的喷雾方法，农药利用率低，农药飘移和流失严重，盲目、过量用药现象较为普遍。这不仅加重农田生态环境的污染，而且常导致农产品农药残留超标等事件。推进专业化防治，可以实现安全、科学、合理施用农药，提高农药利用率、减少农药使用量，从生产环节上入手，降低农药残留污染，这是保障生态环境安全和农产品质量安全的重要措施。同时，通过组织专业化防治，普遍使用大包装农药，减少了包装废弃物对环境的污染。

通过实施专业化统防统治，实行农药统购、统供、统配和统施，规范田间作业行为，可以有效避免人畜中毒事故的发生。更为重要的是，这有助于从源头上控制假冒伪劣农药，杜绝禁限用高毒农药在蔬菜、水果等鲜食农产品上的使用，减少农药用量，防止农药残留超标。2011 年，湖南岳阳市 120 万亩专业化统防统治区结果表明，防治次数减少 1～2 次，农药用量减少 20%以上，产品均达到无公害或绿色食品标准；安徽省肥西县专业化统防统治区，蜘蛛等有益生物数量比农民自防区增加 4 倍，显著改善了农田生态环境。

三、开展病虫害统防统治是推进植保机械化、提高防治效率的需要

传统的病虫害防治，植保机械单一、老旧，防治面积小、耗时多。专业化统防统治需要大面积、短时间的统一防治，这就对植保机械方面提出了更高的要求。与传统的农民利用小型手动喷雾器进行植保作业不同，专业化防治主要依靠先进的背负式、担架式、车载式等施药机械和相应的现代植保专用设备，并具备较高的服务效率和服务质量。与传统防治方式相比，专业化统防统治具有技术集成度高、装备比较先进、防控效果好、防治成本低等优势，能有效控制病虫害暴发成灾。各地实践证明，专业化统防统治作业效率可提高 5 倍以上。

植保工程的区域站项目也在不断加大对基层应急防治植保机械的投入。从 2010 年起，农业部从本级预算的病虫害防治专项中安排了一定资金，用于启动 100 个专业化防治示范县创建活动；并从中央财政的病虫害防治补贴转移支付专项中列出一部分资金专门用于扶持专业化防治工作。同时，结合农机购置补贴和农民培训"阳光工程"等项目，加大对植保机械的支持和专业化防治机手的培训力度。希望各级农业部门，主动向地方政府和财政部门汇报，争取各级财政设立病虫害专业化防治补贴专项。

四、开展病虫害统防统治是农业增产和农民增收的需要

农业增产是农民增收的有效途径之一，对病虫害的有效防治，可以减轻病虫害对农作物的损失。专业化统防统治是提高重大病虫防控效果、促进粮食稳定增产的关键措施，保障粮食安全和主要农产品的有效供给是我国一项长期而艰巨的战略任务。农作物病虫灾害逐年加重的态势，成为制约农业丰收的重要因素。各地的实践证明，专业化的统防统治相对于传统统防统治，每亩水稻可增产 50 kg 以上，小麦可增产 30 kg 以上。减损就是增产，发展专业化统防统治是进一步提升粮食生产能力的重要措施。

五、开展病虫害统防统治是提高植保技术到位率的需要

长期以来，植保技术到位率是一个很难的问题，主要表现在三个方面：一是组织文化程度低，现在农村中有知识文化的年轻人都进入城市，农村劳动力以留守老人为主，加之农民对病虫害防治知识的缺乏，防治水平差，造成农业生产成本过高；二是农药商品名多，经营渠道多，农民对农药品种缺乏了解，滥用农药现象普遍；三是植保部门基础力量薄弱，缺乏乡镇一级的农技人员，导致植保技术入户率低，农户获得植保信息缺乏途径。要提高植保技术的到位率，就必须积极进行植保服务新机制的探索。

第三节　统防统治的基本概念与主要特征

一、统防统治的基本概念

农作物病虫害专业化统防统治，是按照现代农业发展的要求，遵循"预防为主、综合防治"的植保方针，由具有一定植保专业技能和独立经营能力的防治组织，利用先进的植保机械设备和配套防治技术，通过与农业生产者签订有偿服务承包合同，开展规模化和规范化病虫害统防统治作业的现代农业生产性技术服务。专业化防治，不同于政府组织的应急防治和一般群众开展的机械防治，它是适应新时期农业和农村经济发展需要的一种公益性和生产性服务，是农作物病虫害防治方式的一种创新，是当前和今后一段时间内推进植保工作的一项重要任务，是适应农业生产经营方式转变和发展现代农业的必然趋势和方向。

病虫害统防统治是指在一定生态区域运用生态调控方法，控制病虫害的发生与流行，采用综合防治手段，控制病虫害的危害与损失。在县域范围内实行统一防治，在不同的生态区域内实行统一防治，依靠专业人员、专业药械，进行专业施药防治。

二、统防统治的主要特征

统防统治应具备以下几个特征：

（1）服务主体明确。服务主体应具备独立经营能力，应有固定的服务场所、相对稳定的防治服务人员，具体组织形式可以是协会、合作社、服务公司等各种形式的组织实体，直接面向市场开展服务，实行市场化运作，承担经营风险，实现自我发展。

（2）经营管理规范。其核心是防治组织与服务对象之间要建立比较规范的契约关系，通过签订书面合同，约定服务内容、面积、纠纷仲裁及合理的收费标准等事项；服务主体具有良好的服务规范以及人员和物资的档案管理等制度。

（3）防治装备优良。这是专业化防治的基本条件。与传统的农民利用小型手动喷雾器进行植保作业不同，专业化防治主要依靠先进的背负式、担架式、车载式等施药机械和相应的现代植保专用设备，并具备较高的服务效率和服务质量。

（4）配套技术要先进。专业化防治应遵循高效、安全、生态、环保、经济的原则，采取先进的绿色植保技术措施；防治人员要能够按照操作规程熟练使用植保设备，准确把握防治时间和方法。

（5）防治规模较大。专业化服务组织应具备承担一定防治规模的服务能力，一般粮食作物专业化防治服务的种植面积要达到 300 亩以上，经济作物服务的种植面积应在 100 亩以上。

（6）技物配套服务。专业化防治组织应具备技术和物资的配套服务能力，具有一定的运转资金和提供全程防治指导的专业技术人员，在药剂防治方面能够开展"统购、统供、统配和统施"的配套服务，防治效果优于传统方法。

第四节　开展水稻病虫草害统防统治的
指导思想与主要工作（工作方案实例）

实例一、农业部 2015 年农作物病虫统防统治与绿色防控融合推进试点工作方案

为贯彻落实中央农村工作会议和全国农业工作会议精神，加快转变农业发展方式，探索低碳、环保、可持续发展新模式，提高农业生产安全、农产品质量安全和生态环境安全保障能力，实现到 2020 年农药使用量零增长，农业部决定 2015 年继续开展专业化统防统治和绿色防控融合试点，于 2015 年 3 月 23 日印发了《2015 年农作物病虫专业化统防统治与绿色防控融合推进试点方案》，并请各地结合当地实际，细化方案，明确责任，强化扶持，狠抓落实，确保试点工作取得预期成效。

《2015 年农作物病虫专业化统防统治与绿色防控融合推进试点方案》内容如下。

专业化统防统治与绿色防控融合，就是把统防统治的组织方式与绿色防控的技术措施集成融合为综合配套的技术服务模式，进行大面积示范展示，逐步实现农作

物病虫害全程绿色防控的规模化实施、规范化作业。融合推进可以有效提升病虫害防治的组织化程度和科学化水平，是实现病虫综合治理、农药减量控害的重要内容，也是转变农业发展方式、实现提质增效的重大举措。为确保融合推进试点工作顺利进行、取得实效，特制定本方案。

一、总体思路

坚持"预防为主、综合防治"的植保方针，树立"科学植保、公共植保、绿色植保"理念，以保障农业生产安全、农产品质量安全、生态环境安全"三大安全"为目标，以病虫防治专业化服务组织、新型农业经营主体为依托，以专业化统防统治为主要形式，以农作物病虫害全程绿色防控为重点内容，加大扶持力度，加强指导服务，强化科技支撑，创建一批专业化统防统治与绿色防控融合推进示范基地，集成一批技术模式，培育一批实施主体，探索一套成功经验，逐步形成"政府扶持、市场运作、多元主体、专业服务"的机制，辐射带动大面积推广应用，实现病虫综合治理、农药减量控害。

二、目标任务

2015年，继续以水稻、小麦、玉米、马铃薯、棉花、花生、蔬菜、苹果、柑桔、茶叶等作物为主，以创建的218个示范基地为重点（详见附表），深入推进专业化统防统治和绿色防控融合，形成适宜不同地区、不同作物的有效组织形式和全程技术模式，示范带动大面积推广应用。在保障防治效果的同时，化学农药使用量减少20%以上，农产品质量符合食品安全国家标准，生态环境及生物多样性有所改善。其中，水稻、小麦、玉米每个基地示范面积1万亩以上，辐射带动10万亩；马铃薯、花生、棉花每个基地示范面积5000亩以上，辐射带动5万亩；苹果、柑桔、蔬菜、茶叶每个基地示范面积2000亩以上，辐射带动2万亩。

三、示范内容

融合推进试点主要示范推广以下三个方面的内容：

（一）专业化统防统治。依托病虫防治专业化服务组织、新型农业经营主体等，开展专业化统防统治，重点扶持发展全程承包服务，提高病虫防控组织化程度。

（二）全程绿色防控。熟化优化理化诱控、生物防治、生态调控等绿色防控措施，集成推广以生态区域为单元、以农作物为主线的全程绿色防控技术模式，提高病虫防控科学化水平。

（三）科学安全用药。科学选择、轮换使用不同作用机理的高效低毒低残留农药，大力推广新型高效植保机械，普及科学安全用药知识，提高资源保护和利用水平。

四、进度安排

（一）下发试点方案。2015年3月31日前，各省（区、市）组织制定并下发农作物病虫专业化统防统治与绿色防控融合推进试点实施方案，明确各示范基地目标任务、工作重点，并启动实施。4月10日以前，将试点方案及各示范基地责任人、植保技术指导专家名单（包括单位、职务职称、联系方式等），报我部种植业管理司和全国农业技术推广服务中心。

（二）开展指导服务。2015年4月—10月，各地农业部门组织植保技术人员，深入示范基地，指导落实相关工作和技术措施。

（三）宣传典型经验。2015年4月—10月，与主流媒体合作，宣传专业化统防统治和绿色防控融合推进的基本内容、重要意义、主要成效和经验。

（四）完成总结评估。2015年11月10日前，各地完成试点工作总结，完善不同作物融合推进操作规程与技术模式。11月底，我部组织植物保护和农业经济等方面专家，评估示范效果，研讨确定下一年工作方案。

五、保障措施

（一）强化责任落实。为确保试点工作落到实处，2014年农业部成立了专业化统防统治与绿色防控融合试点工作协调小组，具体工作由种植业管理司牵头，部内有关司局和直属单位参加。省、县两级农业部门也要成立相应的协调小组，主要领导亲自抓，加强统筹协调，明确责任分工，整合项目资金和技术力量，确保融合推进试点工作有力有序推进。

（二）加大扶持力度。整合部门预算及中央财政重大病虫统防统治专项转移支付等相关项目资金，加大对融合试点工作扶持力度。各级农业部门也要积极争取当地党政领导重视和有关部门支持，整合项目、聚合资源和集中力量，强化资金投入和科技支撑，不断扩大融合推进试点示范规模，加快大面积推广应用进程。

（三）加强培训指导。每个示范基地要明确1名责任人和1名植保技术指导专家，具体负责方案制定和技术服务工作。通过组织专题培训、实地观摩、示范展示、现场指导等多种形式，普及绿色防控技术，推广专业化统防统治措施，让广大农民亲自感受融合推进的好处，增强自觉应用意识。

（四）注重宣传引导。充分利用广播、电视、报刊、互联网等媒体，大力宣传专业化统防统治和绿色防控融合的好经验、好措施、好典型。同时，加强信息报送，做到对上有信息、对外有声音、对下有通报。营造良好舆论氛围，争取社会各界支持。

附　表

2015年专业化统防统治与绿色防控融合示范基地布局

示范作物	基地个数	示范基地布局
水稻	62	辽宁盘山县；吉林梅河口市、昌邑区；黑龙江五常市、方正县、延寿县、庆安县；上海金山区；江苏张家港市、邗江区、灌南县、丹阳市、东海县；浙江婺城区、萧山区、南湖区、南浔区；安徽无为县、金寨县、长丰县、肥西县；福建长汀县、邵武市；江西丰城市、永修县、余干县、鄱阳县、崇仁县、新干县、新建县；湖北当阳市、沙洋县、龙感湖管理区、潜江市、鄂州市、荆州区；湖南岳阳县、湘阴县、望城区、鼎城区、澧县、资阳区、赫山区、沅江市；广东龙川县、开平市、雷州县；广西永福县、武鸣县、合浦县、平南县；海南琼海市；重庆忠县；四川犍为县、广汉市、三台县、崇州市；贵州都匀市、余庆县、天柱县、榕江县；云南禄丰县

示范作物	基地个数	示范基地布局
小麦	27	天津武清区、蓟县；河北大名县、宁晋县、栾城县；山西盐湖区、曲沃县；江苏建湖县、泰兴市；安徽埇桥区、颍东区、凤台县；山东滕州市、汶上县、桓台县、成武县；河南民权县、清丰县、襄城县、淮阳县、镇平县；陕西临渭区、长安区；甘肃麦积区、徽县；新疆奇台县、疏附县
玉米	28	北京顺义区；河北故城县、涿州市；山西定襄县、介休市；内蒙古开鲁县、扎赉特旗；辽宁新民市、昌图县、黑山县；吉林德惠市、洮南市、双阳区、公主岭市；黑龙江双城市、肇东市、克山县、龙江县、肇州县、望奎县；山东岱岳区、莱州市；河南虞城县、安阳县；陕西蓝田县、富平县；甘肃陇西县、甘州区
马铃薯	12	山西阳高县；内蒙古武川县、察右后旗；黑龙江克山县；重庆云阳县；四川盐源县、宣汉县；云南陆良县；陕西定边县；甘肃安定区、庄浪县；宁夏西吉县
棉花	6	河北景县；江西彭泽县；山东夏津县；新疆博乐市、新和县；新疆兵团第八师143团
花生	5	河北迁安市；安徽肥东县；山东邹城市、莱西市；河南兰考县
蔬菜	45	北京延庆县、房山区；天津西青区、宝坻区、宁河县；河北丰宁县、饶阳县；山西小店区；内蒙古杭锦后旗；辽宁北镇市；上海崇明县；江苏东台市、丰县；江西宜春市、乐平市、瑞昌市；山东章丘市、莱阳市、青州市、平度市；河南博爱县、许昌市；湖北嘉鱼县、云梦县；湖南长沙县；广东中山市、博罗县；广西田阳县、桂林雁山区、贺州八步区；海南定安县、万宁市、琼海市、三亚市；重庆璧山县；四川金堂县、西充县；贵州罗甸县；云南马龙县；陕西杨陵区、大荔县；甘肃榆中县、靖远县、武山县；宁夏利通区
苹果	11	北京平谷区；山西临猗县；辽宁普兰店市；山东牟平区、沾化县、沂源县；河南灵宝市；陕西洛川县、白水县；甘肃静宁县、礼县
柑桔	10	浙江柯城区；福建顺昌县；江西信丰县；湖北宜都市；湖南慈利县；广东潮州市；广西富川县；重庆万州区；四川青神县；贵州荔波县
茶叶	12	浙江松阳县、泰顺县；安徽霍山县、黄山区；福建华安县、武夷山市；江西婺源县；河南平桥区；湖北英山县；湖南安化县；贵州凤冈县；云南凤庆县

实例二、湖南省 2016 年农作物病虫害专业化统防统治与绿色防控工作方案

湖南是我国产粮大省，一直很重视农业生产技术革新和环境保护，2016 年制定了《湖南省 2016 年农作物病虫害专业化统防统治与绿色防控工作方案》，其内容如下：

湖南省 2016 年农作物病虫害专业化统防统治与绿色防控工作方案

为了加快转变植保发展方式，强化农业防灾减灾，服务现代农业发展，保障粮食安全和大宗农产品生产稳定，推进农作物病虫害专业化统防统治与绿色防控又好又快发展，结合我省实际，特制定本方案。

一、总体思路

以"公共植保、绿色植保、科学植保"理念为指导，以农药减量控害为主线，

以行政推动和市场化运作为基调，切实提高专业化统防统治服务质量与服务水平，扩大绿色防控应用范围与面积。在专业化统防统治上，以培育统防统治服务组织和建立高效规范区域服务站为重点，坚持全程承包服务方式，全面落实"三赢"营运模式和规范运行管理的各项措施。在绿色防控上，按照"政策推动、示范引路、产业促进、多元发展"的原则，采取适用技术大面积推广、综合技术点上示范的方式，推进绿色防控与专业化统防统治有机融合，强化绿色防控与优质农产品基地、高产创建基地、"三品一标"基地无缝对接，打造优质农产品品牌。

二、工作目标

水稻、柑桔、茶叶等主要农作物专业化统防统治面积1 900万亩，其中水稻1 750万亩，绿色防控应用面积1 200万亩。全年新增专业化服务组织100家，总数达1 600家，日服务能力达到550万亩。重点培育与扶持上规模、上水平的专业化服务组织100家。

建立省级农作物病虫专业化统防统治与绿色防控示范区139个，示范面积215万亩。其中水稻病虫害专业化统防统治与绿色防控融合推进示范区70个，水稻病虫专业化统防统治示范区35个，柑桔大实蝇绿色防控示范区20个，茶叶病虫害绿色防控示范区12个，蔬菜病虫害绿色防控示范区2个。粮食高产创建示范基地、"三品一标"基地、园艺作物标准园、现代农业示范区、湘米工程基地等优势农产品基地实现专业化统防统治与绿色防控融合推进全覆盖。示范区关键技术覆盖率达85%以上，综合防控效果达到90%以上；区域内病虫危害损失率控制在5%以下，农产品质量合格率100%，化学农药使用量减少15%，杜绝高毒农药使用，增加生物多样性指数。

加强蔬菜、柑桔、茶叶等经济作物重大病虫害绿色防控技术研究和创新，形成一批以作物为主线的防治效果好、操作简便、成本适当的技术模式，制定茶叶、主要蔬菜重大病虫害绿色防控技术规程，促进绿色防控标准化。

三、重点工作

（一）培育组织

加快转变专业化统防统治发展观念，更加注重专业化服务组织的质量水平提升，在全省形成一批规模适中、管理规范、水平较高的现代化专业化服务组织（企业）。采取针对性的措施，对基础较好的环洞庭湖区域，通过整乡、整村联片推进、加强技术指导与培训、规避恶性竞争等方式，提高组织的服务质量、规模和管理水平，着力创建在全国具有影响力的现代化服务组织（企业）。对基础一般的湘中、湘东区域，每个县市区重点培育1～2家组织，促其快速发展成在全省具有一定影响力的专业化服务组织。对统防统治基础薄弱的湘南、湘西区域，千方百计引导涉农企业、农民进入专业化统防统治领域，尽可能利用有关扶持、奖励政策，培育成在当地具有一定影响力的专业化服务组织。

（二）建好平台

专业化统防统治区域服务站（村级服务站）是服务组织创建"三赢"模式的重要环节，要切实选对人、定好责。要拓宽服务内容，从病虫防治向肥料统施、种子统供与集中育秧服务等环节延伸，增加从业人员服务收益，推进区域服务站站长职业化，保障区域服务站稳定健康发展。

（三）示范推广

农业植保部门要加大农企合作力度，与相关企业、合作社、专业化服务组织共建示范样板（区），突出示范、展示和辐射功能，完善示范推广模式和投入机制，示范带动专业化统防统治与绿色防控大面积开展。

1. 强化示范。139个省级专业化统防统治与绿色防控项目县（附件1）要集中展示农业防治，生态调控，天敌控害，性诱与色诱、光诱"三诱"技术，食饵诱杀，生物农药与高效低毒绿色农药应用技术等。其中沅江、资阳、鼎城等22个水稻病虫害专业化统防统治与绿色防控融合推进重点县要创建连片面积2万~5万亩的融合推进核心示范区，每县统防统治面积20万~30万亩。平江、临湘等48个融合推进示范县创建连片面积1万亩核心示范区，每县统防统治面积10万~15万亩。溆浦、道县、江永等35个统防统治发展县要创建面积不少于1000亩的核心示范区，每县统防统治面积2万~5万亩。古丈、麻阳等20个县开展柑桔大实蝇绿色防控示范，核心示范区面积不少于2000亩，辐射带动全县柑桔大实蝇绿色防控。桂东、安化等12个地开展茶叶病虫绿色防控示范，核心示范区面积不少于1000亩，带动当地至少2家茶业生产企业或合作社实施绿色防控。长沙和涟源两地开展蔬菜病虫绿色防控示范，核心示范区面积不少于1000亩，带动当地蔬菜生产企业广泛应用绿色防控措施。非项目县也要积极开展水稻、柑桔、茶叶、蔬菜等农作物病虫害绿色防控技术示范，核心示范区不少于500亩。

2. 抓好推广。各地在做好示范的同时，要大面积推广适宜的绿色防控技术和先进施药器械。一是强化农业防治，做好拌种技术（种子处理技术）、"三诱"技术（特别要注意高度、密度、方向与使用时间等应用参数）、生物农药、田埂种豆调控、释放赤眼蜂控害、蚜茧蜂控蚜虫、食饵诱杀、多元醇非离子表面活性剂、有机硅等农药喷雾助剂、芸苔素内酯、吲哚乙酸等植物生长调节剂等成熟的单项技术推广工作，加快探索适用绿色防控技术的补贴方式。二是根据湘农办植〔2015〕58号文件《湖南省主要农作物病虫害防控科学用药推介品种》（第二次修订），结合本地实际，大面积推广应用绿色农药，落实用好药、少用药，尤其是在专业化统防统治整体推进中要落实好科学安全用药技术。三是改善植保防灾的设施设备条件，利用农机购置补贴、中央病虫补助资金，重点装备一批作业效率与效益高、性能好的自走式喷杆喷雾机、无人植保飞机、超远程喷枪喷雾机等大中型植保机械，提升重大病虫为害应急处置能力。支持专业施药作业队伍开展再托管服务。

（四）技术创新

结合当前生产实际，把柑桔砂皮病防治技术、二化螟防治技术、油菜中后期植保无人机应用技术、蔬菜瓜实蝇防治技术等作为技术创新与研究重点。切实加强绿色防控技术研究与创新，在理化诱控技术的优化、害虫天敌保护利用、农药减量安全使用、高效施药器械应用上下功夫，注重作物全过程绿色防控技术集成，配套形成技术模式和体系，制定与完善地方绿色防控技术标准和规程，实现防控工作提水平、优质量、上台阶。

（五）宣传培训

一是省市县三级互动，省级媒体与市县媒体联动，传统媒体与现代传媒结合，报纸与网络呼应，在"虫口夺粮"的关键期，大力宣传推进统防统治与绿色防控的好经验、好做法、好典型。二是通过组织现场观摩，举办博览会、展销会等方式，进一步提高社会对绿色防控农产品的认知度，积极拓展绿色农产品营销渠道，实现绿色防控小生产与大市场有效对接，促进绿色防控与产业发展良性互动。三是结合新型职业农民培育、基层农技推广补助项目、农民田间学校等培训项目，通过召开会议、现场讲解等方式，重点加强绿色防控和专业化统防统治实际操作人员的培训，培训内容重点是宏观政策、现实意义、科学合理用药、成熟适用技术、植保机械维修使用等技术技能培训等，培育一批懂技术、善管理的带头人。

（六）科学管控

各地要加强对专业化统防统治与绿色防控的指导、服务与监管。一要根据示范区主要作物及其病虫害发生规律，制订实施方案，明确行政责任人和技术负责人，做到人员到位、责任到位、措施到位。二要加强对农药市场和专业化服务投入品的管理，对假借统防统治名义销售"全打药"的行为零容忍，切实做到无违禁农药下田（园）。三要按《湖南省农作物病虫害专业化统防统治管理办法》，做好专业化服务组织的监管工作。加强专业化服务组织标志的认定与授权使用工作，规范村级服务站，完善服务站功能，要求每个服务站内都要悬挂《湖南省农作物病虫害专业化统防统治服务组织标志使用授权书》正本，各种规章制度与规程标准要上墙公示，接受社会监督。四是加强项目资金与物质管理，做到项目经费专账专用，确保项目物资用到实处。

四、保障措施

（一）强化组织领导，形成推进合力

各级农业部门要高度重视，把专业化统防统治与绿色防控作为促进粮食稳定增产、保障农产品质量安全、落实农药零增长目标的重要措施来抓，切实加强领导，主要负责人亲自抓，具体负责人直接抓。省植保植检站将与各项目县签订责任书，落实项目任务与责任。各地要积极向当地党委和政府领导汇报，争取政府重视和部门支持，把专业化统防统治与绿色防控纳入政府重点工作。植保、粮油、经作、农药检定和农产品质量安全监管等有关单位，要各尽其责，加强沟通配合，形成推进合力。

（二）强化资金投入，提升发展能力

各级农业部门要有效整合现有资源，强化本地财政投入，切实加大支持力度，尤其是要加大对专业化服务组织的扶持力度。要积极探索并逐步形成病虫害绿色防控技术补贴机制，鼓励和引导社会资本进入病虫害绿色防控领域，完善投入机制，提升发展能力。省农委将逐步完善水稻病虫绿色防控技术补贴办法和高效施药器械补贴办法，根据省级项目县统防统治与绿色防控工作开展情况，对其给予一定的资金支持和物资补贴。

（三）强化督导考核，确保措施落实

各级农业部门要强化对专业化统防统治与绿色防控工作的督查指导，促使各项措施落实到位。要不定期通报工作推进情况，并协助解决遇到的难题。省农委在关键时期将派出督导组深入乡村、农户、田间地头，全面了解情况，督促工作开展，并按照中央和省级专项资金绩效考核要求，对全省139个省级项目县实行严格考评，考评结果将直接与项目拨付经费额度及下年度项目安排挂钩。2016年湖南省农作物病虫害专业化统防统治与绿色防控项目县名单见下表。

2016年湖南省农作物病虫害专业化统防统治与绿色防控项目县名单

市州	统防统治与绿色防控融合推进重点县	统防统治与绿色防控融合推进示范县	统防统治发展县	柑桔大实蝇绿色防控县	茶叶绿色防控县	蔬菜绿色防控县
岳阳	岳阳、湘阴	汨罗、平江、临湘、屈原	岳阳楼、君山		临湘	
长沙	望城	长沙、浏阳、宁乡			长沙、宁乡	长沙
湘潭	湘潭	湘乡、韶山	湘乡、韶山			
株洲	攸县	醴陵、茶陵、株洲	炎陵		炎陵、茶陵	
衡阳	祁东、衡南	衡阳、衡东、常宁、耒阳、衡山				
郴州	安仁	永兴、宜章、资兴、桂东	北湖、苏仙、桂阳、嘉禾、临武、汝城	资兴	桂东、汝城	
常德	鼎城、澧县、安乡、桃源	临澧、汉寿、津市	武陵区、石门	临澧	石门	
益阳	赫山、资阳、沅江、南县	桃江、大通湖	安化		安化	
娄底	双峰	新化、涟源			新化	涟源
邵阳	邵东、隆回、邵阳	新邵、武冈、洞口、新宁	大祥、城步、绥宁	绥宁、洞口、新宁		
湘西		永顺、吉首、凤凰、龙山	古丈、泸溪、保靖、花垣	吉首、古丈、泸溪、花垣、永顺、凤凰、龙山	保靖	
张家界		慈利、永定	桑植、武陵源		慈利、永定	
怀化	靖州	芷江、洪江、中方、新晃、会同	溆浦、通道、麻阳、沅陵、辰溪、洪江区、鹤城	麻阳、会同、中方、溆浦、辰溪、洪江		
永州	祁阳	江华、冷水滩、零陵、东安、双牌	道县、江永、宁远、蓝山、新田		蓝山	
合计	22	48	35	20	12	2

第二部分

水稻病虫草害的发生、为害特征、规律及其综合防治技术

第二部分

第二章 水稻主要病害

【内容提要】

水稻是我国主要粮食作物之一，其耕地面积约占全国耕地面积的 1/4，年产量约占全国粮食总产量的一半。然而，水稻病害的危害一直严重影响着水稻生产。据统计，在现行防治条件下全国平均每年因各种病害造成稻谷减产约 200 亿 kg。水稻病害还严重影响稻米的品质和商品价值。本章主要介绍水稻稻瘟病、纹枯病和水稻白叶枯病等重要病害的症状、传播途径和发生条件以及防治方法。

第一节 稻瘟病

稻瘟病（Rice blast）是水稻重要病害之一。1637 年（明朝末年）我国最早在"天工开物"中对稻瘟病作了记载，称其为稻热病（火烧瘟）。稻瘟病同纹枯病、白叶枯病被列为水稻三大病害，是三大病害之首。该病是通过气流传播的流行病，对水稻生产威胁极大，危害程度因品种、栽培技术以及气候条件不同有差别，一般减产 10%～20%，局部田块绝收。该病典型案例为 2011 年 7～10 月，中国龙川、肇庆、阳江等地遭受不同程度的侵害，江西宜春、浙江等"高产抗病"的品种也大面积发病。

一、症 状

稻瘟病在水稻各生育期和各个部位均有发生。根据发生时期和部位的不同，分别称为苗瘟、叶瘟、节瘟、叶枕瘟、穗颈瘟、枝梗瘟和谷粒瘟等。其中，叶瘟发生最普遍、最容易识别，而穗颈瘟造成的损失最大。

（一）苗 瘟

苗瘟发生于三叶前，主要由种子带菌所致。病苗基部灰黑，上部变褐，卷缩而死，湿度较大时病部产生大量灰黑色霉层，即病原菌分生孢子梗和分生孢子（图2-1）。

图 2-1　苗　瘟

（二）叶　瘟

叶瘟在秧苗三叶期至穗期均可发生，分蘖—拔节期为发病高峰期，有四种症状类型（图2-2、图2-3）：

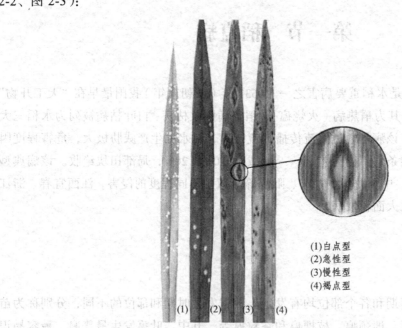

(1)白点型
(2)急性型
(3)慢性型
(4)褐点型

(1)　(2)　(3)　(4)

图 2-2　叶瘟类型

（1）普通型（慢性型）（图 2-4）：病斑梭形，两端有沿叶脉方向延伸的黄褐色坏死线；病斑共有三层，中央是灰白色的崩溃部（区），外缘有明显的褐色坏死部（区），最外层是黄色晕圈的中毒部（区），潮湿时在叶背可见到灰绿色霉层，病斑较多时连片形成不规则大斑，这种病斑发展较慢。三部一线是识别稻瘟病的关键。

（a）苗叶瘟病斑连片

（b）叶瘟大田症状

图 2-3 叶瘟症状

（2）急性型：病斑圆形，水渍状，正反两面都密生灰绿色霉层，这种病斑多发生在病害流行期，往往是病害大流行的征兆。即表明水稻品种是高度感病的，病菌生理小种对该品种的致病力很强，气候条件也有利于其发病。该病斑可转为慢性型（图 2-4）。

（3）白点型：白色圆形小病斑，多在感病品种的嫩叶上产生，不是固定型病斑，不产生霉层（不产生分生孢子）。这往往是发病时气候条件不利于发病而造成的现象。气候条件利于其扩展时，可转为慢性型，甚至急性型。

（4）褐点型：只出现针头大小褐色斑点，也不产生霉层（不产生分生孢子），发生在抗病品种或植株下部的老叶上，只产生于叶脉间（图 2-5）。褐点是坏死性反应，是抗病性的一种表现形式。

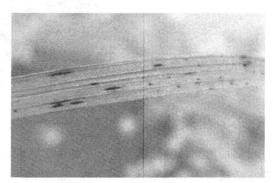

图 2-4 苗叶瘟慢性型　　　　　**图 2-5 苗叶瘟褐点型**

（三）节　瘟

节瘟常在抽穗后发生，影响水稻开花结实，发生早的形成枯白穗，晚则形成秕粒。初在稻节上产生褐色小点，后渐绕节扩展，使病部变黑，易折断（图2-6）。潮湿时病部生灰色霉层，有时仅在一侧发生的会造成茎秆弯曲。

图 2-6　节　瘟

（四）叶枕瘟

叶枕温发生在叶片与叶鞘交接处，向叶片和叶鞘两方扩展，病斑呈灰绿色，其出现预示穗颈瘟的发生（图2-7）。

图 2-7　叶枕瘟

（五）穗颈瘟

水稻抽穗期最易感病，发生在穗颈、穗轴及枝梗上，病斑呈水渍状，病部成段变褐坏死，后期常造成穗颈、穗轴折断，俗称"掐脖瘟"（图 2-8）。发病早的严重的造成抽白穗，发病晚的造成秕谷增多。枝梗或穗轴受害造成小穗不实。要注意与螟虫造成的虫害区别开，虫害一般不会造成穗颈折断，而是在稻秆基部可发现伤口。此外，其他病害，如胡麻斑病，也会在穗颈发生。

图 2-8　穗颈瘟

（六）枝梗瘟

穗枝梗发病，症状与穗颈瘟相同，枝梗发病后容易枯死，稻粒不能正常灌浆，严重的会形成白穗（图 2-9）。

图 2-9　枝梗瘟

（七）谷粒瘟

谷粒瘟在水稻谷壳和护颖上发生，发生早的病斑呈褐色椭圆形或不规则斑，中部灰白色，以后甚至可使整个稻谷变黑，重的可形成秕粒（图2-10）。有的颖壳无症状，护颖受害变褐，使种子带菌。发病迟的常在稻谷壳上状成不规则状黑褐色斑点，导致内部的稻谷也部分变黑，严重的可使米粒变黑。护颖发病时多呈灰褐或黑褐色。

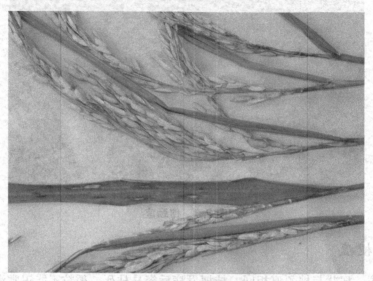

图2-10　谷粒瘟

二、病原物

病原物有性态为灰大角间坐壳[*Magnaporthe grisea*（Hebert）Barr.]，子囊菌门大角间坐壳属真菌成员，自然条件下尚未发现；无性态为灰梨孢[*Pyricularia grisea*（Cooke）Sacc.]，属半知菌类梨孢属真菌。

分生孢子梗不分枝，3~5根丛生，从寄主表皮或气孔伸出，大小为（80~160）μm×（4~6），具2~8个隔膜，基部稍膨大，淡褐色，向上色淡，顶端曲状，上生分生孢子。分生孢子无色，洋梨形或棍棒形，常有1~3个隔膜，大小为（14~40）μm×（6~14）μm，基部有脚胞，萌发时两端细胞立生芽管，芽管顶端产生附着胞，近球形，深褐色，紧贴附于寄主，产生侵入丝侵入寄主组织内。该菌可分为7群，128个生理小种。

三、传播途径和发病条件

病菌以分生孢子和菌丝体在稻草和稻谷上越冬。翌年产生分生孢子，借风雨传播到稻株上，萌发侵入寄主并向邻近细胞扩展发病，形成中心病株。病部形成的分生孢子，借风雨传播进行再侵染。播种带菌种子可引起苗瘟。

1. 寄主抗性

水稻生长发育过程中，四叶期至分蘖盛期和抽穗初期最易发病。就组织的龄期而言，叶片从40%展开到完全展开后的2天内最容易发病。穗颈以始穗期最容易发病。

2. 环境因素

在气象因素中温度和湿度对发病影响最大，适温高湿，有雨、雾、露存在条件下有利于发病。气温在20～30℃，尤其是在24～28℃，阴雨天多，相对湿度保持在90%以上时，容易引起严重的稻瘟病。

3. 栽培因素

（1）随着旱育秧面积扩大，苗期稻瘟发病率有成倍增长的趋势，由于旱秧覆盖薄膜后，提高苗床的温度和湿度，有利于稻瘟病的滋生和蔓延。

（2）大面积种植发病品种，如果气候适宜，病害就会大流行。汕优2号、D优63大面积单一种植，严重丧失了抗性，会造成病害大流行。

（3）水稻偏施氮肥，稻株徒长，表皮细胞硅化程度低，容易被病菌侵染。

四、防治方法

（一）农业防治

1. 选用抗病良种

根据稻区生态条件、耕作制度和品种类型不同，同时稻瘟菌小种组成又因地而异、因时而变，因此，选用抗瘟良种必需因地、因时制宜。目前，推广面积较大的，早籼有双桂1号、矮梅早3号等；中籼有滇瑞408、丛芦51等；晚籼有青华矮6号、浙丽1号、双桂36等；晚粳有长白7号、中花8号、中花9号、秀水48、城特232等。有望作为后备抗病品种的还有滇瑞306、谷梅2号、黑壳粳、81-107、牡交77-151等。

不种植感病品种，选用抗病、无病、包衣的种子，如未包衣则用拌种剂或浸种剂灭菌。可因地制宜选用2～3个适合当地的抗病品种，具体的如早稻：早58，湘早籼3号、21号、22号，86-44，87-156，皖稻61，赣早籼39号、42号、41号，博优湛19号，中优早81号，中丝2号，培两优288号，华籼占，汕优77；中稻：七袋占1号，七秀占3号，培杂山青，三培占1号，滇引陆粳1号，宁粳17号，宁糯4号，杨辐籼2号，胜优2号，杨稻2号、4号，东循101，东农419，七优7号，嘉45，秀水1067，皖稻28号、32号、34号、36号、59号，汕优89号，特优689，汕优397，汕优多系1号，满仓515，泉农3号，金优63，汕优多系1号；晚稻：秀水644，原粳4号，津稻308，京稻选1号，冀粳15号，花粳45号，辽粳244，沈农9017，冈优22，毕粳37，滇杂粳2号，冈优2号，滇籼13号、14号、40

号，宁粳 15 号、16 号等抗稻瘟病品种。

水稻旱种时可选用临稻 3 号、临稻 5 号、京 31119、中国 91 等抗穗颈瘟品种。水稻进行旱直播时可选用郑州早粳、中花 8 号等抗病品种。

2. 加强田间管理

选用排灌方便的田块，不用带菌稻草做苗床的覆盖物和扎秧草。用无病土做苗床营养土，用药土做播种后的覆盖土。向大田移栽前，喷施一次除虫灭菌的混合药。加强栽培管理，催芽不宜过长，拔秧要尽可能避免损根。做到"五不插"：不插隔夜秧，不插老龄秧，不插深泥秧，不插烈日秧，不插冷水浸的秧。发现病株，及时拔除烧毁。高温沤肥。合理密植。

3. 加强肥水管理

合理施肥管水，既可改善环境条件控制病菌的繁殖和侵染，又可促使水稻生长健壮，提高抗病性，从而获得高产稳产。提倡施用酵素菌沤制的或充分腐熟的农家肥，采取"测土配方"技术和"早促、中控、晚保"方针，一般应当注意氮、磷、钾三要素的配合施用，以及有机肥与化肥配合使用，适当施用含硅酸的肥料（如草木灰、矿渣、窑灰、钾肥等），做到施足基肥，早施追肥，中后期看苗、看天、看田巧施肥，多施农家肥，节氮增施磷钾肥，防止偏施、迟施氮肥，培育壮苗，以增强植株抗病力，减轻发病。管水必须与施肥密切结合，实行合理排灌，以水调肥，促控结合，浅水勤灌，防止串灌，烤田适中。

4. 处理病谷、病稻草

收获时对病田的病谷、病稻草应分别堆放，尽早处理室外堆放的病稻草，春播前应处理完毕。不要用病稻草催芽、捆秧把。

（二）物理防治

用 56 ℃温汤浸种 5 min，可减轻病害发生。

（三）药剂防治

1. 种子灭菌

70%甲基托布津可湿性粉剂 500 倍液，50%多菌灵可湿性粉剂 250 倍液，25%使百克乳油 2 000 倍液，强氯精可湿性粉剂 500 倍液，10%浸种灵乳油 2 500 倍液，25%施保克乳油 3 000 ~ 4 000 倍液，10%抗菌剂 401 乳油 1 000 倍液，80%抗菌剂 402 乳油 8 000 倍液，以上药剂浸种 48 ~ 72 h，不需淘洗即可催芽。

2. 苗床灭菌

1 份杀菌剂（粉剂）+1 份杀虫剂（粉剂）+50 份干细土混匀，做播种后的覆盖土。

根据预测和田间调查，针对感病品种和易感生育阶段，结合田间病情和天气变化情况，适时施药防治。特别注意喷药保护高感品种和处于易感期的稻田，在叶瘟发生初期应及早施药控制发病中心，并对周围稻株或稻田施药保护，以后根据病情发展及天气变化决定继续施药次数。防治叶瘟，在天气有利于病害发生的情况下，稻株顶部 3 叶病叶率为 3% 左右时及时施药。防治穗瘟，应在破口至始穗期施第二次药，一般可隔 3~5 天施用一次，共施 1~2 次。

施药重点应放在预防危害性大的穗颈瘟上，而通常穗期发病的菌源主要来自叶瘟，所以应在控制叶瘟大流行的基础上，于孕穗末期、始穗期及齐穗期各施药一次。如果天气继续有利于发病，可在灌浆期再喷药一次。

大田分蘖期开始每隔 3 天调查一次，主要查看植株上部三片叶，如发现发病中心或叶上有急性型病斑，即应施药防治；预防穗瘟可根据病情预报，以感病品种、多肥田为对象，在破口期分别抽穗时打药。施药种类和剂量，每亩用 20% 的三环唑可湿性粉剂 100 g 或 75% 的三环唑 50 g 或 40% 的稻瘟灵（富士一号）乳油 60~70 mL 兑水 50~60 kg 常量喷雾，重病田喷药 2 次，间隔 7~10 天。其他有效药剂有春雷霉素、稻瘟灵、咪鲜胺等。

第二节 水稻纹枯病

水稻纹枯病（Rice sheath blight）又称云纹病，俗名花足秆、烂脚瘟、眉目斑，是水稻重要病害之一，广泛分布于世界各产稻区。我国水稻纹枯病发病面积近 1 600 万公顷，每年损失稻谷近 1 100 万吨。随着矮秆品种和杂交水稻的推广种植以及施肥水平的提高，纹枯病日趋严重，友谊高产稻区受害严重。纹枯病主要引起鞘枯和叶枯，使水稻结实率降低，瘪谷率增加，粒重下降，一般减产 10%~30%，发生严重时可减产 50%。

一、症　状

水稻纹枯病在水稻苗期至穗期都可发病（图 2-11）。叶鞘染病，在近水面处产生暗绿色水浸状边缘模糊小斑，后渐扩大呈椭圆形或云纹形，中部呈灰绿或灰褐色，湿度低时中部呈淡黄或灰白色，中部组织破坏呈半透明状，边缘暗褐色。发病严重时数个病斑融合形成大病斑，呈不规则状云纹斑，常致叶片发黄枯死。叶片染病，病斑也呈云纹状，边缘褪黄，发病快时病斑呈污绿色，叶片很快腐烂，茎秆受害症状似叶片，后期呈黄褐色，易折。穗颈部受害，初为污绿色，后变灰褐色，常不能抽穗，抽穗的秕谷较多，千粒重下降。湿度大时，病部长出白色网状菌丝，后汇聚成白色菌丝团，形成菌核，菌核深褐色，易脱落。高温条件下病斑上产生一层白色粉霉层，即病菌的担子和担孢子。

（a）纹枯病枯孕穗　　　　　　　　　　（b）纹枯病包鞘

（c）叶鞘染病　　　　　　　　　　（d）叶鞘上不规则病斑

（e）叶片染病　　　　　　　　　　（f）纹枯病严重为害状

图 2-11　水稻纹枯病症状

二、病原物

水稻纹枯病的病原菌为立枯丝核菌（*Rhizoctonia solani* Kühn R.solani），为半知菌亚门、丝孢纲、无孢目、无孢科、丝核菌属（*Rhizoctonia*）真菌，其有性态为瓜亡革菌[*Thanatephorus cucumeris*（Frank）Donk.]，在田间一般只表现为无性世代。立枯丝核菌是以菌丝融合型为基础所构成的群体。凡是两菌株的菌丝间能发生融合的归于相同的菌丝融合群（AG）。根据融合群的分类方法，目前可将 *R.solani* 分为 14 个融合群（AG-1 ~ AG-13，AG ~ BI），至少18 个亚群，其中与水稻纹枯病相关的主要有 AG-1-ⅠA、AG-1-ⅠC，AG-2 ~ AG-6 的某些菌株也会产生小型的类似纹枯病的病斑。中田等报道了一种与水稻纹枯病极为相似的褐色纹枯病，它属于 AG-2 突发型。AG-1-ⅠA 的致病力最强且分离获得比例最高（＞95%），因此，目前普遍认为 AG-1-ⅠA 是水稻纹枯病的主要病菌（优势菌）。

立枯丝核菌 *R.solan*i AG-1-ⅠA 可引起植物的萎蔫及根腐，该菌菌丝体发达，无性繁殖不产生分生孢子，可形成菌核，菌核无一定形态，一般扁平，常彼此联合，呈浅褐至黑褐色，菌核组织是由大量桶形细胞的菌丝编织而成，菌核松散地分布在菌丝体中，靠绳状菌丝使之连接。菌丝蛛网状，有横隔，初期无色并多油点，老菌丝呈浅色至黄褐色，直径为 8 ~ 12 μm。分枝呈锐角或几乎呈直角，分枝与主干相接处稍溢缩，其上常有横隔。当气生菌丝集结形成菌核时，菌丝两隔膜之间的距离缩短，细胞中部膨大，呈藕节状。菌核表生，表面粗糙多孔如海绵状，孔洞的作用是菌核在形成过程中，自内溢出分泌液，而菌核萌发时也可由此伸出菌丝，故又称萌发孔。刚刚形成的菌核内外层细胞均内容充实，故比重较大而在水中下沉，但大约 15 天后，外层细胞逐渐变空，外层结构为 10 ~ 15 层死细胞腔所组成，内层则为活细胞群。内外层的厚薄影响菌核在水中的沉浮，即外层比内层厚时为浮核；反之则为沉核。在病组织上有时见到的灰白色粉状物，为病原菌担子、担孢子构成的子实层。担子倒卵形或棍棒形，单胞，无色，尺度为（8 ~ 13）μm×（6 ~ 9）μm，顶端生有 2 ~ 4 个小梗，其中分别着生一个担孢子。担孢子卵圆形或椭圆形，基部稍尖，单胞，无色，尺度为（6 ~ 12）μm×7μm。

在自然条件下形成的菌核皆具有浮沉特性，一般浮核多于沉核，浮核率达 59.9% ~ 98.4%，沉核率为 1.6% ~ 40.1%，但从未淹水的稻田泥面捞取的菌核则下沉率达 100%，部分可变为浮核，且随着浸水时间的延长，大部分又会下沉。纹枯菌核的存活力很强，但与温湿度有较大的关系，并随着时间的延长而减弱（图 2-12）。

（a）纹枯病前期菌核　　　　　　（b）纹枯病后期蜂窝状菌核

图 2-12　纹枯病菌核

三、传播途径和发病条件

病菌主要以菌核在土壤中越冬，也能以菌丝体在病残体上或在田间杂草等其他寄主上越冬。翌春春灌时，菌核飘浮于水面与其他杂物混在一起，插秧后菌核黏附于稻株近水面的叶鞘上，条件适宜生出菌丝侵入叶鞘组织为害，气生菌丝又侵染邻近植株。水稻拔节期病情开始激增，病害向横向、纵向扩展，抽穗前主要为叶鞘，抽穗后向叶片、穗颈部扩展，为害水稻上部功能叶，增加水稻的秕粒数。早期落入水中的菌核也可引发稻株再侵染，早稻菌核是晚稻纹枯病的主要侵染源。引起发病的主要原因是菌核数量。每亩有 6 万粒以上菌核，遇适宜条件就可引发纹枯病流行。

高温高湿是发病的另一主要因素。气温 18~34 ℃ 都可发生，以 22~28 ℃ 最适。发病相对湿度 70%~96%，90%以上最适；相对湿度 95%以上时，菌核就可萌发形成菌丝。菌丝生长温度 10~38 ℃；菌核在 12~40 ℃ 都能形成，菌核形成最适温度 28~32 ℃。6~10 天后又可形成新的菌核。水稻纹枯病适宜在高温高湿条件下发生和流行。日光能抑制菌丝生长，促进菌核的形成。生长前期雨水多、湿度大、气温偏低，病情扩展缓慢，中后期湿度大、气温高，病情迅速扩展，后期高温干燥抑制了病情。气温 20 ℃ 以上，相对湿度大于 90%，纹枯病开始发生，气温在 28~32 ℃，遇连续降雨，病害发展迅速；气温降至 20 ℃ 以下，田间相对湿度小于 85%，发病迟缓或停止发病。

长期深灌，偏施、迟施氮肥，水稻郁闭，徒长促进纹枯病发生和蔓延。

四、防治方法

（一）农业防治

1. 打捞菌核，减少菌源

打捞应在在第一次灌水肥田和平田插秧前进行，做到尽可能大面积打捞，而且坚持要每季大面积打捞并带出田外深埋或烧毁。同时，还应清除田边、田中杂草，病草垫栏做的肥料充分腐熟后再进行使用。防止菌核和病残体混杂在种子间，应通过风选或机选，将病菌（菌核）淘汰出去，如用清水清洗亦可。

2. 选用抗病良种

不种植感病品种，选用抗病、无害、包衣的种子，若未包衣则用拌种剂或浸种剂灭菌。水稻对纹枯病的抗性是水稻和病原菌相互作用的一系列复杂的物理、化学反应的结果，水稻植株具蜡质层、硅化细胞，这是抵抗和延缓病原菌侵入的一种机械障碍，是衡量品种抗病性的指标，也是鉴别品种抗病性的一种快速手段。水稻对纹枯病抗性高的资源较少，目前生产上早稻耐病品种有博优湛 19 号、中优早 81 号；中熟品种有豫粳 6 号、辐龙香糯；晚稻耐病品种有冀粳 14 号、花粳 45 号、辽粳 244 号、沈农 43 号等。

3. 加强田间管理

合理密植，水稻纹枯病发生的程度与水稻群体的大小关系密切；群体越大，发病越重。因此，适当稀植可降低田间群体密度、提高植株间的通透性、降低田间湿度，从而达到有效减轻病害发生及防止倒伏的目的。发现病株，及时拔除烧毁。

4. 加强肥水管理

提倡施用酵素菌沤制的或充分腐熟的农家肥，采用配方施肥技术和"早促、中控、晚保"方针，施足基肥，追肥早施，不可偏施氮肥，增施磷钾肥，使水稻前期不披叶，中期不徒长，后期不贪青。灌水做到分蘖浅水、够苗露田、晒田促根、肥田重晒、瘦田轻晒、长穗湿润、不早断水、防止早衰、防止串灌，要彻底掌握"前浅、中晒、后湿润"的原则。

（二）药剂防治

1. 种子处理

用 10%抗菌剂 401 乳油 1 000 倍液、80%抗菌剂 402 乳油 8 000 倍液、50%多菌灵可湿性粉剂 250 倍液、强氯精可湿性粉剂 500 倍液、10%浸种灵乳油 2 500 倍液、25%使百克乳油 2 000 倍液，其中任意一种药剂浸种 48～72 h，不需淘洗即可催芽。

2. 土壤处理

50%甲基硫菌灵或 10%稻灵或 50%多菌灵或 20%纹霉星或 20%井冈霉素可湿性粉剂 1 份+1 份杀虫剂+30 份干细土混匀，做播种后的覆盖土。也可在发病时撒施，田水保持 1 cm 3 天。

3. 发病期处理

纹枯病在田间的传播主要靠水流传播，在密植的稻丛间菌丝也能蔓延传病，抓住防治适期，防治适期为分蘖末期至抽穗期，以孕穗至始穗期防治最好。在水稻分蘖至分蘖末期，当病丛发病率达 5%时，施药在于杀死气生菌丝，控制病害的水平扩展。在水稻拔节至孕穗期，病丛率达 10%时，用药防治，在于抑制菌核的形成和控制病害向上部叶鞘和叶片的发展，保护水稻上部三片功能叶不受侵染。高温高湿天气要连续防治 2～3 次，间隔期 10～15 天。

（1）首选 20%井冈霉素可溶性粉剂 25 g/亩或 25%丙环唑（敌力脱）乳油 15～30 g/亩兑水 60 kg 喷雾。

（2）也可每亩用 20%粉锈宁乳油 50～76 mL、50%甲基硫菌灵或 50%多菌灵可湿性粉剂 100 g、30%纹枯利可湿性粉剂 50～75 g、50%甲基立枯灵（利克菌）或 33%纹霉净可湿性粉剂 200 g，每亩用药液 50 L。

（3）也可用 20%稻脚青（甲基砷酸锌）或 10%稻宁（甲基砷酸钙）可湿性粉剂 100 g 加水 100 L 喷施，或加水 400～500 L 泼施，或拌细土 25 kg 撒施。

（4）还可用 5%田安（甲基砷酸铁胺）水剂 200 g 加水 100 L 喷雾，或兑水 400 L 浇施，或用 500 g 拌细土 20 kg 撒施。

注意用药量和在孕穗前使用，防止产生药害。

发病较重时可选用 20%担菌灵乳剂每亩用药 125～150 mL 或用 75%担菌灵可湿性粉剂

75 g 与异稻瘟净混用,有增效作用,并可兼治稻瘟病。还可用 10%灭锈胺乳剂每亩用药 250 mL 或 25%禾穗宁可湿性粉剂每亩用药 50～70 g,兑水 75 L 喷雾,效果好,药效长。也可选用 77%护丰安(氢氧化铜)可湿性粉剂 700 倍液或绿邦 98 水稻专用型 600 倍液或 25%粉锈宁可湿性粉剂 100 g,兑水 75 L 分别在孕穗始期、孕穗末期各防 1 次,对病穴率、病株率及功能叶鞘病斑严重度,防效都很显著,有效地保护功能叶片。也可选用 25%敌力脱乳油 2 000 倍液于水稻孕穗期一次用药,能有效地防治水稻纹枯病、叶鞘腐败病、稻曲病及稻粒黑粉病,能兼治水稻中后期多种病害。此外,提倡施用多得稀土纯营养剂。

第三节　水稻白叶枯病

水稻白叶枯病(Rice bacterial leaf blight)又称白叶瘟、地火烧、茅草瘟。最早于 1884 年在日本福冈县发现,目前世界各大稻区均有发生,已成为亚洲和太平洋稻区的重要病害。1950 年首先在我国南京郊区发现,后随带病种子的调运,病区不断扩大。目前除新疆外,各省(市、自治区)均有发生,但以华东、华中和华南稻区发生普遍,危害较重,是一种检疫性病害。水稻受害后,叶片干枯,瘪谷增多,米质松脆,千粒重降低,一般减产 10%～30%,严重的减产 50%以上,甚至颗粒无收。

一、症　状

在整个生育期均可受害,苗期、分蘖期受害最重,各个器官均可染病,叶片最易染病。其症状因病菌侵入部位、品种抗病性、环境条件有较大差异(图 2-13),常见分 5 种类型。

图 2-13　大田严重发病时病斑灰白色,远看一片枯白

（一）叶枯型

白叶枯病症是最常见的典型症状，主要为害叶片，严重时也为害叶鞘，发病先从叶尖或叶缘开始，先出现暗绿色水浸状线状斑，后扩展为短条斑，然后沿叶缘两侧或中肋扩展，可达叶基部或叶鞘，变成黄褐色或呈枯白色条斑，病斑边缘界限明显。病健交界线明显，成波纹状（粳稻）或直线状（籼稻）。在抗病品种上病斑边缘呈不规则波纹状[图 2-14（a）]。感病品种上病叶灰绿色，失水快，内卷呈青枯状，多表现在叶片上部。籼稻病斑多呈黄褐色或橙黄色，病健界限没有粳稻那么清楚。粳稻为灰绿色或灰白色，湿度大时，病部易见蜜黄色珠状菌脓，干后成黄色小颗粒，容易脱落[图 2-4（b）]。

（a）病斑边缘呈不规则波纹状 　　　　（b）白叶枯病后期菌脓

图 2-14 　叶枯型

（二）急性型

主要在环境条件适宜品种感病的情况下发生。叶片病斑暗绿色或青灰色，扩展迅速，迅速失水，呈开水烫伤状，叶片内卷青枯，几天内可使全叶呈青灰色或灰绿色，最后变为灰白色，病部有蜜黄色珠状菌脓。一般仅限于上部叶片，不蔓延全株，凡有此种症状的出现，表示病害区在急剧发展。

（三）凋萎型

多在秧田后期至拔节期发生，病菌从根系或茎基部伤口侵入维管束时易发病。病株心叶或心叶下 1～2 叶先呈现失水、青枯、卷曲，后凋萎，其余叶片也先后青枯、卷曲，然后全株枯死，也有仅心叶枯死。剥开新青卷的心叶或折断的茎部，病株茎内腔有大量菌脓，有的叶鞘基部发病呈黄褐色或褐色，折断用手挤压可溢出大量黄白色菌脓，即病原菌菌脓，有别于螟虫为害造成的枯心。若为螟虫为害造成的枯心，可见虫伤孔。有的水稻自分蘖至孕穗阶段，剑叶或其下1~3叶中脉淡黄色，病斑沿中脉上下延伸，上可达叶尖，下可达叶鞘，有时叶片折叠，病株未抽穗就死去。

（四）中脉型

在水稻分蘖或孕穗期发生，病菌从叶片中脉伤口侵入。叶片中脉起初呈现淡黄色条斑状，逐渐沿中脉扩展成上至叶尖下至叶鞘的枯黄色长条斑，并向全株扩展成为中心病株，这种病株常常没有出穗就死去。将病叶纵折，用手挤压中脉横断面，有黏稠状黄色菌脓溢出（图2-15）。

图2-15　病健交界明显（左为边缘型，右为中脉型）

（五）黄化型

这种症状不多见，病株的较老叶片颜色正常，早期心叶不枯死，上有不规则褪绿斑，后发展为枯黄斑，病叶基部偶有水浸状断续小条斑，病株生长受到抑制。此型目前国内仅在广东省发现。

二、病原物

病原物为水稻黄单胞菌水稻致病变种[*Xanthomonas oryzae* pv.oryzae（Ishiyama）]，该菌隶属于薄壁细菌门、假单胞杆菌科、黄单胞杆菌属细菌，和水稻细菌性条斑病的病原物水稻黄单胞菌栖稻生致病变种[*Xanthomonas oryzae* pv. oryzicola（Fang et al.）]都为水稻黄单胞菌（*Xanthomonas oryzae*）致病变种。异名为 *X. campestris* pv.oryzae（Ishiyama）Dye。水稻白叶枯病病原菌为需氧菌，呼吸型代谢，菌体短杆状，大小（1.0~2.7）μm×（0.5~1.0）μm，单生，单鞭毛，极生或亚极生，长约8.7 μm，直径30 nm，革兰氏染色阴性，无芽孢和荚膜，菌体外具黏质的胞外多糖包围。在人工培养基上菌落蜜黄色，表面隆起，圆形且周边整齐，质地均匀，有黏性，产生非水溶性的黄色素，好气性，呼吸型代谢，不还原硝酸盐，产生氨和硫化氢，不产生吲哚乙酸，不同地区的菌株致病力不同。自然条件下，病菌可侵染栽培稻、野生稻、李氏禾、茭白等禾本科植物。病菌血清学鉴定分 3 个血清型：Ⅰ 型是优势型，分布全国；Ⅱ、Ⅲ 型仅存在于南方个别稻区。病菌生长温限 17 ~ 33 ℃，最适 25 ~ 30 ℃，最低 5 ℃，最高 40 ℃，病菌最适宜 pH6.5 ~ 7.0。

三、传播途径和发病条件

带菌种子，带病稻草和残留田间的病株、稻桩是主要初侵染源。病菌主要在稻种、稻草上越冬，新病区以带菌种子传病为主，老病区以病残体传病为主。干燥稻草上的病菌可存活 1 年左右，并且存活率很高，传病率也很高，成为水稻整个生育期发病的不间断菌源（图 2-16）。

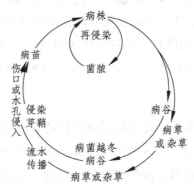

图 2-16 水稻病害传播途径

带菌种子的调运是远距离传播的主要途径。李氏禾等田边杂草也能传病。越冬病菌从叶片的伤口、水孔、叶鞘或芽鞘基部的气孔侵入，进入维管束后，在导管内大量繁殖，从叶面或水孔溢出菌脓，借风雨、露水、灌水、昆虫、人为等因素进行近距离传播。

在一个生长季度，只要环境条件适宜，再侵染就能不断发生，致使病害进一步传播蔓延，以致流行。高温高湿、台风、暴雨、多露是病害流行条件，发病最适温度 25 ~ 30 ℃，相对湿度 90%以上，暴风雨天气最有利于水稻白叶枯病的发生和流行。稻区长期积水、土壤酸性、氮肥过多、生长过旺等都有利于病害发生。大田串灌、漫灌都能直接促使病害传播。晨露未干时在病田操作，易造成带菌扩散。

一般中稻发病重于晚稻，不耐肥品种重于耐肥品种，矮秆阔叶品种重于高秆窄叶品种，籼稻重于粳稻，粳稻重于糯稻。叶面水孔少的品种比叶面水孔多的品种抗病，而种植感病品种更易流行成灾。平原比丘陵发病重，丘陵比山区发病重，不背风比背风发病重，受水淹比不受水淹发病重。同一品种苗期到分蘖期较抗病，分蘖末期抗病力下降；孕穗期易感病，抽穗期最易感病。因此，菌源充足、气候适宜、品种易感病三者条件吻合，则会导致病害大流行；反之不会大流行。

四、防治方法

关键是要早发现、早防治，封锁或铲除发病株或发病中心。

（一）农业防治

1. 选用适合当地的 2~3 个主栽抗病良种

（1）早稻抗病品种有：嘉育 280，皖稻 61 号，赣早籼 40 号，中优早 81 号，湘早籼 21 号、22 号，培两优 288，桂引 901。

（2）中稻抗病品种有：嘉 45 号，秀水 1067，皖稻 28，皖稻 32 号、34 号、36 号、38 号、59 号、61 号，汕优多系 1 号，湘粳 2 号，七袋占 1 号，八桂占 2 号，三培占 1 号，航育 1 号。

（3）晚稻抗病品种有：沈农 514，滇籼 13 号、14 号，滇粳糯 39 号，滇粳 40 号，宁粳 15 号、16 号、17 号，宁糯 4 号等。山东表现中抗的品种有 H301。

（4）粳稻品种对我国 7 个白叶枯病菌株（致病型 1~7）抗至中抗的品种有：DP5165、95 鉴 27、加 45、95 鉴 25、96 鉴 35、宁 93-38、宁波 2 号、台 537、D602 等。

2. 加强植物检疫

选用无病种子，杜绝病菌来源，在无病区应严格遵守检疫制度，不从病区调进种子，严防病菌传入，且疫区种子不外调。尽量采用包衣种子，也可用强氯精、叶枯宁等药剂来处理种子。选择从未发病的田块做秧田。催芽用具严格消毒，湿润育秧，严防水深淹苗。严格处理好病稻草，病稻草堆放要远离秧田，不使病菌接触种、芽、苗、水等，以防病菌传入秧田，带入大田。及时喷施除虫灭菌药，防治好灰飞虱、螟虫及其他害虫，断绝虫害的传毒、传菌途径。

3. 加强肥水管理

加强栽培管理，催芽不宜过长，向大田移栽前，喷施一次灭菌除虫的混合药，拔秧要尽可能避免损根茎。做到"五不插"：不插隔夜秧、不插老龄秧、不插深泥秧、不插烈日秧、不插冷水浸的秧。发现病株，及时拔除烧毁或高温沤肥。秧田不施未腐熟的厩肥，大田要施足基肥，及早追肥，巧施穗肥，不偏施氮肥，避免氮肥施用过迟、过量，氮、磷、钾及微肥平衡施用，一旦田间发现病株，不可再施氮肥，否则会使稻株贪青徒长，植株间通风透光条件恶化，引起湿度增加，造成发病的田间小气候，而且还会使稻株体内游离氨基酸和可溶性糖含量增加，致使抗病力减弱。分蘖期排水晒田，严防大水淹没秧苗，培育高素质壮秧，提倡旱育秧和软盘育秧。大田严防串灌、漫灌、深灌，杜绝病田水流入无病田里，对易涝淹的稻田及时做好排水工作。大田应分田灌溉，浅水勤灌，干干湿湿，干湿交替，适时适度烤田，对已发病的田块也不宜重烤，以免加重病害。

（二）药剂防治

1. 种子处理

80%抗菌剂 402 乳油 2 000 倍液浸种 48～92 h，不需淘洗即可催芽播种；或用福尔马林 50 倍液浸种 3 h 后闷种 2 h，清水洗净后催芽；或用种灵乳油 600 倍液浸种 36 h 后催芽；或用 20%噻枯唑可湿性粉剂 500～600 倍液浸种 24～48 h，不需淘洗即可催芽。

2. 土壤处理

绿亨一号或 65%敌克松可湿性粉剂 1 份+干细土 80 份混匀，做播种后覆盖土。

3. 移栽前秧田处理

秧田在秧苗 3 叶期及拔秧前 3～5 天用药；发病株和发病中心，大风暴雨后的发病田及邻近稻田，受淹和生长嫩绿的稻田，都是防治的重点。10%强氯精 500 倍液，15%立枯灵可湿性粉剂 1 000 倍液，25%甲霜灵可湿性粉剂 800～1 000 倍液，40%灭枯散（甲敌粉）可湿性粉剂 1 000 倍液，65%敌克松可湿性粉剂 700 倍液，可用其中任何一种进行喷撒，预防本田发病。

4. 大田期处理

大田在水稻分蘖期及孕穗期的初发阶段，特别是出现急性型病斑，气候有利于发病，则需要立即喷药防治。大田施药做到"发现一点治一片，发现一片治全田"的原则，及时喷药封锁发病中心，如气候有利于发病，应实行同类田普查防治，从而控制病害蔓延。可选用消菌灵、叶枯宁、消病灵、菌毒清等药剂。各种杀菌剂可交替使用，以延长农药的使用寿命，一般 5～7 天施药 1 次，连续 2～3 次，每次每亩需加水 60 kg 均匀细水喷雾，并在露水干后进行，以免因操作传播病害。

发现中心病株后，开始喷洒 20%叶枯宁（叶青双）可湿性粉剂，每亩用药 100 g，兑水 50 L，用叶枯宁防效上不去时，可在施用叶枯宁的同时混入硫酸链霉素或农用链霉素 4 000 倍液或强氯精 2 500 倍液，防效明显提高。此外，每亩还可选用 70%叶枯净（杀枯净）胶悬剂 100～150 g、25%叶枯灵（渝-7802）可湿性粉剂 175～200 g，兑水 50～60 L 喷洒。也可在 5 叶期和水稻移栽前 5 天，各用 50%氯溴异氰尿酸水溶性粉剂（消菌灵），每亩用量为 25～50 g，兑水 50 kg 喷雾。也可用 25%敌枯唑可湿性粉剂 200～300 倍液或 50%代森铵水剂 800～1 000 倍液进行防治。

第四节　水稻恶苗病

水稻恶苗病（Rice Bakanae disease）又称徒长病、白秆病等，广泛分布于世界各稻区。经大力防治，我国20世纪50～60年代曾基本控制其危害。近年来，病害在全国各稻区均有所回升，部分地区发生较严重，成为水稻生产上的一个重要问题。受害水稻在生长期瘦黄细长，谷粒秕瘦，严重者造成白穗甚至稻株死亡。一般减产10%～20%，发生严重时减产可达50%。1935年日本学者从水稻恶苗病株中分离出具有调节植物生长作用的生物活性物质，即赤霉素。赤霉素已成为广泛应用于农业生产的植物生长调节剂之一。赤霉素的发现大大推进了植物生长调节物质的研究进程。

一、症　状

水稻恶苗病在水稻的苗期至抽穗期都可发生（图2-17）。病谷粒播后常不发芽或不能出土。苗期发病苗比健苗细高，高出约1/3，叶片叶鞘细长，叶色淡黄，根系发育不良，部分病苗在移栽前死亡。在枯死苗上有淡红色或白色霉粉状物，即病原菌的分生孢子。

本田期发病有3类：①徒长型：病株表现节间明显伸长，叶鞘拉长，比健株高约1/3，分蘖少甚至不分蘖。叶片狭窄，并自下而上逐渐枯黄。中后期节部常弯曲露于叶鞘外，下部茎节逆生多数不定须根，剥开叶鞘，茎秆上有暗褐色条斑，剖开病茎可见白色蛛丝状菌丝，以后茎干逐渐腐朽，植株逐渐枯死。湿度大时，枯死病株表面长满淡褐色或白色粉霉状物，后期生黑色小点即病菌囊壳。发病重的病株一般在抽穗前就枯死。②普通型：病株高矮与健株相当，叶色相近，有些发病快，2～3天即出现倒生根，并很快枯死；有些发病持续时间很长，除倒生根外，外表看不出其他症状，至20天或更久才见枯黄。③早穗型：病轻的病株表现为提早抽穗，约比健株早3～7天，且穗头较高，穗小，6～10天即成白穗，未成白穗的结实也不饱满。

抽穗期谷粒也可受害，严重的变褐色，不能结实或在颖壳夹缝处生淡红色霉，病轻谷粒基本或者尖端变为褐色，有的谷粒不表现症状，但内部已有菌丝潜伏。

（a）剖开病茎可见白色蛛丝状菌丝

（b）苗期发病病苗比健苗细高，叶片叶鞘细长，叶色淡黄，根系发育不良，部分病苗在移栽前死亡

（c）恶苗病穗期大田"标枪稻"

（d）发病轻的可提早抽穗，穗小而不实

（e）在湿度大时，恶苗病枯死病株上有淡红或白色霉粉状物

图 2-17　水稻恶苗病症状

二、病原物

病原物为串珠镰孢（*Fusarium moniliforme* Sheld.），属半知菌亚门、丝孢纲、瘤痤孢目、瘤痤孢科、镰孢菌属真菌。分生孢子有大小两型，小分生孢子卵形或扁椭圆形，无色单胞，呈链状着生，大小（4~6）μm×（2~5）μm；大分生孢子多为纺锤形或镰刀形，顶端较钝或粗细均匀，具 3~5 个隔膜，大小（17~28）μm×（2.5~4.5）μm，多数孢子聚集时呈淡红色，干燥时呈粉红色或白色。有性态为藤仓赤霉[*Gibberella fujikurio*（Saw.）Wr.]，属子囊菌亚门、核菌纲、球壳菌目、肉座菌科、赤霉属真菌。子囊壳蓝黑色球形，表面粗糙，大小（240~360）μm×（220~420）μm。子囊圆筒形，基部细而上部圆，内生子囊孢子 4~8 个，排成 1~2 行，子囊孢子双胞，无色，长椭圆形，分隔处稍缢缩，大小（5.5~11.5）μm×（2.5~4.5）μm。

三、传播途径和发病条件

带菌种子为该病发生的主要初侵染源，其次为病稻草。病菌以菌丝体在种子内部或以分生孢子在种子表面越冬，浸种时带菌种子上的分生孢子污染无病种子而传染。病稻草内的菌丝体和分生孢子在干燥条件下可活 2～3 年。用带菌种子或病稻草覆盖育秧，在稻种萌发后病菌从芽鞘侵入，致使幼苗发病，严重的致使苗枯。病株以及死苗上产生分生孢子，借风雨传播到健苗，引起再侵染。病苗移栽到大田后，病株产生的分生孢子可从健苗茎部伤口侵入，造成大田发病，从伤口侵入也是病菌侵染的重要途径。在适宜的条件下，病株的菌丝体逐渐扩展至全株，并刺激茎叶徒长。发病后期，水稻下部叶鞘和茎部产生的分生孢子，可由风雨、昆虫进行传播，水稻扬花期时，引到花器上，侵入颖片和胚乳内，造成秕谷或畸形，在颖片合缝处产生淡红色粉霉。病菌侵入晚，谷粒虽不显症状，但菌丝已侵入内部使种子带菌，脱粒时与病种子混收，也会使健康种子带菌。

水稻恶苗病发生和温度有极大的关系。育秧时，高温催芽发病率高。在 30 ℃ 以上高温催芽的发病率为 22%～25%；25～30 ℃ 常温催芽的发病率为 3%；浸种不催芽的没有发病。这说明降低催芽温度或浸种不催芽播种，对防治恶苗病非常有效。土温 30～35 ℃ 时易发病，恶苗病菌侵害寄主以 35 ℃ 最适宜，诱致徒长以 31 ℃ 最为显著，在 25 ℃ 下病苗大为减少，20 ℃ 时病苗不表现症状。当土温升到 40 ℃ 时，病原菌和水稻的生长均受到抑制不表现症状。低温可阻止病害的发生，而较高温度则有利于病害症状的出现。移栽时，若遇到高温或阳光强烈的天气，一般发病较重。典型的症状发生在移栽后的 25～30 天内。在水稻抽穗后若遇到高温、多雨，可提高种子带菌率并且加深侵染部位。

同时伤口有利于病菌侵入，这也是造成发病的主要因素。增施氮肥刺激病害发展，施用未腐熟有机肥发病重。连阴雨的天气发病率高。烤田不及时，栽培过密导致田间通风透光差，虫害严重的田块都容易发病。一般旱育秧较水育秧发病重；籼稻较粳稻发病重，较糯稻发病轻；晚播发病重于早稻。

四、防治方法

（一）农业防治

1. 选用抗病良种

建立无病留种田，选栽抗病、耐病良种，避免种植感病、带菌品种。水稻恶苗病的主要初染源来自于种子，所以种子的选择以及处理，是防治水稻恶苗病的关键。京香糯 10 号水稻恶苗病极轻。水稻协优系列，如：协优 10、协优 57、协优 63 等发生较为严重。

2. 加强田间管理

选用排灌方便的田块，不用带菌稻草做苗床的覆盖物和扎秧草，用无病土做苗床营养土，用药土做播种后的覆盖土，从而避免交叉感染。加强栽培管理，催芽不宜过长，避免温度过高，向大田移栽前，喷施一次灭菌除虫的混合药，拔秧要尽可能避免损根茎。做到"五不插"：不插隔夜秧、不插老龄秧、不插深泥秧、不插烈日秧、不插冷水浸的秧。

合理密植，杜绝带病残体入田，病稻草及未堆沤制成腐熟肥料禁止施入稻田中，对在秧田和大田发现的病株，要及时拔除，并拿出田外集中烧毁或深埋，清除病残体，避免病菌传播再侵染。收获后的带病稻草应及早做燃料烧掉，或堆沤肥料，充分腐熟后施用，不用作种子处理或催芽的覆盖物，也不要将病稻草堆放在水稻田边。

3. 加强肥水管理

提倡施用酵素菌沤制的或充分腐熟的农家肥，采用配方施肥技术和"早促、中控、晚保"方针，施足基肥，追肥早施，不可偏施氮肥，采用适氮、高钾的肥水管理方法，促使秧苗生长健壮，增强秧苗的抗逆力。增施磷钾肥，使水稻前期不披叶，中期不徒长，后期不贪青。灌水做到分蘖浅水、够苗露田、晒田促根、肥田重晒、瘦田轻晒、长穗湿润、不早断水、防止早衰、防止串灌，要彻底掌握"前浅、中晒、后湿润"的原则。

（二）药剂防治

1. 种子处理

用 10%抗菌剂 401 乳油 1 000 倍液或 80%抗菌剂 402 乳油 8 000 倍液浸种 48～72 h，60 h效果最好，不需淘洗即可催芽；或用 1%石灰水澄清液浸种，15～20 ℃时浸 3 天，25 ℃浸 2天，水层要高出种子 10～15 cm，避免直射光；或用 2%福尔马林浸或闷种 3 h，气温高于 20 ℃用闷种法，低于 20 ℃用浸种法，洗净后播种；或用 50%多菌灵可湿性粉剂 150～200 g，稻种 50 kg，以 60 h 为好，水温要保持在 16 ℃以上；或用 50%甲基硫菌灵可湿性粉剂 1 000倍液浸种 2～3 天，每天翻种子 2～3 次；或用 35%恶霉灵胶悬剂 200～250 倍液浸种，种子量与药液比为 1∶（1.5～1∶2），温度 16～18 ℃浸种 3～5 天，早晚各搅拌一次，浸种后带药直播或催芽。外用 20%净种灵可湿性粉剂 200～400 倍液浸种 24 h，或用 25%施保克乳油3 000 倍液浸种 72 h，也可用 80%强氯精 300 倍液浸种，早稻浸 24 h，晚稻浸 12 h，再用清水浸种，防效达 98%。

2. 土壤处理

杀菌剂 1 份 + 杀虫剂 1 份 + 干细土 30 份混匀，做播种后覆盖土。

3. 秧苗期处理

在旱育秧的秧苗针叶期，用 25%咪鲜胺乳油 1 500 倍液，可减轻病菌的再侵染，对控制病害的发生、传播具有较好的作用。

4. 大田期处理

发现病株，立即拔除，如普遍发生，还要用 70%托布津 100 倍液。因水稻恶苗病引起的早穗现象不是种子的纯度问题，所以应及时加强防治措施，使水稻损害减少到最小。肥床旱育水稻，以施保克乳油 60 mL/hm² 在各生育期防效最好，均在 99%以上。必要时要可喷洒 95%绿亨 1 号（恶霉灵）精品 4 000 倍液。用 25%咪鲜胺乳油 105 mL/hm² 加入 25%三唑酮可湿性粉剂 45 mL/hm²，加水 750 kg 喷雾防治，也可以进行防治。播种前喷施苗床，发病时喷施植株。

5. 制种田处理

在制种田，母本齐穗至始花期用 25% 咪鲜胺乳油 105 mL/hm² 加入 25% 三唑酮可湿性粉剂 45 mL/hm²，加水 750 kg 喷雾防治，能有效地抑制恶苗病菌侵染母本花器，同时还能减轻稻粒黑粉病的发生；成熟时还应做到抢晴收晒，充分干燥，严防湿谷霉变、发芽，提高杂交稻种子质量。

第五节　稻曲病

稻曲病（Rice false smut）又称伪黑穗病、绿黑穗病、谷花病、青粉病，俗称"丰产果"。稻曲病是水稻后期发生的一种真菌性病害，近年来在中国各地稻区普遍发生，且逐年加重，已成为水稻主要病害之一。水稻稻曲病仅在水稻开花以后至乳熟期的穗部发生，且主要分布在稻穗的中下部。稻曲病使稻谷千粒重降低、产量下降，秕谷、碎米增加，出米率、品质降低。一般减产 5%~10%，严重田块损失可达到 30% 以上。此病菌含有对畜禽有毒的物质及致病色素，可引起畜禽心肾等内脏病变，胚胎畸形，甚至死亡，对人可造成直接和间接的伤害。水稻稻曲病不仅影响产量，而且致使稻谷带病有毒，不能食用。

一、症　状

水稻稻曲病（图 2-18）是水稻生长后期在穗部发生的一种病害，该病病菌为害穗部个别谷粒，轻则一穗中出现 1~5 病粒，重则多达数十粒，病穗率可高达 10% 以上。发病谷粒不能结实，早期外观与健康谷粒无明显差别。病粒比正常谷粒大 3~4 倍，受害谷粒颖壳内形成菌丝块渐膨大，内外颖裂开，露出淡黄色块状物，即孢子座，后包于内外颖两侧，呈黑绿色，初外包一层薄膜，后破裂，散生墨绿色粉末，即病菌的厚垣孢子，有的两侧生黑色扁平菌核，风吹雨打易脱落。近年来也发现了白化型水稻稻曲病亚种，且白化菌株具有独立于稻曲病菌的分类地位。

（a）前期稻曲球为黄色　　　　　　　　（b）后期稻曲球为墨绿色或近黑色

（c）稻曲病大田为害状 　　　　　　　（d）稻曲病

图 2-18　稻曲病症状

稻曲病粒与稻粒黑粉病（图 2-19）不同之处在于：前者整个谷粒失去原形，为病菌所包围、取代；后者基本保持正常谷粒状，仅颖壳合缝处生黑色舌状物，颖壳内充满黑粉（即病菌冬孢子堆）。

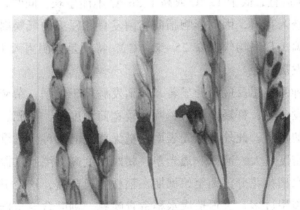

图 2-19　稻粒黑粉病

二、病原物

病原物为稻绿核菌[*Ustilaginoidea virens* （Cooke）Tak.]，属半知菌亚门、腔菌纲、瘤座胞目、瘤座胞科、绿核菌属真菌。分生孢子座（6～12）μm×（4～6）μm，表面墨绿色，内层橙黄色，中心白色。分生孢子梗直径 2～2.5 μm；分生孢子单胞厚壁，表面有瘤突，近球形，大小 4～5 μm。有性态为 *Claviceps virens* Sakurai，称稻麦角，属子囊菌亚门、核菌纲、球壳菌目、麦角菌科、麦角菌属真菌。菌核从分生孢子座生出，长椭圆形，长 2～20 mm，在土表萌发产生子座，橙黄色，头部近球形，大小 1～3 mm，有长柄，头部外围生子囊壳，子囊壳瓶形，子囊无色，圆筒形，大小 180～220 μm，子囊孢子无色，单胞，线形，大小（120～180）μm×（0.5～1）μm。厚垣孢子墨绿色，球形，表面有瘤状突起，大小（3～5）μm×（4～6）μm。白色稻曲球上的厚垣孢子外壁光滑，球形，无色透明，其大小约为（3.4～6.8）μm×（3.4～6.1）μm。

三、传播途径和发病条件

病原以厚垣孢子附着在种子表面或以菌核落入土中越冬。第二年 7~8 月份，菌核萌发产生子座，形成子囊壳，产生子囊孢子，成为主要的初侵染源。厚垣孢子产生分生孢子，侵染时期主要以水稻孕穗至开花期为主，苗期人工接种可引发系统发病。子囊孢子和分生孢子在 8 月下旬至 9 月上旬萌发，子囊孢子和分生孢子借气流传播，在水稻破口期侵害花器和幼嫩器官，导致谷粒发生病害。开花时萌发，菌丝侵入子房和柱头，并深入胚乳中迅速生长形成孢子座，造成谷粒发病。病穗在水稻齐穗后 4~5 天可初见，8~10 天后为发病高峰，高峰期病穗数占总病穗 75% 以上，全部病穗在齐穗后 15 天出现，病穗发生持续 10 天左右。病部产生的厚垣孢子借风雨传播，进行再侵染。稻曲病的初染时期，有的学者认为是水稻孕穗至开花期为主，也有的认为是厚垣孢子萌发侵入幼芽，随植株生长侵入花器为害，造成谷粒发病。

气候条件是影响稻曲病菌发育和侵染的重要因素。稻曲病菌在温度为 24~32 ℃ 均能发育，以 26~28 ℃ 最为适宜，低于 12 ℃ 或高于 36 ℃ 不能生长。同时，稻曲病菌的子囊孢子和分生孢子均借风雨侵入花器，因此影响稻曲病菌发育和侵染的气候因素以降雨为主。在抽穗扬花时遇多雨、低温（日平均气温在 25~28 ℃），特别是连阴雨天（3~5 天），此病发生严重。抽穗早的品种发病较轻。

自然条件下，品种间抗感反应差异显著。粳稻发病重于籼稻，杂交稻重于常规稻。一般晚熟品种比早熟品种发病重；秆矮、穗大、叶片较宽而角度小，耐肥、抗倒伏和适宜密植的品种，有利于稻曲病的发生。此外，颖壳表面粗糙无茸毛的品种发病重。

栽培管理粗放，密度过大，通风、透光差，相对湿度高，灌水过深，排水不良，淹水、串灌、漫灌，尤其在水稻颖花分泌期至始穗期，稻株生长茂盛，这是引起稻曲病传播的重要原因。若氮肥、穗肥施用过多、过迟造成水稻贪青晚熟，剑叶含氮量偏多，会加重病性的发展，病穗、病粒亦相应增多。连作地块发病重。当年发病重的田块，由于田间种子带菌量大，有可能第二年发病重。田间郁蔽严重，均会加重病害发生。近水口、田边，以及田间管理不当，后期落水过晚，均会导致发病重。

四、防治方法

（一）农业防治

1. 选用抗病品种

选用抗病品种，不用感病品种是防治稻曲病最经济且最有效的途径，如南方稻区的广二104、选 271、油优 36、扬稻 3 号、滇粳 40 号等；北方稻区的京稻选 1 号，沈农 514，丰锦，辽粳 10 号等。

2. 加强田间管理

选用排灌方便的田块，不用带菌稻草做苗床的覆盖物和扎秧草，用无病土做苗床营养土，用药土做播种后的覆盖土，从而避免交叉感染。加强栽培管理，催芽不宜过长，针对各种品种，适时移栽，使水稻开花期与雨期、高温天气错开。向大田移栽前，喷施一次灭菌除虫的混合药，拔秧要尽可能避免损根茎。做到"五不插"：不插隔夜秧、不插老龄秧、不插深泥秧、不插烈日秧、不插冷水浸的秧。

建立无病留种田，合理密植，发现病株，及时摘除病粒带出田外烧毁。发病稻田水稻收割后要深翻、晒田，避免病田留种。带有病菌的稻草应尽早作燃料，染病的秕谷必须及早处理。及时摘除病粒可挽回产量损失的 80%，同时又防止了粮食污染。稻曲病在齐穗后 4～5 天初见病穗，到 15 天病穗全面出现。

3. 加强肥水管理

提倡施用酵素菌沤制的或充分腐熟的农家肥，采用配方施肥技术和"早促、中控、晚保"方针，施足基肥，追肥早施，增施农家肥，少施氮肥，采用适氮、高钾的肥水管理方法，促使秧苗生长健壮，增强秧苗的抗逆力。配施磷钾肥，慎用穗肥；增施硅肥，可大大提高水稻抗病能力，对稻曲病的防御效果均达80%以上；针对稻曲病的"边际效应"，田边适量少施肥。

在水浆管理上宜干干湿湿灌溉，适时适度晒田，齐穗后干湿交替，收割前 7 天断水。增强稻株根系活力，降低田间湿度，提高水稻的抗病性。

（二）药剂防治

1. 种子处理

用 10%抗菌剂 401 乳油 1 000 倍液或 80%抗菌剂 402 乳油 8 000 倍液浸种 48～72 h，不需淘洗即可催芽；或用 2%福尔马林或 0.5%硫酸铜浸种 3～5 h，然后闷种 12 h，用清水冲洗催芽；或播前晒种 1～2 天，再用清水浸泡 24 h，后用 500 倍强氯精消毒液浸种 12 h；或用 3%～5%生石灰水浸种 3～5 h；或用 50%多菌灵可湿性粉剂 500 倍液浸种 24 h；或用 50%甲基硫菌灵可湿性粉剂 1 000 倍液浸种 32 h；敌克松、稻脚青等药剂浸种，也可收到良好的抑菌效果。药液要盖种，勿动，或用谷种重量 0.2%的三唑酮拌种。

2. 大田期处理

在大田防治中，波尔多液和硫酸铜液防效高于井冈霉素和多菌灵，但抽穗后使用硫酸铜液易发生药害。

大田防治第 1 次在破口前 8 天，至破口抽穗20%时施药效果最好，用 1∶1∶500 的石灰倍量式倍式波尔多液或晶体硫酸铜 750 g/hm²；或 14%络氨铜 1 500 g/hm²；或 50%琥胶肥酸铜 1 500～2 250 g/hm² 加水 750 kg/hm² 喷雾；或 10%抗菌剂 401 乳油 1 000 倍液；或 80%抗菌剂 402 乳油 8 000 倍液；或 5%井冈霉素水剂 500～1 000 倍液；或 25%阿米西达悬浮剂

1 000 ~ 2 500 倍液；或 20%纹霉星可湿性粉剂 500 ~ 600 倍液；或 20%纹曲克星可湿性粉剂 400 倍液（可兼治水稻叶尖枯病、云形病、纹枯病等，效果好）。

第 2 次在抽穗前用 14%络氨铜水剂每亩 250 g；或 25%稻丰灵每亩 200 g；或 5%井冈霉素水剂每亩 100 g，兑水 50 L 喷洒。施药时可加入三环唑或多菌灵兼防穗瘟。施用络氨铜时用药时间提前至抽穗前 10 天，进入破口期因稻穗部分暴露，易致颖壳变褐色，孕穗末期用药则防效下降。也可用 50%琥胶酸铜可湿性粉剂 100 ~ 150 g，兑水 60 ~ 75 L，于孕穗期和始穗期各防治一次，效果良好。也可选用 40%禾枯灵可湿性粉剂，每亩用药 60 ~ 75 g，兑水 60 L，还可兼治水稻叶尖枯病、云形病、纹枯病等。

用于防治水稻纹枯病的药剂多可用于稻曲病的防治，但药量必须加倍。防治稻曲病的原理是给穗部涂上一层药膜，以防止病菌入侵，由于防治稻曲病喷药的部位是在植株的上部，所以，用药时兑水量不宜大，力求雾滴细，一般每亩兑水量 40 ~ 50 kg，待露水、雨水干后用药。注意打药后 3 ~ 4 h 内如遇雨要及时补喷。

第六节　水稻细菌性条斑病

水稻细菌性条斑病（Rice bacterial leaf streak）又称细条病、条斑病。1918 年该病害首次在菲律宾的稻田中被发现，类似于水稻白叶枯病的细菌性病害。该病害主要发生在我国南部稻区，80 年代以来，随着杂交水稻栽培的盛行，该病迅速向华中、华南、华东稻区蔓延，且危害有逐年加重的趋势。目前在我国该病害已成为继稻瘟病、纹枯病和白叶枯病之后的第四大水稻病害，属于国内重要的检疫性病害。稻株发病后，功能性叶片呈现焦枯状，从而严重影响结实和稻谷的优质高产。一旦大规模的爆发，其传播速度之快，又加之在生产上缺乏有效地防治方法，往往会造成一般病田减产 15% ~ 25%，严重的可达 60% ~ 70%。近年来该病在广东、广西和海南省的减产幅度达 5% ~ 25%，已经超过水稻白叶枯病的损失。

一、症　状

水稻的整个生育期均可受害，主要为害叶片，幼龄叶片最易受害，因此秧苗期就出现典型的条斑型症状（图 2-20）。在侵染初期，病斑为暗绿色水浸状小斑，很快在叶脉间扩展为暗绿至黄褐色的细条斑，大小约 1 mm × 10 mm，病斑两端呈浸润型绿色。病斑上常溢出大量串珠状黄色菌脓，细如针头般大，呈现鱼籽状，干燥后呈黄色胶状小粒，附着于病斑表面，形同虚线，不易脱落。白叶枯病斑上菌溢不多不常见到，而细菌性条斑上则常布满小珠状细菌液。发病严重时条斑融合成不规则黄褐至枯白大斑，与白叶枯类似，但对光看，可见许多半透明条斑。病情严重时叶片卷曲，田间呈现一片黄白色。抗病品种上病斑较短，长度不到

1 cm，且病斑数量少，菌脓也少。

（a）细菌性条斑病初为暗绿色水渍状半透明小点，后迅速在叶脉间扩展成初为暗绿色，后变黄褐色的细条斑

（b）病斑表面分泌出许多露珠状的蜜黄色菌脓

（c）细菌性条斑病严重为害状

图 2-20　水稻细菌性条斑病症状

二、病原物

病原物为水稻黄单胞菌稻生致病变种[*Xanthomonas oryzae* pv. oryzicola （Fang et al.）]，该菌隶属于薄壁细菌门、假单胞杆菌科、黄单胞杆菌属细菌，与水稻白叶枯病病原物水稻黄单胞菌水稻致病变种[*Xanthomonas oryzae* pv.oryzae （Ishiyama）]都为水稻黄单胞菌（*Xanthomonas oryzae*）致病变种。异名为 *X. campestris* pv.oryzae （Fang et al.）Dye。

水稻细菌性条斑病病原菌为需氧菌，呼吸型代谢，菌体单生，偶成对，但不成链，短杆状，大小（1～2）μm×（0.3～0.5）μm，具单根极生鞭毛，革兰氏染色阴性，不形成芽孢、荚膜，在肉汁胨琼脂培养基上菌落圆形，周边整齐，中部稍隆起，蜜黄色。生理生化反应与白叶枯菌相似，不同之处该菌能使明胶液化，使牛乳胨化，使阿拉伯糖产酸，对青霉素、葡萄糖反应钝感，最适温度 28～30 ℃，最低为 8 ℃，最高为 38 ℃，致死温度为 51 ℃。该菌与水稻白叶枯病菌的致病性和表现性状虽有很大不同，但其遗传性及生理生化性状又有很大相似性，故该菌应作为稻白叶枯病菌种内的一个变种。

三、传播途径和发病条件

病菌主要在病稻谷和病稻草上越冬，是第二年的主要初侵染源，也不排除野生稻、李氏禾的交叉传染。带菌种子的调运是病害远距离传播的主要途径。病粒播种后，病菌侵害幼苗的芽鞘和叶梢，插秧时又将病秧带入本田，病菌主要通过灌溉水和雨水接触秧苗，主要从气孔或伤口侵入，侵入后在气孔下室繁殖并扩展到薄壁组织的细胞间隙。叶脉对病菌扩展有阻挡作用，故在病部形成条斑。在夜间潮湿条件下，病斑上溢出的菌脓，干燥后成小的黄色珠状物，可借风雨、露滴、泌水叶片之间的接触、昆虫及田间操作等途径近距离传播，进行再侵染；也可通过灌溉水和雨水传到其他田块。

在有菌源存在的前提下，水稻细菌性条斑病的发生与流行主要受气候条件、品种抗病性及栽培管理技术等因素的影响。

高温高湿条件，在气温 25～28 ℃、相对湿度接近饱和时，最适合于病害发展。台风、暴雨或洪涝侵袭，造成叶片出现大量伤口，有利于病菌的侵入和传播，易引起病害流行。特别是孕穗期至抽穗期，高温高湿、连阴雨的气候，发生危害最大。长江中下游地区于 6～9 月份最易流行。不同年份间流行程度的差异主要取决于此期的雨湿条件。

目前尚未发现对条斑病免疫的水稻品种，但品种间抗病性差异明显。粳稻通常较抗病，而籼稻品种大多感病，受害严重；常规稻较杂交稻抗病；小叶型品种较大叶型品种抗病；叶片窄而直立的品种较叶片宽而平展的品种抗病；叶片气孔密度较低及气孔开张度较小的品种抗病性较强。晚稻比早稻易感染，后期水稻易发病蔓延；晚稻在孕穗、抽穗阶段发病严重。同一水稻品种的植株在不同生育期的抗病性也有差异，苗期和分蘖期较发病，成株期较抗病。同一品种在不同地区的抗病性表现有很大差异，可能与各地病菌致病力差异有关。例如，IR8 国外为高感，在湖南为中感，广西为抗病。对白叶枯病抗性好的品种大多也抗条斑病。

栽培管理上，氮肥施用过多、过迟，引起稻株徒长、叶片嫩弱，容易诱发病害；灌水过深加重发病。

四、防治方法

（一）农业防治

1. 选用耐病良种

由于目前还未发现免疫品种，所以根据品种间抗性的差异，选择耐病良种。如桂 31901、青华矮 6 号、双桂 36、宁粳 15 号、珍桂矮 1 号、秋桂 11、双朝 25、广优、梅优、三培占 1 号、冀粳 15 号、博优等。种子消毒处理对可疑稻种采用温汤浸种的办法，稻种在 50 ℃ 温水中预热 3 min，然后放入 55 ℃ 温水中浸泡 10 min，期间，至少翻动或搅拌 3 次。处理后立即取出放入冷水中降温，可有效地杀死种子上的病菌。

2. 加强植物检疫

选用无病种子，杜绝病菌来源，在无病区应严格遵守检疫制度，加强检疫，把水稻细菌性条斑病菌列入检疫对象，防止带菌种子进行远距离传播。未经检疫的稻种一律不许调入非疫区。感病品种和有发病史的种子不得使用。尽量采用包衣种子，也可用拌种剂或浸种剂灭菌的种子。可用噬菌体方法、血清学方法（共凝集反应、ELISA 检测、免疫吸附分离）进行检验，也可用常规的种子分离法检验或者种子育苗检验。检疫时应以产地田间调查为主，调运检测为辅。实施产地检疫对制种田在孕穗期做一次认真的田间检查，可确保种子是否带菌。一旦产地调查发现病害，严格禁止从疫情发生区调种、换种，进行远距离传播。

3. 加强栽培管理

选择从未发病的田块做秧田。催芽用具严格消毒，湿润育秧，严防水深淹苗。催芽不宜过长，向大田移栽前，喷施一次灭菌除虫的混合药，拔秧要尽可能避免损根茎。做到"五不插"：不插隔夜秧、不插老龄秧、不插深泥秧、不插烈日秧、不插冷水浸的秧。发现病稻草、发现病株，及时拔除烧毁或高温沤肥。严格处理好病稻草，病稻草堆放要远离秧田，不使病菌接触种、芽、苗、水等，以防病菌传入秧田，带入大田。清除田边再生稻株和杂草。及时喷施除虫灭菌药，防治好灰飞虱、螟虫及其他害虫，断绝虫害传毒、传菌途径。

加强肥水管理，秧田不施未腐熟的厩肥，大田要施足基肥，及早追肥，巧施穗肥，不偏施氮肥，避免氮肥施用过迟、过量，氮、磷、钾及微肥平衡施用，一旦田间发现病株，不可再施氮肥，否则会使稻株贪青徒长，植株间通风透光条件恶化，引起湿度增加，造成发病的田间小气候。分蘖期排水晒田，严防大水淹没秧苗，培育高素质壮秧，提倡旱育秧和软盘育秧。水是传菌媒介，大田严防串灌、漫灌、深灌，杜绝病田水流入无病田里，对易涝淹的稻田及时做好排水工作，特别是暴风雨后稻田应及时排水。大田应分田灌溉，浅水勤灌，干干湿湿，干湿交替，适时适度烤田，对已发病的田块不宜重烤，以免加重病害。

（二）药剂防治

1. 种子处理

种子经预浸 12 ~ 24 h 后，用 50% 代森铵 500 倍液或 85% 强氯精 500 倍液浸种 12 ~ 24 h，洗净后催芽，防治效果达 90% 以上，对发芽没有影响。也可用 80% 杀菌剂 402 乳油 2 000 倍液，浸种 48 ~ 72 h，不需淘洗即可催芽。或用 0.5% 盐酸浸种 72 h，浸种后要用清水冲洗干净后再催芽。

2. 土壤处理

绿亨一号或 65%敌克松可湿性粉剂 1 份 + 干细土 80 份混匀,苗床底部撒施薄薄的一层,余下的做播种后覆盖土。

3. 发病期处理

根据水稻品种或者病情的发展情况,感病品种和历史性病区应在暴风雨后及时排水施药,其他稻田则在发病初期施药。苗期或大田稻叶上发现有条斑出现时,应该立即喷药防治,封锁发病中心。常用的农药有噻森铜、叶青双、消菌灵等。

发现中心病株后,开始喷洒 20%叶枯宁(叶枯唑、叶青双)可湿性粉剂,每亩用药 100 g,兑水 50 L,用叶枯宁防效上不去时,可在施用叶枯宁的同时混入硫酸链霉素或农用链霉素 4 000 倍液或强氯精 2 500 倍液,防效明显提高。秧田期一般掌握在 4 ~ 5 叶期用药,但老病区,特别是秧苗受水淹而感病时,应在三叶期和移栽前 3 ~ 5 天各喷一次,大田喷药应注意封锁发病中心,控制病害蔓延,每亩用 20%叶枯宁可湿性粉剂 200 g 预防白叶枯病扩展。或用 50%氯溴异氰尿酸水溶性粉剂(消菌灵),每亩用量为 25 ~ 50 g,兑水 50 kg 喷雾;或用 25%叶枯灵(渝-7802)可湿性粉剂,每亩用药 175 ~ 200 g,兑水 50 ~ 60 L;或用 50%代森铵 1 000 倍液在水稻抽穗前喷雾。病情蔓延较迅速或天气有利于病害流行时,应连续喷药 2 ~ 3 次,间隔时间为 6 ~ 7 天 1 次,尽力把病害控制到初发阶段。

第七节　水稻条纹叶枯病

水稻条纹叶枯病(Rice stripe disease)被称为水稻上的"癌症",最早于 1897 年在日本发现,现分布于日本、朝鲜及中国。在我国江苏、浙江、安徽、台湾等 16 个省(市、自治区)均有发生,在南方稻区,多属零星分布。水稻条纹叶枯病是一种由灰飞虱传播引起的病毒病。近年来,在江苏省普遍流行,特别在苏北地区特别严重,具有普遍蔓延的趋势。水稻条纹叶枯病表现来势猛、危害大、损失大。病害发生时往往造成严重减产,一般田块病株率在 5%左右,一般减产 3% ~ 5%,严重减产 20% ~ 30%,甚至 70%,严重时甚至导致田块绝收。部分年份爆发流行成灾。

一、症　状

发病有三个明显高峰期。第一高峰期为 7 月中上旬,主要是由秧苗在秧田被第一代灰飞虱为害,被害植株将病毒带到大田后造成的。第二高峰期为 7 月中下旬至 8 月初,是秧苗移栽大田后受二代灰飞虱为害后造成的。第三个高峰期为 8 月中下旬,是第三代灰飞虱若虫和成虫传毒所致。叶片症状如图 2-21 所示。

图 2-21 叶片症状

（一）苗期发病

心叶基部出现褪绿黄白斑，后扩展成与叶脉平行的黄色条纹，条纹间仍保持绿色。不同品种表现不一，糯、粳稻和高秆籼稻表现为心叶黄白、柔软、卷曲下垂、成枯心状（图 2-22）。矮秆籼稻不呈枯心状，叶片出现黄绿相间条纹，分蘖减少，病株提早枯死。病毒病引起的枯心苗与三化螟为害造成的枯心苗相似，但无蛀孔，无虫粪，不易拔起，别于蝼蛄为害造成的枯心苗。

图 2-22 心叶细长卷曲，下垂成假枯心

（二）分蘖期发病

先在心叶下一叶基部出现褪绿黄斑，后扩展形成不规则黄白色条斑，老叶不显病（图 2-23）。籼稻品种不枯心，糯稻品种半数表现枯心。病株常枯孕穗或穗小畸形不实。

（a）叶片上出现褪绿黄斑，以后向上扩展 （b）条纹叶枯病分蘖期大田症状
　　　成黄绿色相间的条纹

图 2-23　分蘖期发病症状

（三）拔节后发病

在剑叶下部出现黄绿色条纹，各类型稻均不枯心，但抽穗畸形，结实很少（图 2-24）。

图 2-24　抽穗期表现为严重矮缩症状

二、病原物

Rice stipe virus 简称 RSV，为水稻条纹叶枯病毒，属水稻条纹病毒组（或称柔线病毒组）病毒。病毒粒子丝状，大小 400 nm × 8 nm，分散于细胞质、液泡和核内，或成颗粒状、砂状等不定形集块，即内含体，似有许多丝状体纠缠而成团。病叶汁液稀释限点 1 000 ~ 10 000 倍，钝化温度为 55 ℃，3 min，零下 20 ℃，体外保毒期（病稻）8 个月。

三、传播途径和发病条件

本病毒仅靠介体昆虫传染，其他途径不传病。介体昆虫主要为灰飞虱，一旦获毒可终身并经卵传毒，至于白脊飞虱在自然界虽可传毒，但作用不大。最短吸毒时间 10 min，循回期 4 ~ 23 天，一般 10 ~ 15 天。病毒在虫体内增殖，还可经卵传递。

病毒侵染禾本科的水稻、小麦、大麦、燕麦、玉米、粟、黍、看麦娘、狗尾草等50多种植物。但除水稻外，其他寄主在侵染循环中作用不大。病毒在带毒灰飞虱体内越冬，成为主要初侵染源。先在大、小麦田越冬的若虫，羽化后在原麦田繁殖，然后迁飞至早稻秧田或本田传毒、为害并繁殖，早稻收获后，再迁飞至晚稻上为害，晚稻收获后，再迁回冬麦上越冬。

水稻条纹叶枯病的发生与流行受水稻耕作制度、灰飞虱带毒虫量以及气候等因素的影响。

水稻条纹叶枯病的发生程度与水稻种植方式有密切联系。不同的播期，影响灰飞虱迁飞高峰与作物敏感期能否相遇，形成不同发病程度。稻、麦两熟区发病重，大麦、双季稻区病害轻。一般情况下麦稻混种重于移栽稻，移栽稻重于抛秧稻、机插秧和直播秧。采取轻型栽培方式发病较轻。

水稻在苗期到分蘖期易感病。水稻幼苗期最易发病，其发病程度按分蘖期、拔节期、孕穗期依次降低。叶龄长潜育期也较长，随植株生长抗性逐渐增强。水稻条纹叶枯病发生程度在不同水稻品种之间差异很大，一般糯稻发病重于晚粳，晚粳重于中粳，籼稻发病最轻。籼稻中一般矮秆品种发病重于高秆品种，迟熟品种重于早熟品种。管理差、杂草多，则发病重。

水稻条纹叶枯病的发生与灰飞虱发生量、带毒虫率有直接关系。带毒虫量大，发病率高。头年暖秋、暖冬，且干旱，春季气温偏高，降雨少，或 7 ~ 8 月高温干旱，虫口多发，病重。施用的有机肥未充分腐熟，未烤田，长期深灌，施用氮肥过多或过迟，水稻植株生长过嫩，导致过多稻灰飞虱为害并传毒。

四、防治方法

综合策略：坚持"预防为主，综合防治"的植保方针，采取"切断毒源，治虫防病"的防治策略，狠治灰飞虱，控制条纹叶枯病。

（一）农业防治

1. 选用抗（耐）良种

水稻一旦感病将会很难防治，所以选择抗病品种是防治水稻条纹叶枯病发生的最根本、最经济的手段。由于发病程度在不同水稻品种之间差异很大，所以要因地制宜选用抗（耐）良种，如中国91、徐稻2号、宿辐2号、盐粳20、铁桂丰等。在重发地区因地制宜推广种植徐稻3号、徐稻4号、扬粳9538、镇稻99、盐稻8号、扬辐粳7号、南粳42、南粳44、南粳46等抗性表现较好的品种，压缩武育粳3号、武粳系列等高感品种不宜选用。

2. 调整稻田耕作制度和作物布局

科学选择苗床地址，集中成片种植水稻，防止灰飞虱在不同季节、不同熟期和早、晚季作物间迁移传病。科学施肥，培育出健康秧苗，增强植株抗逆性和抗病性。忌种麦稻插花田，秧田不要与麦田相间，远离虫源田，或采用其他作物隔离。

调整播期，移栽期避开灰飞虱迁飞期。可先播抗耐品种，后播常规品种。在苗期和分蘖期要避开灰飞虱的高发期。事实证明水稻播栽越早，灰飞虱传毒越早，水稻感病就越重。适当推迟播种期，能有效地避开一代灰飞虱成虫迁移传毒高峰期，从而降低发病率。收割麦子和早稻要背向秧田和大田稻苗，减少灰飞虱迁飞。同时，应加强管理促进分蘖。

在发病重区，可以实行轮作的方式，例如水稻、大豆等非寄主作物的水旱轮作，可明显降低来年水稻的发病率。

3. 加强田间管理

防除禾本科杂草。看麦娘、稗草等是灰飞虱越冬寄主和条纹叶枯病的寄主，冬前和冬后全面防除田间地头和渠沟边禾本科杂草，清除寄主作物，有利于减少灰飞虱的发生量和带毒率。及时做好水稻田边特别是秧田周围的杂草清除工作，切断灰飞虱传毒桥梁，减少一代灰飞虱的传毒，减轻早期发病。秋季水稻收获后耕翻灭茬，压低灰飞虱越冬基数。

推广旱育秧、塑盘抛秧以及机插秧等轻型栽培技术。水稻旱育秧与湿润育秧相比，水稻条纹叶枯病发病较轻。用无病土做苗床营养土，用药土做播种后的覆盖土。

加强栽培管理，催芽不宜过长，针对各种品种，适时移栽。做到"五不插"：不插隔夜秧、不插老龄秧、不插深泥秧、不插烈日秧、不插冷水浸的秧。发现病株，及时拔除带出田外烧毁。及时拔除病苗可减少毒源，也可促进健株分蘖成穗，更加合理的运用空间和养分，减少病害损失。

4. 加强肥水管理

采用配方施肥技术和"早促、中控、晚保"方针，采取"潜水多灌"的方法，控制氮肥施用量，增加磷钾肥的施用量，促使秧苗生长健壮，增强秧苗的抗逆力。

（二）物理防治

推广防虫网、无纺布笼罩秧苗以及秧（大）田周围设置防虫板等物理防治措施，阻止灰飞虱迁入，保护秧苗免受灰飞虱传毒为害。

（三）药剂防治

1. 种子处理

选用包衣种子，如果没有包衣，则要用48%毒死蜱长效缓释剂、20%毒·辛，按种子量的0.1%拌种，防效可达50%以上。也可以用浸种的方式处理种子，在进行常规种子处理时药液中再添加吡虫啉、吡蚜酮等药剂，如10%吡虫啉可湿性粉剂500～1 000倍液浸种后催芽。

2. 灰飞虱的防治

小麦、油菜收割期秧田普治灰飞虱，每亩选用 48%毒死蜱长效缓释剂 1 500 倍液；或 20%毒·辛 1 000 倍液；或 2%天达阿维菌素 3 000 倍液；或锐劲特 30 ~ 40 mL，兑水 30 kg 均匀喷雾，移栽前 3 ~ 5 天再补治 1 次。

治虫防病，抓住传毒迁飞前期集中防治，秧田期一代灰飞虱成虫防治是控制前期条纹叶枯病发生的关键，而且可以减轻大田防治压力。药剂应选用对灰飞虱击倒快、持效长的药剂。秧田期、本田期是防治的关键时期，也是稻苗最易感病的时期，在一代灰飞虱迁入高峰期和二代若虫孵化高峰期，喷施 50%甲胺磷或 50%速灭威 1 000 倍液，每亩 50 kg 或 2%叶蝉散粉剂每亩 2 kg，都能取得较好的防治效果。也可喷洒 3%天达啶虫脒药 1 500 ~ 2 000 倍液；或 10%吡虫啉药 1 500 ~ 2 000 倍液；或天达阿维菌素药 3 000 ~ 4 000 倍液，集中消灭。

清除田边杂草还可以用药剂的方法，一般采用灭生性除草剂，如草甘膦、百草枯等，切勿喷到秧苗上。

水稻移栽后，短期内进行频繁调查，若发现有灰飞虱 2 ~ 3 头每平方米时，应进行药剂防治，主要以控制二代灰飞虱传毒为主。在水稻返青分蘖期每亩用 48%毒死蜱长效缓释剂 1 500 倍液；或 20%毒·辛 1 000 倍液；或 2%天达阿维菌素 3 000 倍液；或锐劲特 30 ~ 40 mL，兑水 45 kg 均匀喷雾，防治大田灰飞虱。水稻分蘖期大田病株率 0.5%的田块，每亩用 50 g "天达 2116"+天达裕丰（菌毒速杀）30 g，兑水 30 kg，均匀喷雾防病，1 周后再补治 1 次，效果良好。

也可在发病初期及时喷洒 600 倍 "天达粮宝"（粮食专用型 "天达-2116"）+1 500 倍 "天达裕丰" 药液；或 600 倍 "天达粮宝"+1 000 倍 50%消菌灵药液，每 7 ~ 10 天 1 次，连续喷洒 2 ~ 3 次。不但能增强水稻植株的抗病能力，防止病毒发生；而且还可使水稻增产 15%左右。

对已发病的田块，在拔除病株、掰蘖补栽的同时，配合使用 8%宁南霉素水剂 50 mL 每亩等钝化剂防治 1 ~ 2 次，可以减轻水稻条纹叶枯病的为害损失。为了防治灰飞虱产生抗药性，建议不同作用机理的药剂交替和轮换使用，也可将不同作用机理的两种药剂进行混用。

第八节　南方水稻黑条矮缩病

南方水稻黑条矮缩病俗称 "矮稻"，是一种主要由白背飞虱带毒传播的水稻病毒性病害。于 2001 年首次在广东阳西县发现，此后发生范围逐步扩大，为害严重。水稻发病后，植株明显矮缩、瘦弱，不抽穗或仅抽一些包颈小穗，穗短谷粒不饱满，实粒少，籽粒轻，结实率低，一般情况造成水稻减产 20% ~ 50%，严重的甚至失收。2008 年扩散至长江流域，据不完全统计，2009 年受害面积超过 3×10^5 hm²，特别是杂交晚稻发生较严重，约 6 500 hm² 水稻失收。2010 年则在我国湖南、广东、广西、福建、海南、浙江等 13 个南方省爆发成灾，发病面积达 133 万 hm²，中晚稻地区出现点片绝收。

一、症　状

主要由白背飞虱带毒传播。病毒不能经虫卵传到下代，白背飞虱一经染毒，能终身保毒。主要症状表现为分蘖增加，叶片短阔、僵直，叶色深绿，叶背的叶脉和茎秆上现初蜡白色，后变褐色的短条瘤状隆起，上部叶的叶面有凹凸不平的皱缩，叶尖卷曲，不抽穗或穗小，结实不良。不同生育期染病后的症状略有差异，水稻苗龄越小，感病越严重（图2-25）。

苗期发病，心叶生长缓慢，叶片短宽、僵直，叶色浓绿，叶脉有不规则蜡白色瘤状突起，后变黑褐色。根短小，植株严重矮缩，不抽穗，常提早枯死。稻株严重矮缩，不能拔节，移栽大田后感病严重的逐渐死亡；大田初期感病的稻株明显矮缩，不抽穗或仅抽包颈穗；分蘖期发病，表现为新生分蘖先显症，主茎和早期分蘖尚能抽出短小病穗，但病穗缩藏于叶鞘内；分蘖期和拔节期感病的稻株矮缩不明显，能抽穗，但穗型小、实粒少、粒重轻；拔节期发病，剑叶短阔，穗颈短缩，结实率低，叶背和茎秆上有短条状瘤突。病株地上数节节部有倒生气生须根及高节位分枝。病株茎秆表面有大小 1～2 mm 的乳白色瘤状突起，瘤突呈蜡点状纵向排列成一短条形，早期乳白色，后期褐黑色。目前尚未发现对该病有抗性的水稻品种。

（a）病叶基部叶脉常弯曲，　　　（b）黑条矮缩病植株矮缩　　　（c）病叶短阔、僵直、
　　　使叶片略显纵皱　　　　　　　　　　　　　　　　　　　　浓绿，叶面皱缩

（d）苗期根部发育不良，新根白根少，褐根多　　　（e）茎秆上出现的蜡白色矮条状隆起

（f）病株根部状况　　　　　　　　（g）健株与病株比较

图 2-25　南方水稻黑条矮缩病症状

二、病原物

Southern rice black streaked dwarf virus 简称 SRBSDV，为南方水稻黑条矮缩病毒，属植物呼肠弧病毒科、斐济病毒属一新种病毒，其基因组由 10 条双链 RNA（dsRNA）组成。病毒粒子为等径对称的球状多面体，大小 60～80 nm。病毒粒子有衣壳内外两层。细胞质中病毒粒子以三种形式存在：一种是分散或不规则聚集；另一种是有规则的晶状排列；还有一种是病毒粒子排列成串，外包一层膜呈豆荚状、鞘状或管状构造。病毒钝化温度 50～60 ℃，病叶汁液稀释限点 10^{-5}～10^{-4} 倍，病叶汁液体外保毒期 5～6 天。

三、传播途径和发病条件

该病原病毒主要由白背飞虱传毒，不能经种传播，植株间也不互相传毒；介体一经染毒，终身带毒，稻株接毒后潜伏期 14～24 天。白背飞虱最短获毒时间 30 min，1～2 天即可充分获毒，病毒在白背飞虱体内循回期为 8～35 天。传毒时间为 15 min，稻株接毒后潜伏期 14～24 天。

该病原病毒初侵染源以外地迁入的带毒白背飞虱为主，冬后带毒寄主（如田间再生苗、杂草等）也可成为初侵染源；带（获）毒白背飞虱取食寄主植物即可传毒。

水稻感病期主要在分蘖前的苗期（秧苗期和本田初期），拔节以后不易感病。最易感病期为秧（苗）的 2～6 叶期。水稻苗期、分蘖前期感染发病的基本绝收，拔节期和孕穗期发病，因侵染时期先后产量损失在 30%～10%。

南方水稻黑条矮缩病的发生与白背飞虱发生量、带毒虫率有直接关系。带毒虫量大，发病率高。头年暖秋、暖冬，且干旱，春季气温偏高，降雨少，或7~8月高温干旱，虫口多发，病重。施用的有机肥未充分腐熟，未烤田，长期深灌，施用氮肥过多或过迟，水稻植株生长过嫩，导致过多稻飞虱为害并传毒。

一般中晚稻发病重于早稻；育秧移栽田发病重于直播田；杂交稻发病重于常规稻。病害普遍分布，但仅部分地区严重发生。尚未发现有明显抗病性的水稻品种。

四、防治方法

应采取切断毒链、治虫防病、治秧田保大田、治前期保后期的综合防控策略。抓住秧苗期和本田初期关键环节，实施科学防控。

（一）农业防治

其重点在于合理布局，连片种植，并能同时移栽。清除田边杂草，压低虫源、毒源。

1. 调整稻田耕作制度和作物布局

科学选择苗床地址，集中成片种植水稻，防止飞虱在不同季节、不同熟期和早、晚季作物间迁移传病。科学施肥，培育出健康秧苗，增强植株抗逆性和抗病性。忌种麦稻插花田，秧田不要与麦田相间，远离虫源田，或采用其他作物隔离。

调整播期，移栽期避开飞虱迁飞期。在苗期和分蘖期要避开飞虱的高发期。事实证明水稻播栽越早，飞虱传毒越早，水稻感病就越重。适当推迟播种期，能有效地避开一代飞虱成虫迁移传毒高峰期，从而降低发病率。收割麦子和早稻要背向秧田和大田稻苗，减少飞虱迁飞。同时，应加强管理促进分蘖。

在发病重区，可以实行轮作的方式，例如水稻、大豆等非寄主作物的水旱轮作，可明显降低来年水稻的发病率。

2. 加强田间管理

防除禾本科杂草。看麦娘、稗草等是飞虱越冬寄主和病毒的寄主，冬前和冬后全面防除田间地头和渠沟边禾本科杂草，清除寄主作物，有利于减少飞虱的发生量和带毒率。及时做好水稻田边特别是秧田周围的杂草清除工作，切断飞虱传毒桥梁，减少一代飞虱的传毒，减轻早期发病。秋季水稻收获后耕翻灭茬，压低飞虱越冬基数。

推广旱育秧、塑盘抛秧以及机插秧等轻型栽培技术。水稻旱育秧与湿润育秧相比，水稻条纹叶枯病发病较轻。用无病土做苗床营养土，用药土做播种后的覆盖土。

加强栽培管理，催芽不宜过长，针对各种品种，适时移栽。做到"五不插"：不插隔夜秧、不插老龄秧、不插深泥秧、不插烈日秧、不插冷水浸的秧。发现病株，及时拔除带出田外烧毁。及时拔除病苗可减少毒源，也可促进健株分蘖成穗，更加合理的运用空间和养分，减少病害损失。

及时拔除病株，对发病秧田，要及时剔除病株，并集中进埋入泥中，移栽时适当增加基本苗。对大田发病率 2%～20%的田块，及时拔除病株（丛），并就地踩入泥中深埋，然后从健丛中掰蘖补苗。对重病田及时翻耕改种，以减少损失。对已经发病的田块，要及时排水晒田，增施磷钾肥和农家肥，防止因防治失时，漏治或用药不当而造成重大损失，对漏防、未防和防止效果不理想的田块，要及时补防。

（二）物理防治

推广防虫网覆盖育秧，即播种后用 40 目聚乙烯防虫网全程覆盖秧田，阻止飞虱迁到秧苗上传毒为害。

（三）药剂防治

1. 种子处理

药液浸种或拌种。在催芽后播种前 3～4 h，用 25%的吡蚜酮可湿性粉剂 20 g/kg 拌种；或用 10%吡虫啉 300～500 倍液，浸种 12 h；在种子催芽露白后用 10%吡虫啉 WP 15～20 g/kg 稻种拌种，待药液充分吸收后播种，减轻飞虱在秧田前期的传毒。

2. 白背飞虱的防治

主要抓好以下两个时期的防治工作，一是秧苗期：秧苗稻叶开始展开至拔秧前 3 天，酌情喷施"送嫁药"；二是本田期：水稻移栽后 15～20 天。

25%噻嗪酮可湿性粉剂，浓度为 125 mg/kg 和 250 mg/kg 喷雾防治，1 个月内均能有效地控制白背飞虱危害。还可用 5%阿维菌素乳油每亩 20 mL 喷雾，5%甲维盐乳油每亩 30 mL 喷雾。

10%吡虫啉可湿性粉剂每亩用药 150 g，兑水 900 kg 常规喷雾，控害时间长达 30 天以上。还可用 10%毒死蜱每亩 80 mL 喷雾。

25%灭幼酮可湿性粉剂每亩用药 300～450 g，喷雾，防治效果可达 80%以上，残效期 30 天以上。

第九节　水稻干尖线虫病

水稻干尖线虫病（Rice nematode）又称干尖病、白尖病、线虫枯死病，首先于 1915 年在日本九州发现，现在分布于世界各个水稻产区，在国内各稻区也均有发生。该病是一种以植物寄生线虫为病原的病害，早在 20 世纪 50～60 年代该病害发生严重，并被列为国内检疫对象。该病害具有潜伏期长，病症出现后难防治的特点。对水稻叶片造成危害的现象在过去较为多见，而近 10 年来，在我国南方稻区一些地方，更多地表现为"小穗头"现象，已被证实干尖线虫是引起水稻"小穗头"的直接原因，穗部危害重，严重影响水稻的产量和品质，一般造成减产 10%~20%，严重者达 30%以上。水稻干尖线虫分布较广，主要为害水稻，也能为害谷子、小麦、草莓、玉米、大豆、蔬菜、麻类、花卉和农田杂草等植物。

一、症　状

水稻整个生育期均可受害，主要为害叶片及穗部。秧苗受害后，一般看不出症状，仅少数在 4~5 片真叶时出现干尖，即在叶片尖端 2~4 cm 处逐渐卷缩歪曲，变淡褐色或灰白色枯死，病、健部界限明显，以后病部脱落，又看不出症状（图 2-26）。孕穗期症状明显，一般在剑叶或上部第二、三叶距尖端 1~8 cm 部分细胞逐渐枯死，初为黄白色或淡褐色，半透明，后扭转状的干尖，渐变成灰褐色或褐色，继而逐渐变成灰白色的干尖状，病健组织分明，有明显的褐色界纹。湿度大或有雾、露存在时，干尖叶片展平呈半透明水渍状，随风飘动，露干后又复卷曲。受害植株成株期叶片比健株叶片短、小、狭窄，呈浓绿色，严重危害时，剑叶全部卷曲枯死，不能抽穗，而成枯孕穗或白穗。病株一般都能正常抽穗，但穗型小，平均每穗粒数少，瘪粒多，千粒重下降，米质变差；已受线虫侵染结实饱满的籽粒，颖壳松裂或带褐色。一般主茎发病的，分蘖也发病。有些病株的症状表现很轻或不表现症状。

图 2-26　水稻干尖线虫病症状

二、病原物

水稻干尖线虫病由贝西滑刃线虫（稻干尖线虫）（*Aphelenchoides besseyi* Christie）寄生引起，属线形动物门。雌雄线虫均为蠕形虫。雌虫直线或稍弯，体长 500~800 μm，尾部自阴门后变细，阴门角皮不突出。雄虫上部直线形，体长 458~600 μm，死后尾部呈直角弯曲状，尾侧有 3 个乳状突起，交接刺新月形，刺状，无交合伞。线虫活跃时宛如蛇行水中，停止时常扭结或卷曲成盘状。这种线虫能耐寒冷，不耐高温，活动适温为 20~25 ℃，在 55 ℃高温下 5 min 即被杀死。

三、传播途径和发病条件

成虫和幼虫以休眠状态在谷粒颖壳中越冬，干燥条件可存活 3 年，浸水条件能存活 30 天，因此带虫种子是此病的主要初染源。年年用带菌种子作种用，使发病率逐年上升。浸种催芽时，种子内线虫复苏，播种后游离于水中，遇幼芽从芽鞘或叶鞘缝钻入，附于生长点、叶芽及新生嫩叶尖端的细胞外，营外寄生，以吻针刺入细胞吸食汁液，使被害叶长出后形成干尖。线虫在稻株体内生长发育并交配繁殖，随稻株生长，侵入穗原基。孕穗期集中在幼穗颖壳内外，造成穗粒带虫。线虫在稻株内约繁殖 1~2 代，由于雌虫比雄虫数多约 5 倍，所以繁殖能力强。秧田期和本田初期靠灌溉水近距离传播，扩大为害；土壤不能传病，能靠调运稻种或稻壳作商品包装填充物而远距离传播。

品种不同，对干尖线虫的抗性也有差异。从大面积发病来看，晚稻发病重于早稻，早稻重于中稻，粳稻重于籼稻，籼稻重于糯稻，糯稻重于杂交稻。杂交稻相对比较抗病。在粳稻品种中发现不同品种间的抗性差异大，但至今还没有发现高抗这种线虫的品种。

种子带虫率高低影响发病的轻重。但瘪谷中的线虫一般很少，影响发病的是饱满籽粒颖壳的带虫量。秧苗粗壮素质好的，抗病性强；秧田播种过密，秧苗素质差的发病较重。

水稻干尖线虫的活动适宜温度为 20~25 ℃，临界温度为 13 ℃ 和 42 ℃，最适相对湿度为 70% 左右。播种后半个月内低温多雨有利于发病。在晚稻生长中凡 7~8 月温度偏低，雨量偏多，日照偏少，则发病较重，尤其是 7 月上旬处于低温多雨天气，与发病关系更为密切，不良气候是诱发线虫危害加重病情的因素之一。

水稻干尖线虫在水中游动的范围不大，但如线虫从颖壳中游出时，正值田水灌排或满灌，流水可帮助其扩大流动范围，发病率也有所上升。高肥田块一般发病较轻，受害的损失率也较低。

四、防治方法

（一）农业防治

1. 选用抗病品种

选用抗病品种、选留无病稻种，是防治水稻干尖线虫病最经济简便的措施。目前水稻品种中还没有发现对线虫完全免疫的品种，但是由于品种间的抗病性有较大的差异，广泛收集种质资源，通过抗性鉴定作为抗病亲本在育种上加以利用。

2. 加强植物检疫

选用无病种子，加强检疫，严格禁止从病区调运种子。在调种时必须进行严格检疫，防止带虫的稻种流入生产。由于环境条件不适宜，水稻干尖线虫病的症状可能表现很轻，而被忽略，这并不意味着种子就不带有线虫。因此，必须经植保工作人员的检验，才能确定是否带有线虫。

3. 加强田间管理

选用排灌方便的田块，病区稻壳不做育秧隔离层和育苗床面的覆盖物，用无病土做苗床营养土，用药土做播种后的覆盖土。育苗田要远离脱谷场。加强栽培管理，催芽不宜过长，向大田移栽前，喷施一次除虫灭菌的混合药，拔秧要尽可能避免损根茎。做到"五不插"：不插隔夜秧、不插老龄秧、不插深泥秧、不插烈日秧、不插冷水浸的秧。根据不同品种特性合理密植，科学配方施肥，增强植株的抗病性。发现病株要及时拔除，集中烧毁或深埋。病稻草不宜露置堆放，要尽快用做燃料，或者做堆肥原料，一定要充分腐熟。

建立无病留种田，选择当年未见发病的稻田作为留种田，收获前进行种子检疫，确保无病后单收、单打、单藏，以防混杂。凡发现有"干尖症状"和"小穗头"的田块，其稻谷绝不能留做种子使用。

4. 加强肥水管理

提倡施用酵素菌沤制的或充分腐熟的农家肥，采用配方施肥技术和"早促、中控、晚保"方针，施足基肥，追肥早施，增施农家肥，少施氮肥，采用适氮、高钾的肥水管理方法，促使秧苗生长健壮，增强秧苗的抗逆力。通过加强管理，增施钾肥，可使水稻生长健壮，有利于提高结实率，减轻干尖线虫病造成的损失。科学排灌，防止病田水串灌、漫灌，烤田适中，减少线虫随水近距离传播为害。

（二）物理防治

种子进行温汤浸种，先将稻种预浸于冷水中 24 h，然后放在 45~47 ℃ 温水中 5 min 提温，再放入 52~54 ℃ 温水中浸 10 min，取出立即冷却，催芽后播种，防效 90%。也可将干燥的种子在 56~57 ℃ 热水中浸 10~15 min，不需要预浸。直播易引致烂种或烂秧，故需催好芽。

（三）药剂防治

种子播种前用温水或药剂处理，这是防治干尖线虫病简单而有效的方法。药剂浸种防治水稻干尖线虫病，可以将水稻"小穗头"田间发生率控制在 2% 以下；连续浸种数年，田间"小穗头"现象可望完全消失。用药剂浸种是杀灭水稻颖壳内干尖线虫的最佳方法，而一旦错过这一时期，干尖线虫侵入生长点后就难以用药防治。

1. 种子处理

水稻干尖线虫病体积微小，肉眼难以观察，所以抓住防治关键时期，用药剂浸种，是防治该病的关键。

用 0.5% 盐酸溶液浸种 72 h，浸种后用清水冲洗 5 次种子，再进行催芽播种。或用 40% 杀线酯（醋酸乙酯）乳油 500 倍液，浸 50 kg 种子，浸泡 24 h，再用清水冲洗。或用线菌灵 600 倍液，浸种 48 h 后清水洗净，再催芽播种。或用 15 g 线菌清可湿性粉剂加水 8 kg，浸 6 kg 种子，浸种 60 h，然后用清水冲洗再催芽播种。或用 10% 浸种灵乳油 5 000 倍液（每瓶 2 mL 药液加水 10 L，浸稻种 6~8 kg），浸种 120 h 后洗净催芽。或用 80% 敌敌畏乳油 0.5 kg 加水 500 kg，浸种 48 h，后冲洗催芽。或用 50% 巴丹可湿性粉剂 1 000 倍液，浸种 48 h 后，洗净催芽。用温汤或药剂浸种时，发芽势有降低的趋势，如直播易引致烂种或烂秧，故需催好芽。用浸种灵和线菌清浸种，可兼治水稻干尖线虫病和恶苗病。在浸种过程中，要避免光照，应勤搅动。温度较高时，可适当缩短浸种时间。

2. 苗床处理

药土：甲基托布津或甲霜灵或敌克松或立枯灵 1 份+10%克线灵颗粒剂 1 份+干细土 30 份混匀，做播种时的覆盖土；或在秧苗期 2~3 叶时撒施一次。

在播种前，苗床也可喷施 40%杀线酯（醋酸乙酯）乳油 500 倍液或者 28%线菌清可湿性粉剂 600 倍液进行防治。

3. 发病期处理

在水稻生长期，结合防治稻纵卷叶螟、稻瘟病、白叶枯病和其他病害，可选用 16%咪鲜·杀螟丹可湿性粉剂等含杀螟丹的药剂喷雾，对防治干尖线虫有一定的药杀效果，可以减轻干尖线虫病的危害损失。一般每亩用 16%咪鲜胺·杀螟丹可湿性粉剂 45 g，加水 50 kg 喷雾。杀螟丹见光易分解，在阴天或傍晚施药效果好些。

第十节　水稻胡麻叶斑病

水稻胡麻叶斑病（Rice brown spot）又称水稻胡麻叶枯病，属真菌病害，分布较广，全国各稻区均有发生。一般由于缺肥、缺水等原因，引起水稻生长不良时发病，导致谷粒受害，影响产量和米质。近年在我国许多地方此病逐渐发生，有的甚至上升为当地水稻的主要病害，一般减产 10%~30%，严重者 50%以上，甚至绝收。除为害水稻外，还侵害黍、稗、看麦娘等禾本科植物。

一、症　状

从秧苗期到收获期都可发病，稻株上各部位均能受害，尤其叶片为害最普遍（图 2-27）。种子发芽期受害，芽鞘成褐色，有的甚至芽未抽出，子叶即枯死。苗期发病，叶片及叶鞘上散生许多如芝麻粒大小的椭圆病斑，暗褐色，有时病斑扩大连片成条形，病斑多时秧苗枯死。成株叶片染病，初为褐色小点，逐渐扩大为椭圆斑，如芝麻粒大小，病斑中央为褐色至灰白色，边缘褐色，周围有深浅不同的黄色晕圈，严重时能相互结成不规则的大病斑。发病的叶片由叶尖逐渐向下干枯，严重的根部发黑，全株枯死。在潮湿的条件下，死苗上生出黑色绒状的霉层（即病原菌分生孢子梗和分生孢子）。叶鞘上染病病斑初为椭圆形，暗褐色，边缘淡褐色，水渍状，后变为中心灰褐色的不规则大斑。穗颈和枝梗受害，变暗褐色，类似穗颈瘟，造成穗枯。谷粒早期受害，病斑灰黑色，可扩及全粒，造成秕谷。后期受害，产生与叶片上相似的病斑，但病斑较小，边缘不明显。患病严重的谷粒，质脆易碎，俗称"茶米"。潮湿条件下，病部长出黑色绒状霉层（即病原菌分生孢子梗和分生孢子）。此病易与稻瘟病相混淆，其病斑的两端无坏死线，这是与稻瘟病的重要区别。

图 2-27　胡麻叶斑病为害严重的田块

二、病原物

病原物无性态为稻平脐蠕孢霉[*Bipolaris oryzae* （Breda de Haan） Shoem.]，属于半知菌亚门、平脐蠕孢属真菌。有性态为宫部旋孢腔菌（*Cochliobolus miyabeanus*），属子囊菌亚门、旋孢腔菌属，在自然条件下不产生。为害水稻的主要是它的无性态。

分生孢子梗从气孔伸出，单生或 2～5 根丛生，不分枝，基细胞膨大，孢痕明显，坐落于顶端和折点处，大小（85.3～192.7）μm×（7.5～11.2）（μm），褐色或深褐色。顶端呈膝状曲折，着生孢子处尤为明显，隔膜 4～16 个，大小（99～345）×（4～11）（μm）。分生孢子长椭圆形、梭形、倒棍棒形正直或向一方弯曲，褐色，两端渐狭，钝圆，3～11 隔膜，大小（24.2～81.8）μm×（14.4～19.2）μm。孢子两级萌发，观察从不同地方分离的稻平脐蠕孢菌，其形态基本相同，但也有差异，可能是由于环境等因素不同，形成了不同的生理小种。

三、传播途径和发生条件

病菌以分生孢子附着在种子和病草上或以菌丝体在病稻草与颖壳内越冬，成为第二年的最初侵染源。病斑上的分生孢子在干燥条件下可存活 2～3 年，潜伏菌丝体能存活 3～4 年，菌丝翻入土中经一个冬季后失去活力。带病种子播种后，潜伏菌丝体可直接侵害幼苗，病残体上越冬的分生孢子以及菌丝，在条件适宜的情况下，产生大量的分生孢子并借助气流传播至水稻植株上，从表皮直接侵入或从气孔侵入，引起稻株染病。条件适宜时很快出现病症，并形成分生孢子，借助风雨传播，进行再侵染。

菌丝生长适宜温度为 5～35 ℃，最适温度 28 ℃；分生孢子形成的适宜温度为 8～33 ℃，以 30 ℃ 最适，孢子萌发的适宜温度为 2～40 ℃，以 24～30 ℃ 最适。孢子萌发须有水滴存在，相对湿度大于 92%。饱和湿度下 25～28 ℃，4 h 就可侵入寄主。在适宜温湿度条件下，病害在一周内就可大量发生。高温高湿、有雾露存在时，水稻发病重。

对于胡麻叶斑病，目前水稻品种中，尚无免疫品种，但不同水稻品种抗病性存在差异，粳稻、糯稻比籼稻易感病，迟熟品种比早熟品种发病重。同品种中，一般苗期和抽穗期前后最易感病，分蘖期抗性增强，分蘖末期抗性又减弱，这与水稻在不同时期对氮素的吸收能力有关。

水肥管理与胡麻叶斑病关系密切，一般缺肥或贫瘠的田块，缺钾肥、土壤为酸性或砂质土壤的田块，漏肥、漏水严重的田块以及缺水或长期积水的田块发病严重。水稻条纹叶枯病的发生对水稻胡麻叶斑病也有诱发作用。

四、防治方法

针对此病的特点，所以在防治上以农业防治特别是深耕改土、科学管理肥水为主，药物防治为辅。

（一）农业防治

1. 选用耐病良种

根据各个品种对胡麻叶斑病的抗性差异，因地制宜选用耐病良种。不种植感病品种，选用抗病、无害、包衣的种子，若未包衣则用拌种剂或浸种剂灭菌。

2. 加强田间管理

选用排灌方便的田块，不用带菌稻草做苗床的覆盖物和扎秧草。土壤深耕，有利于水稻根系发育，促进稻株吸水、吸肥能力，提高水稻的抗病性。用无病土做苗床营养土，用药土做播种后的覆盖土。催芽不宜过长，向大田移栽前，喷施一次灭菌除虫的混合药，拔秧要尽可能避免损根。做到"五不插"：不插隔夜秧、不插老龄秧、不插深泥秧、不插烈日秧、不插冷水浸的秧。合理密植，发现病株及时拔除带出田外烧毁或高温沤肥。

收获时对病田的病谷、病稻草应分别堆放，尽早处理室外堆放的病稻草，春播前应处理完毕。选择无病田留种，病稻草要及时处理销毁，深耕灭茬，压低菌源。

3. 加强肥水管理

按水稻需肥规律，采用配方施肥技术，合理施肥，增加磷钾肥及有机肥，特别是钾肥的施用可提高植物株抗病力。缺肥引起发病，可追施速效氮肥，如硫酸铵等，控制病情的扩展。对沙土地块应增施有机肥，提高其保水供肥能力。酸性土要注意排水，并施用适量石灰，以促进有机肥物质的正常分解，改变土壤酸度。水分管理上，做到前期浅水勤灌，适时适度烤田，后期干湿交替，使稻苗活熟到老，避免缺水造成土壤干裂或长期水淹造成土壤通气不良，而引发病害。

（二）药剂防治

1. 种子处理

稻种在消毒处理前，最好先晒 1~3 天，这样可促进种子发芽和病菌萌动，以利于杀菌，之后用风、筛、簸、泥水、盐水选种，然后消毒。种子处理药剂及方法参见"稻瘟病"。

2. 发病期处理

重点在抽穗至乳熟阶段的发病初期喷雾防治，以保护剑叶、穗颈和谷粒不受侵染。药剂及方法参见"稻瘟病"。对于常年严重发病地块，必须及时施药防治，选择具有保护及治疗作用较强的新型药剂进行预防和防治。喷药时应注意避开水稻开花期，在上午 10 点之前或下午 3 点之后喷药为宜，以免影响水稻授粉。提倡多种药剂交替使用，延缓抗性产生。

第三章　水稻主要虫害

【内容提要】

水稻是我国的主要粮食作物，为害水稻的害虫种类繁多，目前已发现的害虫种类多达 250 余种，为害比较严重的虫害主要有：水稻螟虫、稻纵卷叶螟、褐飞虱、白背飞虱、灰飞虱、黑尾叶蝉、稻蓟马、稻秆蝇、中华稻蝗、稻水象甲、水稻田蚜虫等。近年来，我国东部沿海、沿江及南方稻区水稻病虫害发生较重，飞虱、螟虫、稻纵卷叶螟等轮番发生，且抗性发展较快，化学防治的难度加大，部分地块出现因虫害而大面积减产的现象，各级农技推广部门不断出台了一些防治措施，推出一系列新药或新配方等进行综合防治，各地也积累了一些成功的经验，本章就水稻虫害的发生及其防治用药的现状，作了初步探讨。

第一节　水稻螟虫

水稻螟虫俗称钻心虫，其中普遍发生较严重的是二化螟和三化螟，还有大螟等。二化螟除为害水稻外，还为害玉米、小麦等禾本科作物；三化螟为单食性害虫，只为害水稻。螟虫一生分为卵、幼虫、蛹和成虫 4 个阶段，只有幼虫阶段才蛀食稻茎。二化螟幼虫身体淡褐色，背部有 5 条紫褐色纵线；三化螟幼虫黄白色或淡黄色，背中央有 1 条绿色纵线。

一、二化螟

二化螟[*Chilo suppressalis*（Walker）]又名钻心虫、蛀心虫、蛀秆虫，属鳞翅目、螟蛾科昆虫，是我国水稻上危害最为严重的常发性害虫之一。在国内各稻区均有分布，较三化螟和大螟分布广，但主要以长江流域及以南稻区发生较重。水稻在分蘖期受害造成枯鞘、枯心苗，在穗期受害造成虫伤株和白穗，一般减产 3%～5%，严重时减产 30%以上。近年来发生数量呈明显上升的态势。二化螟食性比较杂，除为害水稻外，还为害茭白、野茭白、玉米、高粱、甘蔗、油菜、蚕豆、麦类以及芦苇、稗、李氏禾等杂草。

（一）形态特征

1. 卵

长 1.2 mm，扁椭圆形，卵块由数十至百粒排成鱼鳞状，由乳白色变至黄白色或灰黄褐色，长 13～16 mm，宽 3 mm，上有一层薄的透明胶质物。水稻苗期和分蘖期时，卵块多在稻叶正面叶尖处；在孕穗期和抽穗期时，卵块则多在叶鞘上（图 3-1）。

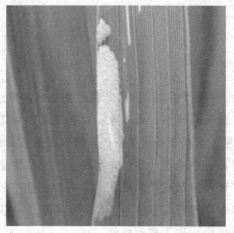

图 3-1　二化螟白卵块和黑卵块，卵常产于叶鞘或基部叶片

2. 幼　虫

多数为 6 龄，也有 5 龄或 7 龄，少数有 8 龄。2 龄以上幼虫在腹部背面有 5 条棕色纵线，中间 3 条比较明显（图 3-2）。末龄幼虫体长 20～30 mm，头部除上颚棕色外，其余红棕色，全体淡褐色，背线、亚背线以及气门线为暗褐色。腹足趾钩双序全环或缺环，由内向外渐短渐稀。

图 3-2　二化螟初孵幼虫淡褐色，2 龄以上幼虫在腹部背面有 5 条棕色纵线

3. 蛹

长 10～13 mm，圆筒形，米黄色至浅黄褐色或褐色。在其额中央有钝圆形突出，尾端有 1 对刺毛。初化的蛹呈白色，后变为褐色。前期背面的 5 条棕色纵线，逐渐变为红褐色，纵纹也逐渐消失（图 3-3）。

（a）二化螟蛹（背面）　　　　　　　　（b）二化螟蛹（腹面）

图 3-3　二化螟蛹

4. 成虫（图 3-4）

雌蛾，体长 12 ~ 14 mm，翅展 23 ~ 31 mm，触角丝状，头、胸部背面为黄褐色，前翅浅黄褐色，近长方形，翅面褐色小点很少，沿外缘具小黑点 7 个；后翅白色，有绢丝状光泽；腹部灰白色呈纺锤形。雄蛾，体长 10 ~ 13 mm，翅展 20 ~ 23 mm，头、胸部背面为浅褐色，前翅近长方形，黄褐色或淡黄褐色，密布有不规则的褐色小点，中央具黑斑 1 个，下面生小黑点 3 个，外缘有 7 个小黑点；复眼黑色或淡黑色；后翅白色，外缘渐带浅黄褐色；腹部瘦圆筒形。

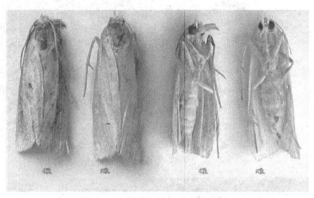

（a）二化螟成虫　　　　　　　　　　（b）二化螟成虫背腹面观

图 3-4　二化螟成虫

（二）生活习性及为害症状

16 ~ 20 ℃ 地区年生 3 ~ 4 代，20 ~ 24 ℃ 地区年生 4 ~ 5 代，高于 24 ℃ 地区年生 5 ~ 6 代。二化螟是以 4 龄以上幼虫在稻桩、稻草中或其他寄主的茎秆内、杂草丛、土缝等处越冬，通常在稻茎处化蛹，也有少数在叶鞘内侧化蛹，一般距水面 3 cm 左右。越冬幼虫化蛹的地方为稻草、稻根的茎秆处。

气温高于 11 ℃ 时开始化蛹，15 ~ 16 ℃ 时成虫羽化。低于 4 龄期幼虫多在翌年土温高于 7 ℃ 时钻进上面稻桩及小麦、大麦、蚕豆、油菜等冬季作物的茎秆中；均温 10 ~ 15 ℃ 进入转移盛期，转移到冬季作物茎秆中以后继续取食内壁，发育到老熟时，在寄主内壁上咬一羽化孔，仅留表皮，羽化后破膜钻出。有趋光性，喜欢把卵产在幼苗叶片上，圆秆拔节后产在叶宽、秆粗且生长嫩绿的叶鞘上。蚁螟孵化后，在水稻分蘖期和孕穗期，先钻入叶鞘内侧群集为害，造成枯鞘，2~3龄后钻入茎秆，蛀食稻茎，水稻分蘖期造成枯心苗，3龄后幼虫蛀入稻株内为害，孕穗期造成枯孕穗，抽穗期造成白穗，成熟期造成虫伤株（图3-5）。该虫生活力强，食性杂，耐干旱、潮湿和低温条件，主要天敌有卵寄生蜂等。

（a）二化螟幼虫为害造成的枯心苗

（b）二化螟幼虫孕穗期为害造成枯孕穗

（c）二化螟为害造成的枯鞘

（d）二化螟幼虫为害造成白穗

（e）二化螟幼虫为害造成白穗

（f）二化螟幼虫为害造成白穗

图3-5　二化螟幼虫为害症状

二化螟成虫白天潜伏于稻株下部，夜间飞舞。大多在午夜以前交配。雌蛾交配后，间隔一日即开始产卵，产卵在晚上8~9时最盛。第1代多产卵于稻秧叶片表面距叶尖3~6 cm处，但也能产卵在稻叶背面。第2代卵多产于叶鞘离地面约3 cm处。第3代卵多产于晚稻叶鞘外侧。一只雌蛾能产卵 2~3 块，多者达 10 余块，一般平均 5~6 块，共 200~700 粒。

（三）为害特点

水稻分蘖期受害，出现枯心苗和枯鞘；孕穗期、抽穗期受害，出现枯孕穗和白穗；灌浆期、乳熟期受害，出现半枯穗和虫伤株，秕粒增多，遇刮大风易倒折。二化螟为害造成的枯心苗，幼虫先群集在叶鞘内侧蛀食，叶鞘外面出现水渍状黄斑，后叶鞘枯黄，叶片也渐死，称为枯梢期。幼虫蛀入稻茎后剑叶尖端变黄，严重的心叶枯黄而死，受害茎上有蛀孔，孔外虫粪很少，茎内虫粪多，黄色，稻秆易折断，这有别于大螟和三化螟为害造成的枯心苗。

（四）发生规律

二化螟以幼虫越冬，主要在稻内，若在越冬期遇浸水则易死亡。若春季温暖、湿度正常，越冬幼虫死亡低，发生早，量大；若春季低温、多湿，不利于越冬幼虫的发生。二化螟在大田化蛹时期如遇上台风暴雨受淹，则能大量淹死螟蛾，减少下代发生量。夏季高温干旱对幼虫发育不利，特别是水温持续 35 ℃ 以上，幼虫死亡率可达 80%~90%。7~8 月阴雨天多，气温偏低，易出现二代螟虫灾；秋季晚稻收获前多雨，往往使越冬二化螟下移缓慢，结果稻草中越冬二化螟比例大，反之则少。

二化螟每年发生的代数因纬度而异，海拔高度也影响发生代数，丘陵山区发生较多。自从水稻种植改革以后，由于单季稻变成多季交错播种，相应给二化螟提供了生活有利的充足食料，发生代数与数量均有变化。不同稻区之间的分布也有差异，一般混栽稻区、单季稻区和间作稻区，发生比较严重，平原双季连作稻区，发生比较轻。

在三熟制地区，由于春花面积扩大，增加了越冬虫源田，加上迟熟早稻的扩大，有利于提高二代二化螟的有效率，随着早稻插秧季节的提早，有利于二化螟的侵入和成活。在秧田、本田并存条件下，本田产卵多于秧田，一般稀植高于密植，大苗高于小苗。在水稻生长后期与螟蛾发生期相遇时，成熟越迟的产卵越多。抛秧稻在整个生育期基本不伤根叶，秧苗始终保持嫩绿，螟害偏早、偏重。

水稻二化螟的危害程度与水稻的品种特性有关。一般情况下，籼稻重于粳稻，特别是杂交稻；有芒品种比无芒品种受害重；叶片宽而长、秆高、分蘖多的品种比叶片狭而短、秆矮、分蘖一般的品种受害重；茎秆表面光滑、茎粗而组织疏松的品种比茎秆坚硬、维管束排列密集、茎腔直径小的品种受害重。另外，水稻体内淀粉含量高、米粒带香味的品种，受害也比较重。这也是大多数高产品种受害严重的主要原因。

田间管理方面，如施用氮肥过多，水稻植株生长旺盛，色泽浓绿，能诱集水稻二化螟成虫产卵，还能使虫体增重，提高繁殖能力，使为害加重。如果田间缺水、田面干裂，稻株长势不好，可促使幼虫转株为害，从而加重虫害的发生。采取浅水层管理，少灌勤灌，使稻株生长健壮，幼虫转株为害情况减少，相应地能减轻危害程度。

（五）防治方法

防治二化螟要狠抓消灭虫源，视各地不同情况，因地制宜，综合应用农业防治、化学防治、生物防治、物理防治和保护利用天敌等技术措施。防治策略"统防秧田、综治本田，狠治一代，重视二代的策略"。

1. 农业防治

主要采取消灭越冬虫源、灌水灭虫、避害等措施。

（1）品种选择

选用良种，提高纯度。选育种植耐水稻螟虫、抗病、包衣的种子，如未包衣则用除虫灭菌混合剂拌种或者浸种。

（2）加强田间管理，降低虫源基数

冬闲田则要在春暖冬季或翌年早春3月底以前翻耕灌水，杀死越冬幼虫，减少虫源。无法淹水的地，要耕翻后拾净外面的稻桩并毁掉。灌水杀蛹，即在二化螟初蛹期采用烤、搁田或灌浅水，以降低化蛹的部位。进入化蛹高峰至蛾始盛期，突然灌深水 10 cm 以上，灌水淹没稻桩 3～5 天，能淹死大部分老熟幼虫和蛹，减少发生基数。

不用病稻草做苗床的覆盖物和扎秧草，用无病土做苗床营养土，用药土做播种后的覆盖土，从而避免交叉感染。加强栽培管理，催芽不宜过长，针对各种品种，适时移栽。向大田移栽前7天左右，喷施一次灭菌除虫的混合药，做到带药移栽。拔秧要尽可能避免损根茎。做到"五不插"：不插隔夜秧、不插老龄秧、不插深泥秧、不插烈日秧、不插冷水浸的秧。

白穗出现初期，大量幼虫还在植株上部为害，要尽早将白穗植株连根拔出，带离稻田，减少幼虫转株为害和降低越冬虫源。结合拔除田间杂草，摘去卵块。

秋收割稻尽量齐泥割，可减少割茬内幼虫的残存量，破坏其越冬产所。早稻草要放到远离晚稻田的地方曝晒，以防转移危害。晚稻后化蛹前做燃料处理，烧死幼虫和蛹。水稻收获后，将稻桩及时翻入泥下，灌满田水，幼虫死亡率很高。对用作烧柴的稻草及留作工业用的稻草，在成虫羽化期应喷洒药剂，每5～7天喷一次，到羽化结束为止。

切实处理好越冬期间未处理完的稻桩和其他寄主残株，破坏其越冬场所，压低越冬虫源。冬春季铲除田边杂草，拾毁外露稻桩，堆制、沤制、腐烂有虫稻草和稻桩。

（3）调整稻田耕作制度和作物布局

尽量避免单、双季稻混栽，可以有效切断虫源田和桥梁田之间的联系，降低虫口数量。不能避免时，单季稻田提早翻耕灌水，降低越冬代数量；双季早稻收割后及时翻耕灌水，防止幼虫转移为害。单季稻区适度推迟播种期，可有效避开二化螟越冬代成虫产卵高峰期，降低为害程度。

合理安排冬作物，晚熟小麦、大麦、油菜留种绿肥要注意安排在虫源少的晚稻田中，可减少越冬的基数。对稻草中含虫多的要及早处理，也可把基部 10～15 cm 先切除烧毁。要建立合理的耕作制度和水稻品种布局，避免混栽和生育期过长，提高种子纯度，加强水管理，使水稻生长健壮，出穗整齐。利用成虫产卵的选性，设置诱杀田，集中消灭。

（4）加强预测预报

做好二化螟发生期、发生量和发生程度预测。

（5）加强肥水管理

提倡施用酵素菌沤制的或充分腐熟的农家肥，科学施肥，采用配方施肥技术和"早促、中控、晚保"方针，施足基肥，追肥早施，增施农家肥，少施氮肥，采用适氮、高钾的肥水管理方法，促使秧苗生长健壮，增强秧苗的抗逆力。施用硅肥后水稻抗性提高，对二化螟有一定预防效果。

采取浅水灌溉的方法，适期放水烤田，控制无效分蘖，杜绝长期灌深水，有利于减轻病虫害的发生。

水源比较充足的地区，可以根据水稻生长情况，在一代化蛹初期，先排干田水 2~5天或灌浅水，降低二化螟在稻株上的化蛹部位，然后灌水 7~10 cm 深，保持 3~4 天，可使蛹窒息死亡；二代二化螟 1~2 龄期在叶鞘为害，也可灌深水淹没叶鞘 2~3 天，能有效杀死害虫。

2. 物理防治

主要使用杀虫灯和性诱剂：

（1）使用杀虫灯：利用水稻二化螟成虫的趋光性，在成虫羽化盛期用杀虫灯诱杀，可减少当年落卵量。

（2）使用性诱剂：利用水稻二化螟性诱剂诱杀雄蛾，可减少受精卵数量，从而降低孵化率。

3. 生物防治

稻田二化螟各类寄生、捕食性天敌较多，螟卵有稻螟赤眼蜂、澳洲赤眼蜂、螟黄赤眼蜂等寄生性天敌；幼虫有寄生蜂、线虫等天敌；另外，还有蜘蛛、青蛙、蜻蜓等捕食性天敌。在防治二化螟的同时，应保护天敌，提高天敌对二化螟的控制作用；也可用杀螟杆菌 1~2 kg 兑水 500~1 000 kg，泼浇稻桩。

4. 药剂防治

根据水稻二化螟发生规律，可采取"狠治一代、巧治二代、兼治三代"的防治策略。防治关键在于抓好冬作安排，在保护天敌、减轻虫源等农业防治和生物防治的基础上，抓适期、抓指标、做好药剂防治。

（1）种子处理：福尔马林 50 倍液+适量防病药剂浸种 3 h 后，闷种 2 h，再用清水洗净催芽；或者用种灵乳油 600 倍液+适量防病药剂浸种 36 h 后催芽。

（2）根据种群动态模型用药防治。在二化螟一代多发型地区，要做到狠治一代；在 1~3代为害重地区，采取狠治一代，挑治 2 代，巧治 3 代。

为充分利用卵期天敌，应尽量避开卵孵盛期用药。一般在早晚稻分蘖期或晚稻孕穗、抽穗期螟卵孵化高峰后 5~7 天，当枯鞘丛率 5%~8%、早稻每亩有中心为害株 100 株、丛害率 1%~1.5%或晚稻为害团高于 100 个时，应及时用药防治。每亩可选用 80%杀虫单粉剂 35~40 g、25%杀虫双水剂 200~250 mL、20%三唑磷乳油 100 mL、50%杀螟松乳油 50~100 mL、90%晶体敌百虫 100~200 g 兑水 75~100 kg 喷雾。也可选用 5%锐劲特胶悬剂 30 mL 或 20%三唑磷乳油 100 mL，兑水 50~75 kg 喷雾或兑水 200~250 kg 泼浇，也可兑水 400 kg 进行大水量泼浇。此外，还可以选喷 50%杀螟松乳油 1 000 倍液、1.8%阿维菌素乳油 3 000～4 000 倍液或 42%特力克乳油 2 000 倍液。

此外还可用 25%杀虫双水剂 200～250 mL 或 5%杀虫双颗粒剂 1～1.5 kg 拌湿润细干土 20 kg 制成药土，撒施在稻苗上，保持 3～5 cm 浅水层，持续 3～5 天可提高防效。还可将杀虫双制成大粒剂，改过去常规喷雾为浸秧田，采用带药漂浮载体防治法也能提高防效。杀虫双防治二化螟还可兼治大螟、三化螟、稻纵卷叶螟等，对大龄幼虫杀伤力高、施药适期弹性大，但要注意防止家蚕中毒。

未达到防治指标的田块可挑治枯鞘团。目前，许多稻区二化螟对杀虫双、三唑磷等已产生严重抗药性，2009 年前常用 5%锐劲特（氟虫腈）悬浮剂 30～40 mL，兑水 40～50 L 喷雾。但自 2009 年 10 月起氟虫腈因为对环境极不友好而被禁止在水稻上使用，建议采用苏云金杆菌（金骠悍）等生物制剂，防效突出的同时对环境友好，对鳞翅目害虫有很好的杀灭效果，施药期间保持 3～5 cm 浅水层，持续 3～5 天可提高防治效果。

二、三化螟

三化螟[*Tryporyza incertular*（walker）]又名钻心虫，属鳞翅目、螟蛾科昆虫，是亚洲热带至温带南部的重要水稻害虫。在我国广泛分布于长江流域以南主要稻区，特别是在沿海、沿江平原地区为害严重，北限近年已达北纬 38°，即山东烟台附近。三化螟只为害水稻或野生稻，以幼虫钻蛀稻株，取食叶鞘组织、穗苞和稻茎内壁，造成枯心苗、枯孕穗、白穗等为害状，严重影响水稻生产，甚至会造成稻谷颗粒无收。

（一）形态特征

1. 卵

产成块，长椭圆形，初产时蜡白色，孵化前灰黑色，卵块有几十至一百多粒卵，上面盖黄褐色绒毛（图 3-6）。

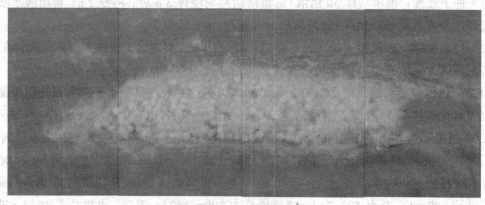

图 3-6　三化螟卵

2. 幼　虫

分 4～5 龄，初孵幼虫灰黑色，为 1 龄，也叫蚁螟。2 龄，头黄褐色，体暗黄白色，头壳后部至中胸间可透见一对纺锤形灰白色斑纹。3 龄，体黄白色或淡黄绿色，体背中央有一条半透明的纵线，前胸背面后半部有一对淡褐色扇形斑。4 龄，前胸背板后缘有一对新月形斑，头壳宽 1 mm 以下。5 龄，新月形斑与 4 龄相似，头壳宽 1 mm 以上，老熟幼虫体长约 18 mm，腹足退化，趾钩单序全环（图 3-7）。

图 3-7　三化螟幼虫

3. 蛹

长 12～15 mm，长圆筒形，淡黄绿色，羽化前变金黄色（雌）或银灰色（雄），雌蛹后足短，伸达第六腹节；雄蛹后足长，几乎伸达腹末（图 3-8）。

图 3-8　三化螟蛹

4. 成　虫

雌蛾体长 10～13 mm，翅展 23～28 mm，前翅长三角形，淡黄白色，中央有 1 明显黑点；腹末有黄褐色绒毛 1 丛。雄蛾体长 8～9 mm，翅展 18～22 mm，前翅淡褐色，中央有 1 个小黑点，翅顶角斜向中央有一暗褐色斜纹，外缘有 7 个小黑点（图 3-9）。

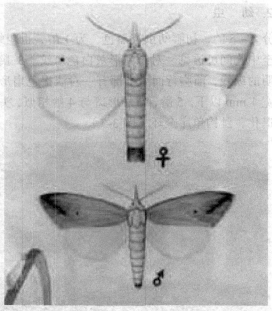

图 3-9　三化螟成虫

（二）生活习性及为害症状

河南年生 2～3 代，安徽、浙江、江苏、云南 3 代，高温年份可生 4 代，广东 5 代，台湾 6～7 代，南亚热带 10～12 代。水稻是其唯一能完成越冬的场所，越冬场所过干，对其不利。以老熟幼虫在稻桩内越冬，春季气温达 16℃ 时，越冬幼虫陆续化蛹，羽化飞往稻田产卵。以幼虫钻蛀水稻茎秆，破坏输导组织，阻碍水分和养分输送。在水稻苗期和分蘖期为害，造成枯心苗；在水稻孕穗期为害，造成枯孕穗；在破口抽穗期为害，则造成白穗，使产量受损，为害症状轻的，则形成虫伤株，造成的损失也较轻。

成虫白天潜伏在稻株下部或草丛间，黄昏后飞出活动，趋光性强，特别在闷热无月光的黑夜会大量扑灯。羽化后 1～2 天即交尾，产卵具有趋嫩绿习性，把卵产在生长旺盛、距叶尖 6～10 cm 的稻叶叶面或叶背，在水稻分蘖盛期和孕穗末期产卵较多；或在施氮肥多、长相嫩绿的稻田，卵块密度高。拔节期、齐穗期、灌浆期较少。每只雌虫产 2～3 个卵块。

初孵幼虫称作"蚁螟"，蚁螟在分蘖期爬至叶尖后吐丝下垂，随风飘荡到邻近的稻株上，在距水面 2 cm 左右的稻茎下部咬孔钻入叶鞘，从孵化到钻入历时 30～50 min，初孵幼虫先群集于叶鞘内为害形成枯鞘，后蛀茎啃食心叶基部，心叶受害失水纵卷，稍褪绿或者呈青白色，外形像葱管一样，若将纵卷的心叶取出，则可见断面整齐且有幼虫，这称之为假枯心苗。待生长点被破坏，假枯心变黄死去，即为枯心苗，病株其他叶片仍为青绿色。在孕穗期或即将抽穗的稻田，蚁螟在包裹稻穗的叶鞘上咬孔或从叶鞘破口处侵入蛀害稻花，经 4～5 天，幼虫达到 2 龄，稻穗已抽出，开始转移到穗颈处咬孔向下蛀入，再经 3～5 天，把茎节蛀穿或把稻穗咬断，形成白穗。

老熟幼虫转移到健株上在茎内或茎壁咬一羽化孔，仅留一层表皮，后化蛹，羽化后破膜钻出。在热带可终年繁殖，但遇有旱季湿度不够时，末龄幼虫常蛰伏在稻根部；在温带不能终年繁殖，在低温季节则以末龄幼虫越冬。三化螟形态及其为害症状如图3-10所示。

（a）三化螟成虫、蛹、卵块、越冬幼虫

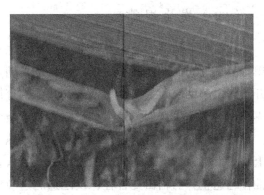

（b）三化螟为害水稻茎秆症状

（c）三化螟为害状造成的枯心

（d）三化螟引起的白穗

图 3-10　三化螟形态及为害症状

各虫态一般历期：卵7～16天，幼虫23～35天，蛹7～23天。三化螟为害稻株一般一株内只有1头幼虫，转株1～3次，以3、4龄幼虫为盛，幼虫一般4龄或5龄。老熟后在稻茎内下移至基部化蛹。

在安徽每年发生3～4代，各代幼虫发生期和为害情况大致为：第一代在6月上中旬，为害早稻和早中稻，造成枯心；第二代在7月份，为害单季晚稻和迟中稻，造成枯心，为害早稻和早中稻，造成白穗；第三代在8月上中旬至9月上旬，为害双季晚稻，造成枯心，为害迟中稻和单季晚稻，造成白穗；第四代在9、10月份，为害双季晚稻，造成白穗。

（三）为害特点

三化螟只取食叶鞘幼嫩且白色的组织、穗包内的花粉和柱头或茎秆内壁，基本上不取食有叶绿素的部分。受害稻株蛀入孔小，孔外没有虫粪，茎内有白色细粒的虫粪，有别于水稻二化螟和大螟为害造成的枯心苗。

由于同一卵块上孵出的蚁螟危害附近的稻株，造成的枯心或白穗常成团出现，致田间出现"枯心团"或"白穗群"。

（四）发生规律

蚁螟蛀入稻茎的难易及存活率与水稻生育期有密切的关系：水稻分蘖期，稻株柔嫩，蚁螟很易从近水面的茎基部蛀入，再者孕穗期稻穗外只有1层叶鞘；孕穗末期，当剑叶叶鞘裂开，露出稻穗时，蚁螟极易侵入，其他生育期蚁螟蛀入率很低。因此，分蘖期和孕穗至破口露穗期这两个生育期，是水稻受螟害的危险生育期。

就栽培制度而言，连作地发病较重，纯双季稻区比多种稻混栽区螟害发生重。栽培密度上栽培过密，株、行间郁闭发病重。在肥水管理上，基肥充足，追肥及时，稻株生长健壮，抽穗迅速整齐的稻田受害轻；反之追肥过晚或偏施氮肥，稻株徒长或贪青晚熟田受害重，以及施用的有机肥未充分腐熟发病重，未烤田或烤田不好，长期灌深水发病重。

每年春季越冬幼虫化蛹前几天阴雨连绵或气温高于40 ℃，幼虫易死亡不利其发生。相对湿度60%以下，蚁螟不能孵化。上年秋冬季，干旱、温暖、雨雪少，翌年春季气温在24～29 ℃，相对湿度达90%以上，利于该虫孵化和侵入，这是第一代发生量大的预兆之一。

（五）防治方法

1. 农业防治

防治重点在冬季消灭越冬幼虫，在开春化蛹盛期，灌水淹没稻根3天，杀死稻茬内越冬虫蛹，降低虫源基数。

（1）品种选择

选用良种，提高纯度。选用抗虫、抗病、包衣的种子，如未包衣则用除虫灭菌混合剂拌种或者浸种；也可选用生长期适中的种子。

（2）加强田间管理，降低虫源基数

及时春耕沤田，处理好稻茬，减少越冬虫口。及时春耕灌水，淹没稻茬7～10天，可淹死越冬幼虫和蛹。对冬作田、绿肥田灌跑马水，不仅利于作物生长，还能杀死大部分越冬螟虫。

三化螟化蛹前适度晒田，化蛹高峰期灌深水灭蛹。齐泥割稻，冬季挖锄或捡拾烧毁外露稻桩，及时翻犁晒田，降低虫源基数。随着免耕技术推广和冬闲田面积扩大，为稻螟虫安全越冬创造了极好的条件，应及时翻犁晒田，铲除田边、沟边杂草，改变害虫生存环境，降低虫源基数。秋季水稻收获后耕翻灭茬，处理带虫稻草和稻桩，同时注意清理渠沟埂边稻桩和自生落粒稻株，不留死角，压低虫源越冬基数。

不用病稻草做苗床的覆盖物和扎秧草，用无病土做苗床营养土，用药土做播种后的覆盖土，从而避免交叉感染。加强栽培管理，催芽不宜过长，针对各种品种，适时移栽。向大田移栽前 7 天左右，喷施一次灭菌除虫的混合药，拔秧要尽可能避免损根茎。做到"五不插"：不插隔夜秧、不插老龄秧、不插深泥秧、不插烈日秧、不插冷水浸的秧。

（3）调整稻田耕作制度和作物布局

科学选择苗床地址，选用排灌方便的田块，适当调整水稻布局，避免混栽，减少桥梁田。防止螟虫在不同季节、不同熟期和早、晚季作物间迁移传病。科学施肥，培育出健康秧苗。调整播种期，调节栽秧期，采用抛秧法，使易遭蚁螟为害的生育阶段与蚁螟盛孵期错开，可避免或减轻受害。

选择无螟害或螟害轻的稻田或旱地作为绿肥留种田，生产上留种绿肥田因春耕晚，绝大部分幼虫在翻耕前已化蛹、羽化，生产上要注意杜绝虫源。

（4）加强预测预报

据各种稻田化蛹率、化蛹日期、蛹历期、交配产卵历期、卵历期，预测发蛾始盛期、高峰期、盛末期及蚁螟孵化的始盛期、高峰期和盛末期，从而指导防治。

（5）加强肥水管理

提倡施用酵素菌沤制的或充分腐熟的农家肥，科学施肥，采用配方施肥技术和"早促、中控、晚保"方针，施足基肥，追肥早施，增施农家肥，少施氮肥，采用适氮、高钾的肥水管理方法，促使秧苗生长健壮，增强秧苗的抗逆力。采取"浅水灌溉"的方法，适期放水烤田，控制无效分蘖，杜绝长期灌深水，这有利于减轻病虫害的发生。

2. 物理防治

（1）在螟卵高峰期采用人工摘除卵块，可大大降低虫口基数。

（2）示范推广性诱剂防治水稻螟虫。发蛾高峰期每亩放置性诱捕器一个，利用性诱剂诱杀水稻螟成虫，减少产卵，降低危害。

（3）根据三化螟有趋光性的特点，每 30～50 亩安装频振式电子杀虫灯一盏，使用诱虫灯诱杀防治，可大大减少螟虫数量。

3. 生物防治

（1）放鸭吃虫。实行稻鸭共育技术，鸭子可捕食大部分飞虱、螟虫、金龟子等害虫。

（2）保护、利用天敌，避免施用高毒农药，释放稻螟赤眼蜂，保护、利用赤眼蜂、青蛙、蜘蛛、燕子等天敌。创造有利于天敌栖息、繁殖的生态环境，使用选择性农药保护天敌。

（3）病原微生物如白僵菌等是早春引起幼虫死亡的重要因子，还可使用生物农药 bt 等。

4. 药剂防治

准确掌握虫情，坚持适时用药。三化螟是钻蛀性害虫，一旦蚁螟钻入稻株，药剂防治效果将明显下降，三代往往造成无可挽回的危害。

（1）种子处理：福尔马林 50 倍液+适量防病药剂浸种 3 h 后，闷种 2 h，再用清水洗净催芽；或者用种灵乳油 600 倍液+适量防病药剂浸种 36 h 后催芽。

（2）防治枯心，可以使用毒死蜱、阿维菌素、杀虫单、氟虫腈等药剂。根据水稻分蘖期与蚁螟盛孵期相遇时间的长短决定防治次数。

相遇时间在 10 天以内，在蚁螟孵化高峰前 1～2 天施药 1 次。施用 3%映喃丹颗粒剂，每亩用 1.5～2.5 kg，拌细土 15 kg 撒施后，田间保持 3～5 cm 浅水层 4～5 天。

相遇时间超过 10 天需用药 2 次，第 1 次在卵孵化始盛期施药，隔 5～7 天再施第 2 次药，方法同上。根据田块内卵块密度决定普治还是挑治。每亩卵块数超过 30 块的田块，全田用药防治；不足 30 块的田块捉"枯心团"，即在卵孵化高峰后几天，在受为害的青枯心苗周围施药。

（3）防治白穗，在蚁螟盛孵期内，破口期是防治白穗的最好时期。按早破口早用药、晚破口晚用药的原则，一般在破口露穗 5%～10%时施药一次。每亩用 25%杀虫双水剂 150～200 mL、50%杀螟松乳油 100 mL 或 40%氧化乐果加 50%杀螟松乳油各 50 mL，拌湿润细土 15 kg 撒入田间；也可用上述杀虫剂兑水 400 kg 泼浇或兑水 60～75 kg 喷雾。如三化螟发生量大，蚁螟的孵化期长或寄主孕穗、抽穗期长，需增加防治次数，应在第 1 次药后隔 5 天再施 1～2 次。三代三化螟危害程度取决于幼虫孵化高峰与水稻扬花期的吻合程度。吻合程度高、虫量大时，应在破口扬花期卵孵高峰使用三唑磷等药剂防治。

在水稻分蘖期与孕穗期至齐穗期前蚁螟盛孵期喷药，喷药时保持田间有 5 cm 的水层。一般以市测报站发报为依据。每亩可选用 90%杀虫单（克螟丹）可湿性粉剂 50～60 g、25%毒·唑磷（毒死蜱+三唑磷复配）乳油 70～80 mL；50%杀螟丹（巴丹、乐丹）可湿性粉剂 75～100 g；5%锐劲特悬浮剂 40～60 mL；18%杀虫双水剂 150 g + 50%乐果乳油 100 mL；20%三唑磷乳油 100～150 mL、25%哇硫磷乳油 75～100 mL，兑水 60 kg 喷雾。

三、大 螟

大螟[*Sesamia inferens* （walker）]又名稻蛀茎夜蛾、紫螟，属鳞翅目、夜蛾科昆虫，在我国分布在陕西、河南以南稻区。杂食性，可为害水稻、玉米、高粱、麦、粟、甘蔗、芦苇、油菜、茭白、稗等。为害状与二化螟相似，幼虫蛀入稻茎内为害，也可造成枯鞘、枯心苗、死孕穗、白穗和虫伤株，但一般蛀孔较大，并有大量虫粪排出蛀孔外，有别于二化螟。

（一）形态特征

成虫雌蛾体长 15 mm，翅展约 30 mm，头部、胸部浅黄褐色，腹部浅黄色至灰白色；触角丝状，前翅近长方形，浅灰褐色，中间具小黑点 4 个排成四角形。雄蛾体长约 12 mm，翅展 27 mm，触角栉齿状。卵扁圆形，初白色后变灰黄色，表面具细纵纹和横线，聚生或散生，常排成 2～3 行。末龄幼虫体长约 30 mm，体粗壮，头红褐色至暗褐色，共 5～7 龄。蛹长 13～18 mm，粗壮，红褐色，腹部具灰白色粉状物，臀棘有 3 根钩棘（图3-11）。

（a）大螟成虫

（b）大螟蛹

（c）大螟幼虫体粗壮，3龄前幼虫体背呈鲜黄色，3龄后变紫红色

图 3-11　大螟形态特征

（二）生活习性及为害症状

云、贵高原年生 2~3 代，江苏、浙江 3~4 代，江西、湖南、湖北、四川 4 代，福建、广西及云南开远 4~5 代，广东南部、台湾 6~8 代。

以幼虫在稻桩、其他寄主植物残株及杂草根际中越冬，翌春老熟幼虫在气温高于 10 ℃时开始化蛹，15 ℃ 时羽化。成虫白天潜伏，傍晚开始活动，趋光性较弱，寿命 5 天左右。雌蛾交尾后 2~3 天开始产卵，3~5 天达高峰期，产卵趋向粗壮高大植株，所以有在田边稻丛上产卵的习性，前期产于近叶枕处的叶鞘内侧，孕穗期产于剑叶叶鞘内。

越冬代成虫把卵产在春玉米或田边看麦娘、李氏禾等杂草近叶枕处的叶鞘内侧，幼虫孵化后再转移到邻近边行水稻上蛀入叶鞘内取食，蛀入处可见红褐色锈斑块。3 龄前从叶鞘、叶耳处侵入后，常十几头群集在一起，把叶鞘内层吃光，形成枯鞘，再蛀入心叶和茎秆，钻进心部造成枯心，孕穗期和抽穗期造成枯孕穗和白穗，抽穗后造成半枯穗和虫株伤。3 龄后分散，为害田边 2~3 墩稻苗，蛀孔距水面 10~30 cm，老熟时化蛹在叶鞘处。幼虫喜湿润环境，被害株在被害处虽极潮湿甚至腐烂，但幼虫却喜藏身其中，幼虫常转株为害，蛀孔大，略呈方形，为害习性很像二化螟。

刚孵化出的幼虫，不分散，群集叶鞘内侧，蛀食叶鞘和幼茎，一天后，被害叶鞘的叶尖开始萎蔫，3~5天后发展成枯心、断心、烂心等症状，植株停止生长，矮化，甚至造成死苗。一开始被害株（即产卵株），常有幼虫 10~30 条。幼虫 3 龄以后，分散迁害邻株，可转害 5~6 株不等。此时，是大螟的严重为害期。

雌蛾飞翔力弱，产卵较集中，靠近虫源的地方，虫口密度大，为害重。常栖息在株间，每雌可产卵 240 粒，卵历期一代为 12 天，2、3 代为 5~6 天；幼虫期一代约 30 天，二代 28 天，三代 32 天；蛹期 10~15 天。

（三）为害特点

大螟基本同二化螟。幼虫蛀入稻茎为害，也可造成枯梢、枯心苗、枯孕穗、白穗及虫伤株（图 3-12）。大螟为害的孔较大，有大量虫粪排出茎外，又别于二化螟。大螟为害造成的枯心苗，蛀孔大、虫粪多，且大部分不在稻茎内，多夹在叶鞘和茎秆之间，受害稻茎的叶片、叶鞘部都变为黄色。大螟有在田边稻丛上产卵的习性，故近田埂 5~6 行水稻虫口密度较高，为害较重；而田中央虫口密度小，为害轻。因此大螟造成的枯心苗田边较多，田中间较少，别于二化螟、三化螟为害造成的枯心苗。

（a）大螟分蘖期为害造成枯心

（b）穗期为害茎秆，虫孔外排出大量虫粪

（c）穗期为害穗轴

（d）大螟为害叶鞘及叶枕部

（e）大螟为害造成白穗

（f）大螟为害造成的较大蛀孔

图 3-12　大螟为害症状

（四）发生规律

一年发生代数随海拔的升高而减少，随温度的升高而增加。苏南越冬代发生在 4 月中旬至 6 月上旬，第一代 6 月下旬至 7 月下旬，二代 7 月下旬至 10 月中旬；宁波一带越冬代在 4 月上旬至 5 月下旬，第一代 6 月中旬至 7 月下旬，二代 8 月上旬至下旬，三代 9 月中旬至 10 月中旬；长沙、武汉越冬代发生在 4 月上旬至 5 月中旬；江浙一带第一代幼虫于 5 月中下旬盛发，主要为害茭白，7 月中下旬第二代幼虫和 8 月下旬第三代幼虫主要为害水稻，对茭白为害轻。

早春气温 10 ℃ 以上，大螟发生早。早发幼虫为害早春作物或杂草，越冬代比二、三代螟发生早。春季 3、4 月份气温上升早，第一代发生期相应提早，发生量增大。

大面积种植甘蔗、玉米等作物的稻区，水稻与禾本科作物混栽的山区，芦苇、茭白较多的滨湖地区以及杂交稻种植区，大螟的发生会加重。茭白与水稻插花种植地区，该虫在两寄主间转移为害，受害重。浙北、苏南单季稻、茭白区，越冬代羽化后尚未栽植水稻，则集中为害茭白，尤其在田边受害重。靠近村庄的低洼地及麦套玉米地发生重。春玉米发生偏轻，夏玉米发生较重。

（五）防治方法

1. 农业防治

（1）品种选择

选用良种，提高纯度。选育种植耐水稻螟虫、抗病、包衣的种子，如未包衣则用除虫灭菌混合剂拌种或者浸种。

（2）加强田间管理，降低虫源

水稻栽插前铲除田边杂草，消灭越冬螟虫。有茭白的地区，应在早春齐泥割去残株，沤肥或作燃料。不用病稻草做苗床的覆盖物和扎秧草，用无病土做苗床营养土，用药土做播种后的覆盖土，从而避免交叉感染。加强栽培管理，催芽不宜过长，针对各种品种，适时移栽。

（3）调整稻田耕作制度和作物布局

科学选择苗床地址，选用排灌方便的田块，适当调整水稻布局，避免混栽，减少桥梁田。田边栽稗诱卵，在卵块盛孵 5~7 天，幼虫分散前拔除销毁，同时拔除田边 1 m 内的稗草。拔除玉米的枯心株，稻田在幼虫扩散前剪除受害稻、稗草株，集中销毁。

（4）加强预测预报

对第一代进行测报，通过查上一代化蛹进度，预测成虫发生高峰期和第一代幼虫孵化高峰期，报出防治适期。

（5）加强肥水管理

提倡施用酵素菌沤制的或充分腐熟的农家肥，科学施肥，采用配方施肥技术和"早促、中控、晚保"方针，施足基肥，追肥早施，增施农家肥，少施氮肥，采用适氮、高钾的肥水管理方法，促使秧苗生长健壮，增强秧苗的抗逆力。采取"浅水灌溉"的方法，适期放水烤田，控制无效分蘖，杜绝长期灌深水，这有利于减轻病虫害的发生。

2. 生物防治

生物防治技术同二化螟。

3. 药剂防治

根据大螟趋性，早栽早发的早稻、杂交稻以及大螟产卵期正处在孕穗至抽穗或植株高大的稻田是药剂防治重点。

防治策略：狠治一代，重点防治稻田边行；第二代结合二化螟进行防治；第三代在水稻孕穗破口期用药。药剂防治与二化螟防治基本相同。

生产上当枯鞘率达 5%或始见枯心苗为害状时，大部分幼虫处在 1~2 龄阶段，及时喷药防治。喷洒 18%杀虫双水剂，每亩施药 250 mL，兑水 50~75 kg 或 90%杀螟丹可溶性粉剂 150~200 g 或 50%杀螟丹乳油 100 mL 兑水喷雾，也可用 90%晶体敌百虫 100 g 加 40%乐果乳油 50 mL 兑水喷雾。虫龄大于 3 龄时，每亩可用 50%磷胺乳油 150 mL 兑水补治。

第二节　稻纵卷叶螟

稻纵卷叶螟（*Cnaphalocrocis medinalis* Guenee）别名稻纵卷叶虫、刮青虫、纵卷螟，属鳞翅目、螟蛾科，是中国水稻产区的主要害虫之一，广泛分布于世界各稻区，如朝鲜、日本、泰国、缅甸、印度、巴基斯坦、斯里兰卡等。稻纵卷叶螟以幼虫卷叶为害，幼虫吐丝将叶片做成管形虫苞，取食水稻叶片，影响水稻发育，降低千粒重，增加秕谷，一般减产 10%~20%，严重达 60%以上。其除为害水稻外，还可取食大麦、小麦、甘蔗、粟等作物及稗、李氏禾、雀稗、双穗雀稗、马唐、狗尾草、蟋蟀草、茅草、芦苇等杂草。

一、形态特征

1. 卵

卵较小，长约 1 mm，椭圆形，扁平而中部稍隆起，卵壳表面有隆起网状纹。初产时白色透明，近孵化时淡黄色，被寄生卵为黑色（图 3-13）。

图 3-13　稻纵卷叶螟卵

2. 幼 虫

幼虫共5~6龄（图3-14）。初孵体长1~2 mm，头黑色，体淡黄绿色。2龄虫头淡黄褐色，两边各有1个黑点，体黄绿色至绿色，前胸背板有两个黑点。3龄体长5~6 mm，前胸背板有4个黑点，中、后胸背板各可见2个黑点。4龄体长8~9 mm，前胸背板的黑点外侧2个变成括弧状，中、后胸背面有8个小黑点，前排6个后排2个，气门黑点状。5龄体长14 mm左右，气门黑点明显增大。老熟幼虫体长14~19 mm，头褐色，全体橘红色。腹足趾钩39根左右，为单行三序缺环。预蛹时体橙黄色，体节膨胀。

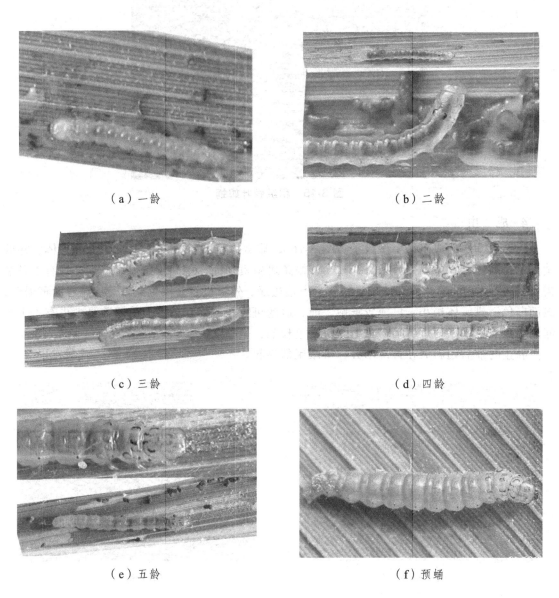

（a）一龄　　　　　　　　　　　　（b）二龄

（c）三龄　　　　　　　　　　　　（d）四龄

（e）五龄　　　　　　　　　　　　（f）预蛹

图3-14　稻纵卷叶螟幼虫

3. 蛹

蛹长 7~10 mm，长圆筒形，尾部尖削，有 8 根臀棘。初蛹体淡黄白色，渐变黄褐色，后转红棕色，眼点红褐色，近羽化时带金黄色（图 3-15）。

翅纹明显可见，各腹节背面的后缘隆起，近前缘有两根棘毛排成两纵行。显纹纵卷叶螟与稻纵卷叶螟相似，其主要区别是，成虫体较稻纵卷叶螟略小，前翅有 3 条灰黑色纹，横贯全翅，外缘灰褐色宽带两端内折成"]"形。

图 3-15　稻纵卷叶螟蛹

4. 成　虫

稻纵卷叶螟的成虫是小型蛾子（图 3-16），雌蛾体长 8~9 mm，翅展 18 mm，体、翅淡黄褐色，前翅有 3 条黑褐色条斑，内、外横条斑斜贯翅面，中间 1 条很短，翅外缘有 1 条黑褐色宽边。后翅也有 2 横带，内横线短，不达边缘，外缘也有灰黑色宽带。身体背面黄褐色，腹面白色。雄蛾体稍小，色泽较鲜艳，前、后翅斑纹与雌蛾相近，但前翅前缘中央有 1 个突起的小黑点，黑点附近有暗褐色毛和黄褐色长毛，呈眼状。

静止时前后翅斜展在背部两旁，雄蛾尾部举起。

（a）雌虫

（b）雄虫

图 3-16　稻纵卷叶螟成虫

二、生活习性及为害症状

稻纵卷叶螟是一种迁飞性害虫，自北而南一年发生 1~11 代，南岭山脉一线以南以蛹和幼虫越冬，岭北有零星蛹越冬。越冬场所为再生稻、稻桩及湿润地段的李氏禾、双穗雀麦等禾本科杂草。该虫有远距离迁飞习性，在我国北纬 30°以北稻区任何虫态都不能越冬，故广大稻区初次虫源均自南方迁来。每年春季，成虫随季风由南向北而来，随气流下沉和雨水拖带降落下来，成为非越冬地区的初始虫源。秋季，成虫随季风回迁到南方进行繁殖，以幼虫和蛹越冬。

该成虫有趋光性，喜荫蔽和潮湿，能长距离迁飞，喜欢吸食蚜虫分泌的蜜露和花蜜。白天栖于荫蔽、高湿的作物田里栖息，夜晚活动、交配，把卵产在稻叶的正面或背面，单粒居多，少数 2~5 粒串生在一起，每雌产卵量 40~70 粒，最多 150 粒。成虫羽化后 2 天常选择生长茂密的稻田产卵，产卵趋嫩性，产卵位置因水稻生育期而异，卵多产在叶片中脉附近。适温、高湿产卵量大，历时 3~4 天。

1 龄幼虫在分蘖期爬入心叶或嫩叶鞘内侧啃食。在孕穗抽穗期，则爬至老虫苞或嫩叶鞘内侧啃食，不结苞。2 龄时爬至叶尖处，吐丝缀卷叶尖或近叶尖的叶缘，即"卷尖期"，可将叶尖卷成小虫苞，在孕穗后期可钻入穗苞取食。3 龄幼虫纵卷叶片，形成明显的束腰状虫苞，即"束叶期"，幼虫潜藏虫苞内啃食。幼虫蜕皮前，常转移至新叶重新作苞。3 龄后食量增加，虫苞膨大，进入 4~5 龄频繁转苞为害，被害虫苞呈枯白色，整个稻田白叶累累。每头幼虫一生可卷叶 5~6 片，多的达 9~10 片，食量随虫龄增加而增大，1~3 龄食叶量仅在 10%以内，第 4、5 龄幼虫食量占总取食量 95%左右，为害最大。各龄幼虫虫苞如图 3-17 所示。苗期受害影响水稻正常生长，甚至枯死；分蘖期至拔节期受害，分蘖减少，植株缩短，生育期推迟；孕穗后特别是抽穗到齐穗期剑叶被害，影响开花结实，空壳率提高，千粒重下降（图 3-18）。

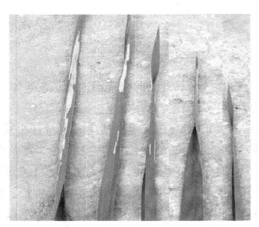

图 3-17 各龄幼虫虫苞

幼虫活泼，剥开虫苞查虫时，迅速向后退缩或翻落地面。老熟幼虫多爬至稻丛基部，在无效分蘖的小叶或枯黄叶片上吐丝结成紧密的小苞，在苞内化蛹，蛹多在叶鞘、株间或地表枯叶薄茧中。而显纹纵卷叶螟成虫趋光性不强，卵多产于叶背面。3~5 粒呈鱼鳞状排列，少数单产。幼虫不甚活泼，转叶结苞甚少，老熟幼虫在老虫苞中化蛹。

图 3-18　稻纵卷叶螟为害状

卵期 3 ~ 6 天，幼虫期 15 ~ 26 天，共 5 龄，蛹期 5 ~ 8 天，雌蛾产卵前期 3 ~ 12 天，雌蛾寿命 5 ~ 17 天，雄蛾 4 ~ 16 天。该虫喜温暖、高湿，气温 22 ~ 28 ℃，相对湿度高于 80%利于成虫卵巢发育、交配、产卵和卵的孵化及初孵幼虫的存活。为此，6 ~ 9 月雨水多，湿度大利于其发生，田间灌水过深，施氮肥偏晚或过多，引起水稻徒长，为害重。

三、为害特点

幼虫吐丝纵卷水稻叶片做成管形虫苞，藏匿其中取食上表皮及叶肉，仅留表皮，形成白色条斑，严重时整田成片枯白，使水稻丧失光合作用的功能，影响稻株正常生长。早期影响分蘖，后期结实不饱满，对产量影响很大。随虫体长大，不断将虫苞向前延长。虫苞一般是叶丝缀合两边的叶缘，向正面纵卷成筒状，也有少数将叶尖折向正面或只卷一边叶缘。

四、发生规律

稻纵卷叶螟在中国一年发生代数，自北向南逐渐递增，东北年生 1 ~ 2 代，长江中下游至南岭以北 5 ~ 6 代，海南南部 10 ~ 11 代。

如在安徽该虫也不能越冬，每年 5 ~ 7 月成虫从南方大量迁来成为初始虫源，在稻田内发生 4 ~ 5 代，各代幼虫为害盛期：1 代在 6 月上中旬；2 代在 7 月上中旬；3 代在 8 月上中旬；4 代在 9 月上中旬；5 代在 10 月中旬。生产上 1、5 代虫量少，一般以 2、3 代发生为害重。

稻纵卷叶螟发生轻重与气候条件密切相关。稻纵卷叶螟生长、发育和繁殖的适宜温度为 22 ~ 28 ℃，适宜相对湿度 80%以上。30 ℃ 以上或相对湿度 70%以下，不利于它的活动、产卵和生存。在适温下，湿度和降雨量是影响发生量的两个重要因素，雨量适当，成虫怀卵率大为提高，产下的卵孵化率也较高；少雨干旱时，怀卵率和孵化率显著降低；但雨量过大，特别在盛蛾期或盛孵期连续大雨，对成虫的活动、卵的附着和低龄幼虫的存活率都不利。在多雨水及多露水的高湿天气，有利于稻纵卷叶螟猖獗。

不同的水稻品种由于嫩绿程度、宽窄厚薄、质地软硬等原因，影响着卵和幼虫的密度，受害程度有明显的差异。一般叶色深绿宽软的比叶色浅淡质地硬的受害重，矮秆品种比高秆品种受害重，晚粳比晚籼受害重，杂交稻比常规稻受害重。同一品种幼虫取食分蘖至抽穗期叶片的成活率高，有利于发育。

就种植制度而言，一般是连作稻条件下的发生世代大于间作稻。同时，迁飞状况也与水稻种植制度有关。稻纵卷叶螟一般是从华南稻区向北迁飞至华中稻区，再从华中稻区向东北迁飞至华东稻区；或从华东向西北迁飞至北方稻区；以及从北方向南方回迁。这样的迁飞行为，除受气象因素影响外，常由不同地区种植制度所决定的食料状况所引起。各地迁飞世代基本上发生于水稻乳熟后期，可以说明这个问题。水稻分蘖至孕穗期，特别是氮肥多，稻叶嫩绿，郁蔽度大，灌水深的田块，发生尤重。

稻纵卷叶螟在各稻区田间种群的为害程度主要取决于水稻种植制度和水稻分蘖期、孕穗期与此虫发生期的吻合程度。如在长江中下游稻区，第1代幼虫在6月上旬盛发，发生量少，对双季早稻为害甚轻；第2代幼虫在7月上中旬盛发，发生量大，对双季早稻、一季中稻和早播一季晚稻的为害较严重；第3代幼虫于8月上中旬盛发，对迟插一季中晚稻和连作晚稻的为害较严重；第4代于9月中旬盛发，为害迟插一季晚稻和连作晚稻。长江中下游一年发生4~6代，常年5月下旬至6月中旬迁入，以7~9月为主害期，主要为害迟熟早稻、单季晚稻和双季晚稻。第三代开始蛾峰次多，盛蛾期长，发生量大，为害重。

五、防治方法

（一）农业防治

1. 品种选择

选用抗（耐）虫水稻品种，稻叶宽大质硬，表皮硅链排列紧密的品种；或稻叶窄细挺直，主脉粗硬，叶片色浅的品种；或稻叶表面刚毛长，成虫很少产卵的品种。

2. 加强田间管理，降低虫源

不用病稻草做苗床的覆盖物和扎秧草，用无病土做苗床营养土，用药土做播种后的覆盖土，从而避免交叉感染。加强栽培管理，催芽不宜过长，针对各种品种，适时移栽，使水稻开花期与雨期、高温天气错开。向大田移栽前7天左右，喷施一次灭菌除虫的混合药，做到带药移栽。拔秧要尽可能避免损根茎。做到"五不插"：不插隔夜秧、不插老龄秧、不插深泥秧、不插烈日秧、不插冷水浸的秧。

秋收割稻尽量齐泥割，可减少割茬内幼虫的残存量，破坏其越冬产所。早稻收割正值第3代成虫羽化期，应抓紧收割，草要放到远离晚稻田的地方晒，及时翻耕灌水或将稻根踏入泥中，减少虫源，以防转移危害。晚稻后化蛹前做燃料处理，烧死幼虫和蛹。水稻收获后，将稻桩及时翻入泥下，灌满田水，幼虫死亡率很高。对用作烧柴的稻草及留作工业用的稻草，在成虫羽化期应喷洒药剂，每5~7天喷一次，到羽化结束为止。

切实处理好越冬期间未处理完的稻桩和其他寄主残株，破坏其越冬场所，压低越冬虫源。冬春季铲除田边杂草，拾毁外露稻桩，堆制、沤制腐烂有虫稻草和稻桩。

3. 调整稻田耕作制度和作物布局

尽量避免单、双季稻混栽，可以有效切断虫源田和桥梁田之间的联系，降低虫口数量。不能避免时，单季稻田提早翻耕灌水，降低越冬虫代数量；双季早稻收割后及时翻耕灌水，防止幼虫转移为害。

4. 加强肥水管理

合理施肥，使水稻生长发育健壮，防止前期猛发旺长，后期恋青迟熟。科学管水，适当调节搁田时间，降低幼虫孵化期田间湿度；或在化蛹高峰期灌深水 2～3 天，杀死虫蛹。

在卵盛孵期采用搁田、烤田等措施降低田间湿度，抑制孵化率和初孵幼虫成活率，化蛹高峰期灌水灭蛹。加强肥水管理，合理施肥，适时、适度烤田，促使水稻壮健叶挺，减轻为害。

（二）物理防治

采用频振式杀虫灯，进行诱杀。在螟蛾盛发期每 3 公顷挂 1 盏，每晚 7～11 时开灯。

（三）生物防治

我国稻纵卷叶螟天敌种类多达 80 余种，各虫期均有天敌寄生或捕食，保护利用好天敌资源，可大大提高天敌对稻纵卷叶螟的控制作用，各虫期都有天敌寄生或捕食。卵期寄生天敌，如拟澳洲赤眼蜂、稻螟赤眼蜂；幼虫期如纵卷叶螟绒茧蜂，捕食性天敌如蜘蛛、青蛙等，都对稻纵卷叶螟有很大控制作用。

寄生性天敌对稻纵卷叶螟各虫态控制作用不同，卵主要以稻螟赤眼蜂为主，寄生率一般第 1 代达 20%～30%；第 3、4 代可达 50%～60%。幼虫主要以稻纵卷叶螟绒茧蜂、拟螟蛉绒茧蜂、赤带扁股小蜂为主，能将其幼虫杀死于暴食虫龄前；稻纵卷叶螟绒茧蜂寄生率可高达50%；其他两种寄生率也较高。蛹则以稻苞虫赛寄蝇、螟蛉瘤姬蜂和无脊大腿小蜂为主，它们对于压低下一代有较好的作用；稻苞虫赛寄蝇在第 3、4 代寄生率特别高，达 69.66%与56.81%；而无脊大腿小蜂则在第 5 代寄生率很高，可占总寄生率的 82%。但当田间捕食性天敌比例较大时，由于稻纵卷叶螟被捕食而寄生率下降。上述说明稻纵卷叶螟寄生天敌对其控制作用比较突出，因而利用寄生天敌是十分重要和必要的。

如用松毛虫赤眼蜂、澳洲赤眼蜂，在发蛾盛期，每隔 2～3 天放 1 批，连放 3～5 批，每亩 120～150 个点，每亩每次放 15～30 万头。

（四）药剂防治

根据水稻分蘖期和穗期易受稻纵卷叶螟为害，尤其是穗期损失更大的特点，药剂防治的策略，应狠治穗期受害代，不放松分蘖期为害严重代的原则。药剂防治稻纵卷叶螟施药时期根据不同农药残效长短略有变化，击倒力强而残效较短的农药在孵化高峰后 1～3 天施药，残效较长的可在孵化高峰前或高峰后 1～3 天施药，但实际生产中，应根据实际，结合其他病虫害的防治，灵活掌握。

在稻叶刚出现白点时喷药，一般要求在幼虫 3 龄以前喷药防治效果较好，同时田间保持浅水层。可每亩选用：① 5%锐劲特悬浮剂 40 ~ 60 mL；② 15%螟纵净（氟铃·唑磷）乳油 60 ~ 80 mL；③ 20%三唑磷乳油 100 ~ 125 mL；④ 90%杀虫单可湿性粉剂 50 g；⑤ 18%杀虫双水剂 150 g + Bt 粉 100 g；⑥ 15%杜邦安打悬浮剂 10 ~ 18 g；⑦ 40%乙酰甲胺磷乳油 100 ~ 150 mL，加水 50 kg 喷雾。

第三节　稻飞虱

稻飞虱属半翅目飞虱科，为害水稻的主要有褐飞虱、白背飞虱和灰飞虱三种。为害较重的是褐飞虱和白背飞虱，早稻前期以白背飞虱为主，后期以褐飞虱为主，中晚稻以褐飞虱为主。灰飞虱很少直接成灾，但能传播稻、麦、玉米等作物的病毒。3 种稻飞虱都喜在水稻上取食、繁殖。褐飞虱能在野生稻上发生，多认为它是专食性害虫。白背飞虱和灰飞虱则除为害水稻外，还取食小麦、高粱、玉米等其他作物。

一、褐飞虱

褐飞虱[*Nilaparvata lugens*（Stal）]别名褐稻虱，属半翅目、飞虱科，是稻飞虱的一种。褐飞虱有远距离迁飞习性，是我国和许多亚洲国家当前水稻上的首要害虫，分布在我国除黑龙江、内蒙古、青海和新疆以外的地区，尤其以长江流域以及以南的各省发生量大，常年是中晚稻的主要害虫，在适宜的环境条件下，繁殖迅速，造成严重的灾害。稻飞虱对水稻的为害分为 3 种：直接吸食为害，产卵为害，传播或诱发水稻病害。稻飞虱可使稻株生长受阻，严重时稻丛成团枯萎，甚至全田死秆倒伏，颗粒无收。一般为害损失 10% ~ 20%，严重为害损失达 60%以上，甚至绝收。褐飞虱为单食性害虫，只能在水稻和普通野生稻上取食和繁殖后代。

（一）形态特征

1. 卵

产在叶鞘和叶片组织内，卵块由 2 ~ 3 粒至 2 ~ 20 粒排成一条，称为"卵条"。卵块卵粒前端单行排列，后端挤成双行，卵粒细长，微弯曲，卵粒香蕉型，长约 1 mm，宽 0.22 mm。卵帽高大于宽底，顶端圆弧，稍露出产卵痕，露出部分近短椭圆形，粗看似小方格，清晰可数。初产时乳白色，渐变淡黄至锈褐色，并出现红色眼点，近孵化时淡黄色。

2. 若 虫

分 5 龄，各龄特征如下（图 3-19）。

1 龄：体长 1.1 mm。体黄白色，腹部背面有一倒凸形浅色斑纹；后胸显著较前、中胸长，中、后胸后缘平直，无翅芽。

2 龄：体长 1.5 mm。初期体色同 1 龄，倒凸形斑内渐现褐色；后期体黄褐至暗褐色，倒凸形斑渐模糊。翅芽不明显。后胸稍长，中胸后缘略向前凹。

3 龄：体长 2.0 mm。黄褐至暗褐色，腹部第 3、4 节有一对较大的浅色斑纹，第 7～9 节的浅色斑呈山字形。翅芽已明显，中、后胸后缘向前凹成角状，前翅芽尖端不到后胸后缘。

4 龄：体长 2.4 mm。体色斑纹同 3 龄。斑纹清晰，前翅芽尖端伸达后胸后缘。

5 龄：体长 3.2 mm。体色斑纹同 3、4 龄。前翅芽尖端伸达腹部第 3～4 节，前后翅芽尖端相接近或前翅芽稍超过后翅芽。与短翅型成虫的区别是短翅型左右翅靠近，翅端圆，翅斑明显，腹背无白色横条纹。

（a）褐飞虱若虫

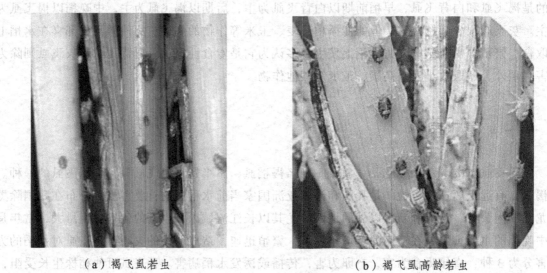
（b）褐飞虱高龄若虫

图 3-19　褐飞虱若虫

3. 成　虫

褐飞虱体小，成虫分为长、短翅 2 种翅型（图 3-20），长翅型体长 4～5 mm，前翅端部超过腹末；短翅型体长 2.5～4.0 mm，前翅端部不超过腹末。黄褐色或黑褐色，有油状光泽，复眼灰绿色或黑褐色。触角基本 2 节膨大，鞭节细长多节，一般向两侧横出。口器针状，颜面部有 3 条凸起的纵脊，呈"川"字形排列，中脊不间断。前 3 胸背板和小盾板上都有明显的条隆起纵线，小盾板两侧无黑色斑块。翅褐色，半透明，前翅后缘有 1 黑斑，翅的 1/3 长度超过腹部末端。后足胫节上有 1 距，距上有小齿 30～36 枚。雌虫腹部较长而胖，末端呈圆锥形，一般为黄褐色，少数为黑褐色；雄虫腹部较短而瘦，末端近似喇叭筒状，一般为黑褐色。短翅型成虫翅短，不达腹部末端，其余均似长翅型。雄虫阳基侧突似蟹钳状，顶部呈尖角状向内前方突出；雌虫产卵器基部两侧，第 1 载瓣片的内缘基部突起呈半圆形。

（a）长翅型　　　　　　　　　　　　　（b）短翅型

图 3-20　褐飞虱成虫

（二）生活习性以及为害症状

褐飞虱是一种迁飞性害虫，每年发生代数，自北而南递增。越冬北界随各年冬季气温高低而摆动于北纬 21°～25°，常年在北纬 25°以北的稻区不能越冬，因此我国广大稻区的初次虫源均随春夏的暖湿气流，由南向北逐代逐区迁入。

稻飞虱的越冬虫态和越冬区域因种类而异。褐飞虱在广西和广东南部至福建龙溪以南地区，各虫态皆可越冬。凡冬季再生稻和落谷苗能存活的地区皆可安全越冬。在长江以南各省每年发生 4～11 代，部分地区世代重叠。其田间盛发期均值水稻穗期。

稻飞虱长翅型成虫均能长距离迁飞，起迁移扩散作用，趋光性强，且喜趋嫩绿，成虫、若虫一般栖息于阴湿的稻丛下部。短翅型定居繁殖，雌性比例高，短翅型成虫繁殖能力比长翅型强，产卵前期短，历期长。成虫喜产卵在抽穗扬花期的水稻上，产卵期长，有明显的世代重叠现象。卵多产于叶鞘中央肥厚部分，少数产在稻茎、穗颈和叶片基部中脉内，短翅型成虫产卵量比长翅型多。

褐飞虱有群集为害的习性，成虫和若虫均群集在稻丛下部茎秆上，口针伸至叶鞘韧皮部，先由唾腺分泌物沿口针凝成"口针鞘"刺吸汁液，同时排出大量含糖类有毒黏液，致使稻株中毒萎缩，稻丛基部变黑，叶片发黄干枯，茎秆变软而倒伏，遇惊扰即跳落水面或逃离。成虫产卵，刺伤植株，破坏输导组织，妨碍营养物质运输并传播病毒病。产卵痕初不明显，后呈褐色条斑。雌虫产卵时，用产卵器刺破叶鞘和叶片，并产卵于叶鞘组织中，致叶鞘受损出现黄褐色伤痕，易使稻株失水或感染菌核病。轻者，水稻下部叶片枯黄，影响千粒重；重者，生长受阻，叶黄株矮，茎上褐色卵条痕累累，甚至死苗，毁秆倒状，形成枯孕穗或半枯穗，损失很大。成虫、若虫为害水稻，分泌蜜露，导致霉菌滋生，影响水稻光合作用和呼吸作用，可促使纹枯病，菌核病的发生，造成烂稻倒伏，严重的稻株干枯，甚至颗粒无收（图 3-21）。

（a）褐飞虱为害稻秆基部

（b）褐飞虱群集在稻丛下部为害

（c）褐飞虱为害造成枯秆

（d）褐飞虱为害黄熟期稻谷造成倒伏

图 3-21　褐飞虱为害症状

在 26 ~ 28 ℃ 条件下，成虫寿命 15 ~ 25 天，产卵前期 2 ~ 3 天，卵期 7 ~ 8 天，若虫期 10 ~ 12 天。雌虫繁殖能力强，每雌虫产卵 150 ~ 500 粒，最多 700 ~ 1 000 粒。喜湿，生长适温 20 ~ 30 ℃，最适温 26 ~ 28 ℃，适宜湿度在 80% 以上。

（三）为害特点

对水稻的为害特点主要表现在以下几方面：

1. 直接吸食为害

以成虫、若虫群集于稻丛基部，刺吸茎叶组织汁液。虫量大，受害重时引起稻株瘫痪倒伏，俗称"冒穿"，导致严重减产或失收。

2. 产卵为害

产卵时，刺伤稻株茎叶组织，形成大量伤口，促使水分由刺伤点向外散失，同时破坏疏导组织，加重水稻的受害程度。

3. 传播或诱发水稻病害

褐飞虱不仅是传播水稻病毒病草状丛矮病和齿叶矮缩病的虫媒，也可造成水稻受水稻纹枯病、小球菌核病的侵染为害。其取食时排泄的蜜露，因富含各种糖类、氨基酸类，覆盖在稻株上，极易招致煤烟病菌的滋生。

（四）发生规律

褐飞虱的发生与水稻的生育期密切相关。水稻孕穗至开花期的植株中水溶性蛋白含量增高，有利于短翅型的发生，常使褐飞虱虫口激增。短翅型的增加是种群即将大量繁殖发生的征兆。在乳熟期后，长翅型比例上升，易引起迁飞。水稻植株的营养条件是促使褐飞虱翅型分化的主导原因，虫口密度、光和湿度亦有影响。3 龄若虫是翅型分化的临界期，当低龄若虫取食分蘖至拔节初期的稻株，含氮量高，有利于短翅型的分化，因此短翅型成虫在孕穗期大量出现，并经繁殖 1 代后，就在穗期形成田间虫量的高峰期，因此稻飞虱多在水稻穗期爆发成灾。

气候也是影响稻飞虱发生的一个重要因素。褐飞虱喜温暖高湿的气候条件，在相对湿度 80% 以上，气温 20～30 ℃ 时，生长发育良好，尤其以 26～28 ℃ 最为适宜，温度过高、过低及湿度过低，不利于生长发育，尤以高温干旱影响更大；而夏秋多雨，盛夏不热，晚秋暖和，则有利于褐飞虱的发生为害。褐飞虱的迁飞属高空被动流迁类型，在迁飞过程中，遇天气影响，会在较大范围内同期发生"突增"或"突减"现象。

就种制度而言，植株嫩绿、荫蔽且积水的稻田虫口密度大。一般是先在田中央密集为害，后逐渐扩大蔓延。肥水管理不当，如果没有认真搁田，排灌措施不好导致地下水位高，或者施肥不当导致叶片徒长、隐蔽度大，即使降水量不多也会因为田间的小气候湿度大而利于褐飞虱的大发生。

（五）防治方法

1. 农业防治

（1）选用抗（耐）虫水稻品种

充分利用国内外水稻品种抗性基因，培育抗飞虱丰产品种和多抗品种，因地制宜推广种植。

（2）加强田间管理，降低虫源

冬前深翻灭茬，清除田间及四周的杂草，减少虫源。切实处理好越冬期间未处理完的稻桩和其他寄主残株，破坏其越冬场所，压低越冬虫源。冬春季铲除田边杂草，拾毁外露稻桩，堆制、沤制腐烂有虫稻草和稻桩。

（3）调整稻田耕作制度和作物布局

实行同品种、同生育期的水稻连片种植，对不同的品种或作物进行合理布局，避免稻飞虱辗转为害。

（4）加强预测预报

做好预测预报工作，做好迁入趋势分析，调整耕作制度，合理布局，避开高发期。

（5）加强肥水管理

科学进行肥水管理，做到基肥足，追肥早，适时烤田，降低田间湿度，避免偏施氮肥，防止水稻后期贪青徒长，创造不利于褐飞虱滋生繁殖的生态条件。

2. 生物防治

褐飞虱各虫期寄生性和捕食性天敌种类较多，除寄生蜂、黑肩绿盲蝽、瓢虫等外，还有蜘蛛、线虫、菌类对褐飞虱的发生有很大的抑制作用，应加以保护利用，提高自然控制能力。主要天敌：寄生蜂、黑肩绿盲蝽、瓢虫、蜘蛛、线虫、菌类。

3. 药剂防治

根据水稻品种类型和飞虱发生情况，采用压前控后或狠治主害代的策略，选用高效、低毒、残效期长的农药，尽量考虑对天敌的保护，掌握在若虫2～3龄盛期施药。由于水稻品种、生育期不同，田间虫量特别是迁出区和迁入区虫量不一。因此，必须因地制宜制定好防治策略。水稻对褐飞虱有较强的耐害能力，田间有少量褐飞虱发生时，水稻生长发育不受影响，一般不需要用药防治。但在褐飞虱大发生的年份，如果水稻生长前中期褐飞虱迁入量大，应及早用药控制田间害虫数量，减少害虫基数。

选择使用内吸长效药，褐飞虱成虫、若虫多群集于稻丛基部附近取食，一般不大移动，在水稻生长中后期，田间水稻生长茂密，喷雾施药很难将药物送到稻株基部，使用内吸性强的药剂，喷药后药物能由水稻茎叶吸收，传送到褐飞虱取食部位，将褐飞虱杀死。

施药时稻田缺水，影响防治效果。同时施药部位不准，施药水量不足，也会影响防治效果。因此要对准靶标植株基部喷雾，并加大水量，因为褐飞虱与别的害虫不同，所以对准稻株基部打药，加大药液量（水量），才能保证防治效果，否则防效不好。

常用药剂：10%烯啶虫胺水剂20～40 g/亩速效性和持效性均较好，药后1天速效性可达76%～80%，药后14天的持效性达90%以上；25%吡蚜酮可湿性粉剂18～24 g/亩速效性差，持效性好，药后1天速效性50%～60%，药后14天的持效性90%以上；25%噻嗪酮可湿性粉剂30～40 g/亩速效性差，持效性好。药后1天速效性40%～50%，药后7天的持效性85%以上；20%异丙威乳油150～200 g/亩速效性和7天持效性均较好，药后1天速效性可达80%，药后7天的持效性85%以上；40%毒死蜱乳油100 g/亩速效性和持效性好，药后1天速效性70%～80%，药后14天的持效性80%以上。

注意：稻田在施药期应保持适当的水层，以提高防效和延长药效。

二、白背飞虱

白背飞虱[*Sogatella furcifera*（Horváth）]又名白背稻虱，别名火蟀子、火旋，属半翅目、飞虱科，分布在我国南至海南岛，北至黑龙江各稻区，东南亚各国也均有分布，以长江流域发生较多。其以成虫、若虫集于稻丛基部为害，造成稻叶叶尖褪绿变黄，严重时全株枯死。穗期受害造成抽穗困难，枯孕穗或穗变褐色，秕谷多等。在田间发生比其他种飞虱早，对单季中、晚稻和双季早稻为害较重。除为害水稻外，也取食野生稻、麦类、玉米、高粱、甘蔗、稗草等禾本科植物。

（一）形态特征

1. 卵

卵新月形，细瘦，微弯曲，长约0.8 mm，初产时乳白色，后变淡黄色，并出现2个红色眼点。卵产于叶鞘中肋组织中，卵粒单行排列成块，卵帽不外露或稍露出尖端。

2. 若　虫

若虫共 5 龄，近梭形，头尾较尖。初孵时乳白色，有灰斑，后呈淡黄色，体背有灰褐色或灰青色斑纹（图 3-22）。各龄若虫落水后后足向两侧平伸成"一"字形。

5 龄若虫体长 2.9 mm，灰黑与乳白镶嵌，胸背具不规则的暗褐色斑纹，边缘界线清晰，腹背第 3、4 节各具 1 对乳白色"△"形大斑，第 6 节背板中部有 1 条浅色横带。

图 3-22　白背飞虱若虫

3. 成　虫

成虫有长、短翅 2 种翅型（图 3-23），长翅型体长 3.8 ~ 4.6 mm，雄虫大部分黑褐色，雌虫大部分灰黄褐色，头顶（除端部两侧脊间）、前胸背板和中胸背板中域黄白色，头顶端部两侧脊间和面部雄虫为黑褐色，雌虫为灰褐色。前胸背板在复眼后方有 1 个暗褐色斑，中胸背板侧区黑褐色，雌虫的略浅。胸部腹面及腹部雄虫为黑褐色，雌虫为黄褐色，仅腹背有黑褐色斑。前翅淡黄褐色，透明，有的翅端近背缘具暗褐色晕，翅斑黑褐色。

短翅型体长 2.7 ~ 3.5 mm，体色如长翅型，雄虫前翅伸达腹部末端或稍超过。头顶长方形，中长为基宽的 1.3 倍，额长为最宽处宽的 2.5 倍，侧缘直，向端部渐宽，以近端部 1/3 处最宽。触角圆筒形，第一节长大于宽，第二节长约为第一节长的 2 倍。前胸背板宽于头部，短于头顶中长，侧脊不伸达后缘。后足胫距薄，后缘具齿。

图 3-23　白背飞虱成虫

（二）生活习性及为害症状

白背飞虱亦属长距离迁飞性害虫，我国广大稻区初次虫源由南方热带稻区随气流逐代逐区迁入，其迁入时间一般早于褐飞虱，持续时间长，且峰次多，一年发生 1 ~ 11 代不等。我国南方有冬秧或冬季再生稻和落粒自生苗能存活的地区才能越冬，白背飞虱在广西至福建德化以南地区以卵在自生苗和游草上越冬，越冬北限在北纬 26° 左右。

习性与褐飞虱相近，也有长短 2 种翅型成虫，各代长翅型比例都占 80%以上，但食性较广。3 龄以前若虫食量小，危害性不大；4 ~ 5 龄若虫食量大，为害重。白背飞虱的温度适宜范围较大，耐寒能力较强，在 30 ℃ 高温或 15 ℃ 低温下都能正常生长发育，而对湿度要求较高，以相对湿度 80% ~ 90%为宜。

成虫具趋光性，趋嫩性，生长嫩绿的稻田，易诱成虫产卵为害。卵多产于水稻叶鞘肥厚部分组织中，也有产于叶片基部中脉内和茎秆中，产卵痕开裂，有 5 ~ 28 粒，多为 5 ~ 6 粒，分蘖株上落卵量高于主茎，孕穗与分蘖期产卵最多，黄熟期和 3 叶期产卵最少。长翅雌虫可产卵 300 ~ 400 粒，短翅型比长翅型产卵量约多 20%。

其以成虫、若虫集于稻丛基部叶鞘上刺吸汁液为害，消耗植株营养成分，受害部先出现黄白斑，后变黑褐色，叶片由黄色变棕红色，重者枯死，田中出现黄塘（图 3-24）。穗期受害还可造成抽穗困难，枯孕穗或穗变褐色，秕谷多等为害状。

图 3-24　白背飞虱成虫群集为害

在虫口密度低、雨水多、水稻营养条件好时，有一定量的短翅变雌虫出现，短翅变雄虫少见。雌虫产卵前期在 20 ~ 30 ℃ 时为 4 ~ 6 天，短翅型雌虫产卵前期稍短，产卵历期 10 ~ 15 天，以前 5 天产卵最多，若虫期 10 ~ 15 天，雌虫寿命约 20 天，雄虫寿命约 15 天。在 25 ℃ 下完成一世代约 26 天。

（三）为害特点

白背飞虱在稻株上的活动位置比褐飞虱和灰飞虱都高，在稻株上取食部位，比褐飞虱稍高，并可在水稻茎秆和叶片背面活动。若虫一般都生活在稻丛下部，位置比褐飞虱高。

在水稻各个生育期，成虫、若虫均能取食，但以分蘖盛期、孕穗、抽穗期最为适宜，此时增殖快，受害重，所以受害后表现为植株矮小、穗短、穗小、结实率降低（图 3-25）。严重受害时，植株由橙黄色渐变酱褐色，直立不塌秆。但在白背飞虱发生多的年份，受害严重的籼稻也会出现枯死倒伏的"冒穿"现象。后期虫量大的时候会在穗部取食，可造成颖壳变色，籽粒半瘪，排泄的蜜露诱致煤烟病发生，穗部发黑。

图 3-25　白背飞虱为害症状

（四）发生规律

白背飞虱为季节性迁飞害虫，在我国大部分地区均不能越冬，所以虫源基本是外来虫源。白背飞虱发生的代数除与不同经纬度地区气候差异密切相关外，还随虫源迁入的迟早、水稻的耕作制度和海拔条件息息相关。白背飞虱迁入各地的始见期比褐飞虱早，迁出期完全不受水稻生育期所控制，各代长翅型成虫均有向外迁出的特征，因此各地迁入和迁出的峰次频繁，形成较为复杂的局面，各地都是以成虫迁入后田间第二若虫高峰期构成主要的为害世代，主要代羽化的成虫即为各地主要迁出的世代。

白背飞虱每年迁入虫源由南向北依次推迟。发生区分别在 6 月中旬至 8 月中旬为害分蘖至圆秆拔节期的早、中稻，在南岭以南的晚稻区 9 月中下旬受害亦重，常年为害较重的韵稻区有西南、南岭、闽北、汉水流域、淮河流域及以北稻区。

连作地，地势低洼、积水、氮肥过多的田块，虫口密度最高；栽培密度高、田间郁闭的田块发生重。

一般初夏多雨，盛夏干旱的年份，易导致白背飞虱大发生。白背飞虱发育的最适温度为 22～28 ℃，相对湿度为 80%～90%；成虫产卵以 28 ℃ 最适；若虫在 25～30 ℃ 成活率最高；温度超过 30 ℃ 或低于 20 ℃，对成虫、若虫生长均有不利影响。成虫迁入期雨日多，降雨量较大，有利于降虫、产卵和若虫孵化，大龄若虫期，若天气干旱可加重对稻株的为害。

（五）防治方法

1. 农业防治

（1）品种选择

充分利用国内外水稻品种抗性基因，培育抗飞虱丰产品种和多抗品种，选用抗（耐）虫水稻品种，因地制宜推广种植。

（2）加强田间以及肥水管理

催芽不宜过长，拔秧要尽可能避免损根茎。做到"五不插"：即不插隔夜秧，不插老龄秧，不插深泥秧，不插烈日秧，不插冷水浸的秧。

做好群体质量栽培，科学进行肥水管理，控制群体密度，改善通风透光条件，创造不利于白背飞虱滋生繁殖的生态条件。同时要加强肥水管理，提倡施用酵素菌沤制的或充分腐熟的农家肥，不用未充分腐熟的肥料；采取"测土配方"技术，科学施肥，重施基肥，并采取"早促、中控、晚保"方针，培育壮苗，有利于减轻虫害。采取"浅水勤灌"的方法，适时、适量施肥和适时露田，避免长期浸水。

（3）调整稻田耕作制度和作物布局

栽培管理上实行同品种连片种植，对不同的品种或作物进行合理布局，避免白背飞虱辗转为害。

（4）加强预报

做好预测预报工作，做好迁入趋势分析，调整耕作制度，合理布局，防止大量爆发。

2. 生物防治

白背飞虱各虫期寄生性和捕食性天敌种类较多，除寄生蜂、黑肩绿盲蝽、瓢虫等外，还有蜘蛛、线虫、菌类对白背飞虱的发生有很大的抑制作用。保护利用好天敌，对控制白背飞虱的发生为害能起到明显的效果。

3. 药剂防治

根据水稻品种类型和白背飞虱发生情况，采取重点防治主害代低龄若虫高峰期的防治对策，如果成虫迁入量特别大而集中的年份和地区，采取防治迁入峰成虫和主害代低龄若虫高峰期相结合的对策。

使用噻嗪酮类农药宜掌握在主峰卵孵高峰期，双峰型年份宜在第二卵孵高峰期用药。使用吡虫啉类及其他农药宜掌握在 2～3 龄若虫盛期用药，双峰型年份宜在第二低龄若虫高峰期用药。因为白背飞虱对吡虫啉敏感，所以吡虫啉是防治白背飞虱的首选药剂。10%吡虫啉可湿性粉剂每亩 150 g，兑水 900 kg 常规喷雾。但注意当白背飞虱与褐飞虱混合发生时，不宜单独使用吡虫啉进行防治。其他用药及剂量可参考褐飞虱防治药剂。防治这两种稻飞虱均宜在下午 5 点以后打药，田间保持 3～5 cm 的水层。防治白背飞虱喷药时喷头向上，从稻株茎基部向上喷药。但在防治褐飞虱时喷头向下，伸入稻株叶鞘部位向茎基部喷药。

三、灰飞虱

灰飞虱[*Laodelphgax striatellus* （Fallén）]又名灰稻虱，属半翅目、飞虱科，主要分布区域，南自海南岛，北至黑龙江，东自台湾和东部沿海各地，西至新疆均有发生，以长江中下游和华北地区发生较多。主要为害是传毒为害，远远大于其取食为害。灰飞虱食性广泛，除取食水稻外，还为害玉米、麦类、高粱、甘蔗、旱熟禾和看麦粮等禾本科作物和杂草。近年来，对玉米的为害正成逐步上升的趋势。

（一）形态特征

1. 卵

呈长椭圆形，稍弯曲，长 1.0 mm，卵帽底宽大于高，顶端钝圆。卵在产卵痕中露出念珠状。初产乳白色，后期淡黄色。

2. 若 虫

共 5 龄，各龄特征如下（图 3-26）：

1 龄：体长 1.0 ~ 1.1 mm，体乳白色至淡黄色，胸部各节背面沿正中有纵行白色部分。

2 龄：体长 1.1 ~ 1.3 mm，黄白色，胸部各节背面为灰色，正中纵行的白色部分较第 1 龄明显。

3 龄：体长 1.5 mm，灰褐色，胸部各节背面灰色增浓，正中线中央白色部分不明显，前、后翅芽开始呈现。

4 龄：体长 1.9 ~ 2.1 mm，灰褐色，前翅翅芽达腹部第 1 节，后胸翅芽达腹部第 3 节，胸部正中的白色部分消失。

5 龄：体长 2.7 ~ 3.0 mm，体色灰褐色增浓，中胸翅芽达腹部第 3 节后缘并覆盖后翅，后胸翅芽达腹部第 2 节，腹部各节分界明显，腹节间有白色的细环圈，越冬若虫体色较深。

各龄若虫形态特征与褐飞虱极其相似。落水后足向后斜伸呈"八"字形，易与褐飞虱和白背飞虱相区别。

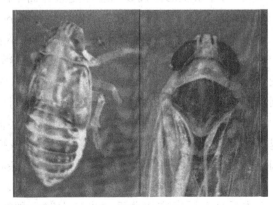

图 3-26 灰飞虱若虫

3. 成虫

有长翅型和短翅型，均较褐飞虱略小（图 3-27）。长翅型体长（连翅）雄虫 3.3～3.8 mm，雌虫 3.6～4.0 mm；短翅型体长雄虫 2.0～2.3 mm，雌虫 2.3～2.6 mm。雌虫体黄褐色，雄虫黑褐色。头顶前半部两侧脊背、面部和胸部侧板黑褐色。头顶后半、前胸背板、中胸翅基片、额与唇基的脊，触角及足均为淡黄色。雄虫中胸背板黑褐色，雌虫中胸背板淡黄色，两侧具暗褐色宽条斑。前翅近于透明，淡灰色，具翅斑。雄虫胸、腹部腹面为黑褐色，腹部较细瘦；雌虫色黄褐色，足皆淡褐色，腹部肥大。短翅型成虫体长 2.4～2.6 mm，翅仅达腹部的 2/3，其余与长翅型相同。

 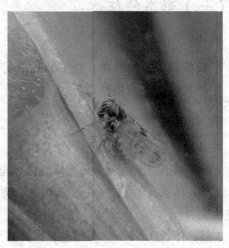

（a）长翅型　　　　　　　　　　　　　（b）短翅型

图 3-27　灰飞虱成虫

（二）生活习性及为害症状

灰飞虱在北方多以 3～4 龄若虫在麦田内、杂草丛、稻桩或落叶下越冬，南方成虫、若虫俱可越冬。在浙江以若虫在麦田杂草上越冬，在福建南部各虫态皆可越冬。灰飞虱为多世代发生型，每年发生的世代数因经纬度差异而不同。华北地区每年发生 4～5 代，长江中下游 5～6 代，福建 7～8 代。灰飞虱各个世代发生不齐，有世代重叠现象。

灰飞虱喜欢通气良好的环境，多活动在小麦、水稻植株的中上部，有田边集中的习性，受惊会斜行、后退或跳走。长翅型灰飞虱适合迁飞扩大繁殖场所，长翅型成虫具趋嫩绿性和较强的趋光性，但较褐飞虱弱。每年 5～9 月，在黑光灯下能诱杀大量的长翅型成虫。短翅型则就地大量繁殖。雌虫羽化后有一段产卵前期，一般为 4～8 天。卵多产于稻株下部叶鞘和叶片基部中脉的两侧组织内。抽穗后也产在穗腔内。产卵长翅型平均 120 粒，短翅型 158 粒。越冬代雌虫产卵量最高，平均每雌可产 200 多粒。越冬代雌卵多产于离地面 2～15 cm 的麦子和杂草的叶鞘组织中。越冬短翅型居多，其余各代均长翅型居多。

成虫、若虫均以口器刺吸水稻汁液为害，一般群集于稻丛中上部叶片，近年发现部分稻区水稻穗部受害亦较严重，虫口大时，稻株因汁液大量丧失而枯黄，同时因大量蜜露洒落附近叶片或穗子上而滋生霉菌，但较少出现类似褐飞虱和白背飞虱的"虱烧""冒穿"等症状（图 3-28）。灰飞虱是传播条纹叶枯病等多种水稻病毒病的媒介，被害株表现为相应的病害特征。

（a）灰飞虱成虫为害状　　（b）灰飞虱若虫基部为害状　　（c）灰飞虱在稻株上刺吸为害

图 3-28　灰飞虱为害病状

获毒灰飞虱受病毒影响生命力下降，寿命缩短，卵量减少，卵孵化率降低，死亡率高。

（三）为害特点

成虫、若虫刺吸水稻等寄主汁液，引起黄叶或枯死；还能传播水稻条纹叶枯病、黑条矮缩病、小麦丛矮病、玉米粗缩病，其传毒造成的损失远大于直接吸食的为害。在发生密度很大的稻丛基部，常见煤污病症状，少数年份甚至可在穗部出现煤黑穗现象。

灰飞虱传毒因病毒种类不同而各有特点。吸食条纹叶枯病株汁液后将终身带毒，且随世代繁殖传递，40 个世代后仍有较强的传毒能力。吸食黑条矮缩病株汁液后也是终身带毒，能在若虫体内越冬，但是不随卵传入下一代。吸食小麦丛矮病株汁液后，具传毒能力，以 1～2 龄若虫最易得毒，成虫传毒力最强，能在若虫体内越冬，但不能经卵传毒。灰飞虱对玉米粗缩病传毒与黑条矮缩病传毒相似，不能经卵传毒。带毒灰飞虱均有间歇传毒的特点。

如图 3-29 所示是携带病毒的灰飞虱，如果植物被这种灰飞虱啃咬过了，植物会被感染，后期可能会在植物内产生灰飞虱幼虫，继续啃咬植物。

图 3-29　带毒的灰飞虱，啃咬完植物迅速传播病毒

（四）发生规律

灰飞虱耐低温能力较强，对高温适应性较差，其生长发育的适宜温度在 28 ℃ 左右，冬季低温对其越冬若虫影响不大，但不耐夏季高温。在冬暖夏凉、秋天不冷的条件下灰飞虱可能大发生。在北方一年两熟制地区，麦田套种玉米受害重于麦后直播田，因为麦套玉米苗期正值第一代灰飞虱成虫迁飞盛期。在稻田出现远比白背飞虱和褐飞虱早。

施用的有机肥未充分腐熟，施用的氮肥过多或过迟，栽培过密，株、行间郁闭，未烤田或烤田不好，田间杂草丛生，长期灌深水均有利于该虫害的发生与发展。

越冬代若虫一般在翌年春季 3 月羽化为成虫，在麦田和禾本科杂草上繁殖第 1 代卵，在 4 月中下旬开始孵化，第 1 代若虫绝大部分在越冬寄主上生长发育，部分迁入早稻秧田和玉米田，将病毒传给水稻和玉米。第 1 代绝大部分为长翅型，5 月下旬开始羽化，5 月末到 6 月上旬进入羽化高峰期，随着小麦黄熟而迁往稻田、渠岸杂草上或转移到玉米、高粱等作物田内，并进行传毒为害。第 2 代 6 月上旬孵化，6 月下旬羽化，主要为害三熟制早稻本田、二熟制早稻本田、单季晚稻秧田以及后季稻秧。第 3 代 7 月上旬孵化，7 月下旬至 8 月上旬羽化，主要为害早稻本田后期、单季晚稻秧田以及后季稻秧田。第 4 代若虫于 8 月上旬、中旬孵化，8 月下旬或 9 月上旬羽化为成虫。第 5 代 9 月上旬孵化，9 月下旬至 10 月上旬羽化。第 6 代 10 月上中旬孵化。第 4 代到第 6 代为害单季晚稻和后季节本田。第 5 代迟孵的若虫及第 6 代若虫在晚稻收割后转移到麦田及杂草地越冬。

（五）防治方法

1. 农业防治

选用抗（耐）虫水稻品种，加强田间管理，冬前深翻灭茬，于 2 月卵孵化前火烧枯叶，清除田间及四周杂草，降低虫源。秧田期及时铲除田边杂草。

水稻秧苗适期迟播，避免早播引起灰飞虱集中为害、传毒。科学进行肥水管理，创造不利于白背飞虱滋生繁殖的生态条件。

2. 物理防治

早播秧田覆盖 20 目以上的防虫网，防治灰飞虱进入秧田产卵传毒为害。

3. 药剂防治

水稻生长前期（秧田期和本田前期）重点防治迁入秧田和本田前期的成虫，水稻生长后期重点防治穗部灰飞虱。

掌握在越冬代 2～3 龄若虫盛发时，喷洒 10% 吡虫啉可湿性粉剂 1500 倍液或 30% 乙酰甲胺磷乳油、50% 杀螟松乳油 1000 倍液、20% 扑虱灵乳油 2000 倍液、50% 马拉硫磷乳油或 50% 混灭威、20% 杀灭菊酯、2.5% 溴氰菊酯乳油 2000 倍液，在药液中加 0.2% 中性洗衣粉可提高防效。此外 2% 叶蝉散粉剂，每亩喷施 22 kg 也有效。

水稻秧田和本田前期控制灰飞虱，预防水稻条纹叶枯病和黑条矮缩病，防治方法见条纹叶枯病和黑条矮缩病的防治方法。

第四节　黑尾叶蝉

黑尾叶蝉[*Nephotettix bipunctatus*（Fabricius）]属半翅目、叶蝉科。分布在长江中上游和西南各省。黑尾叶蝉通过取食和产卵时刺伤寄主茎叶为害，破坏输导组织，致植株发黄或枯死。除寄主于水稻外，还寄主于茭白、慈姑、小麦、大麦、看麦娘、李氏禾、结缕草、稗草等。

一、形态特征

1. 卵

长茄形，长约 1～1.2 mm。

2. 若　虫

末龄若虫体长 3.5～4 mm，若虫共 4 龄。

3. 成　虫

体长 4.5～6 mm。头至翅端，长 13～15 mm。本科成员种类不少，最大特征是后脚胫节有 2 排硬刺。本种为台湾常见叶蝉中体型最大的（图 3-30）。体色黄绿色，头、胸部有小黑点，上翅末端有黑斑。无近似种。头与前胸背板等宽，向前成钝圆角突出，头顶复眼间接近前缘处有 1 条黑色横凹沟，内有 1 条黑色亚缘横带。复眼黑褐色，单眼黄绿色。雄虫额唇基区为黑色，前唇基及颊区为淡黄绿色；雌虫颜面为淡黄褐色，额唇基的基部两侧区各有数条淡褐色横纹，颊区淡黄绿色。前胸背板两性，均为黄绿色。小盾片黄绿色。前翅淡蓝绿色，前缘区淡黄绿色，雄虫翅端 1/3 处黑色，雌虫为淡褐色。雄虫胸、腹部腹面及背面黑色，雌虫腹面淡黄色，腹背黑色。各足黄色。

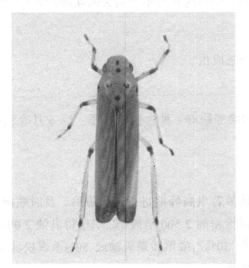

图 3-30　黑尾叶蝉成虫

二、生活习性

以 3~4 龄若虫及少量成虫在绿肥田边、塘边、河边的杂草上越冬。江浙一带年生 5~6 代。成虫把卵产在叶鞘边缘内侧组织中,每雌产卵 100~300 多粒,若虫喜栖息在植株下部或叶片背面取食,有群集性,3~4 龄若虫尤其活跃。越冬若虫多在 4 月羽化为成虫,迁入稻田或茭白田为害,少雨年份易大发生。

三、为害症状及特点

成虫和若虫均能为害水稻,若虫主要群集水稻茎秆基部,用针状口器刺吸营养液,破坏输导组织,呈现许多棕褐色斑点,影响稻株正常生长,严重时稻茎基部变黑,后期烂秆倒伏。由于黑尾叶蝉的危害所造成的茎秆伤口,还会助长菌核病的发生。水稻抽穗、灌浆期,成虫、若虫也会在穗部和叶片上取食。该虫还是水稻黄矮病、矮缩病、黄萎病等病害的重要传播媒介。

四、防治方法

1. 农业防治

选用抗(耐)虫品种,杂交稻威优 6 号、汕优 6 号和四优 6 号等抗性较好,可因地制宜推广种植。

各种绿肥田翻耕前或早晚稻收割时,彻底清除田边杂草,消灭中间寄主。加强肥水管理,使水稻前期不猛发披叶,中期不脱肥落黄,后期不贪青晚熟,增加耐虫能力。

品种合理布局,实行同品种、同生育期的水稻辖连片种植,避免插花种植。

2. 物理防治

在 6 月下旬至 8 月成虫盛发期进行灯光诱杀成虫。

3. 生物防治

注意保护利用好天敌昆虫,主要天敌有褐腰赤眼蜂、捕食性蜘蛛等。7~8 月晚稻秧田和分蘖期间叶蝉发生量大时,放鸭入田啄食。

4. 化学防治

调查成虫迁飞和若虫发生情况,掌握在低龄若虫高峰期进行药剂防治。及时喷洒 2%叶蝉散粉剂每亩 2 kg,10%吡虫啉(一遍净)可湿性粉剂 2 500 倍液、2.5%保得乳油 2 000 倍液、20%叶蝉散乳油 500 倍液,每亩 70 L;也可用 30%乙酰甲胺磷乳油或 50%杀螟松乳油 1000 倍液、90%杀虫单原粉,每亩 50~60 g 兑水喷雾。

第五节　稻蓟马

稻蓟马[*Chloethrips oryzae*（Wil.）]为缨翅目蓟马科，分布在我国北起黑龙江、内蒙古，南至广东、广西和云南，东自台湾及各省，西达四川、贵州均有发生。以成虫、若虫口器锉破叶面为害，使全叶卷缩枯黄，在分蘖期为害造成成团枯死，穗期为害造成空瘪粒。食性广泛，除寄主于水稻外，还可寄主于小麦、玉米、粟、高粱、蚕豆、葱、烟草、甘蔗等。

一、形态特征

1. 卵

肾状形，长约 0.26 mm，宽 0.1 mm，初产白色透明，后变淡黄色。

2. 若　虫

共 4 龄，各龄特征如下（图 3-31）：

1 龄：体长 0.3 ~ 0.4 mm，乳白色，触角直伸头前方，无单眼及翅芽。

2 龄：体长 0.5 ~ 1 mm，淡黄绿色，特征同 1 龄。

3 龄：又称前蛹，体长 0.8 ~ 1.2 mm，淡黄色，触角向头的两侧伸展，单眼模糊，翅芽短。

4 龄：又称蛹，体长 0.8 ~ 1.3 mm，淡黄色，触角折向头、胸背面，单眼 3 个明显，翅芽长达第 6 至第 7 腹节。

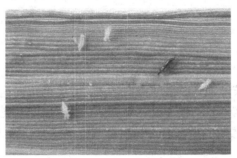

图 3-31　稻蓟马若虫

3. 成　虫

稻蓟马体形微小（图 3-32），成虫体长 1.0 ~ 1.3mm，体黑褐色，触角 7 节，第 2 节端及第 3、4 节色淡，其余各节褐色；前胸背板两侧的后缘角各有 1 对长鬃，前翅深灰色，近基部色淡，上脉端鬃 3 条，下脉鬃 11 ~ 13 条。卵肾圆形，初产时白色透明，后淡黄色。若虫共 4 龄，低龄虫近白色，高龄虫淡黄绿色至黄褐色。

稻管蓟马成虫稍大，体长 1.7 ~ 2.2 mm，体黑褐色同稻蓟马，但触角 8 节，第 1、2、7、8 节深褐色，其余各节色略淡；前翅无色透明，纵脉消失，翅中央缢缩，后缘近端部有间插鬃 5 ~ 7 根；腹部末端管状，长度略短于头长，管端及 6 条鬃。卵长椭圆形，初产白色，略透明，后橙黄色。若虫淡黄绿色至黄褐色。

图 3-32　稻蓟马成虫

二、生活习性

稻蓟马生活周期短，发生代数多，第二代后开始出现世代重叠，多数以成虫在麦田、茭白及禾本科杂草等处越冬。

成虫两性或孤雌生殖，有明显趋嫩绿稻苗产卵习性，卵散产于叶脉间，幼穗形成后则以心叶上产卵为多。5~6月卵期8天左右，若虫期8~10天，羽化后1~2天即产卵，2~8天进入产卵盛期，每雌产50多粒，卵多产在嫩叶组织里，产卵适温18~25℃，气温高于27℃虫口减少。若虫盛发高峰期主要是3、4龄若虫，有时若虫盛发期后3天就出现成虫盛发期。

成虫常藏身卷叶尖或心叶内，早晚及阴天外出活动。初孵幼虫集中在叶耳、叶舌处，更喜欢在幼嫩心叶上为害。

三、为害特点

成虫、若虫以口器锉破叶面，成微细黄白色斑，叶尖两边向内卷折，渐及全叶卷缩枯黄，分蘖初期受害重的稻田，苗不长、根不发、无分蘖，甚至成团枯死；晚稻秧田受害更为严重，常成片枯死，状如火烧。穗期成虫、若虫趋向穗苞，扬花时，转入颖壳内，为害子房，造成空瘪粒（图 3-33）。

图 3-33　稻蓟马为害造成叶片卷缩枯黄

四、发生规律

7、8月低温多雨，有利于稻蓟马发生为害；秧苗期、分蘖期和幼穗分化期，是稻蓟马的严重为害期，尤其是晚稻秧田和本田初期受害更重。

冬春气候温暖有利于稻蓟马的越冬与早期繁殖，容易造成早稻大发生。入春以后 4～6 月雨日多，又多是小雨，为害特别重；反之，则轻。

在单季稻地区，越冬虫只能在杂草上繁殖，为害就轻。在双季稻地区，早稻播种和移栽期提早为第一代迁飞成虫提供良好的产卵繁殖场所，虫量上升迅速，为害就严重。

五、防治方法

1. 农业防治

冬春季清除杂草，特别是秧田附近的游草及其他禾本科杂草等越冬寄主，降低虫源基数。

调整种植制度，尽量避免水稻早、中、晚混栽，相对集中播种期和栽秧期，以减少稻蓟马的繁殖桥梁田和辗转为害的机会。

合理施肥，在施足基肥的基础上，适期、适量追施返青肥，促使秧苗正常生长，减轻为害。防止乱施肥。受害水稻生长势弱，适当的增施肥料可使水稻迅速恢复生长，减少损失。

2. 药剂防治

药剂防治的策略是狠抓秧田，巧抓大田，主防若虫，兼防成虫。常见卷叶苗，叶尖初卷率 15%～25%，则列为防治对象田。依据稻蓟马的发生为害规律，遭受稻蓟马的为害时期，一是秧苗四、五叶期，二是本田稻苗返青期，这两个时期应是保护的重点。即在秧田秧苗四、五叶期用药一次，第二次在秧苗移栽前 2～3 天用药。

药剂可选择喷洒 20%吡虫啉可溶剂 2 500～4 000 倍液、20%丁硫克百威乳油 2 000 倍液、5%锐劲特胶悬剂每亩 20 mL 兑水喷雾。

第六节 稻秆蝇

稻秆蝇[*Chlorops oryzae*（Matsumura）]又称稻秆潜蝇、稻钻心蝇、双尾虫等，属双翅目、黄潜叶蝇科。分布在黑龙江、浙江、江西、湖南、湖北、广东、广西、云南、贵州等省。以幼虫钻入稻茎内为害心叶、生长点或幼穗。为害水稻，也寄生在小麦、早熟禾、稗草、看麦娘等禾本科植物上。

一、形态特征

卵长 0.7~1 mm，白色，长椭圆形。末龄幼虫体长约 6 mm，近纺锤形，浅黄白色，表皮强韧具光泽。尾端分两叉。蛹长 6 mm，浅黄褐色至黄褐色，上具黑斑，尾端也分两叉。

成虫体长 2.3~3 mm，翅展 5~6 mm，体鲜黄色（图 3-34）。头部、胸部等宽，头部背面有 1 钻石形黑色大班；复眼大，暗褐色；触角 3 节，基节黄褐色，第 2 节暗褐色，第 3 节黑色膨大呈圆板形，触角芒黄褐色，与触角近等长。胸部背面具 3 条黑色大纵斑，腹部纺锤形，各节背面前缘具黑褐色横带，第 1 节背面两侧各生 1 黑色小点。体腹面浅黄色。翅透明，翅脉褐色。足黄褐色，财节末端暗黑色。

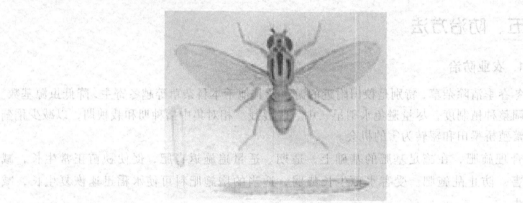

图 3-34　稻秆蝇成虫

二、生活习性

福建年生 2~3 代，湖南、湖北、贵州、云南、浙江等地年生 3 代。以成虫或幼虫在杂草上越冬。

每年 3 月底至 4 月上旬成虫飞向早、中稻的秧田及已返青的早稻本田产卵。稻秆蝇卵散产，一般一叶一卵。成虫多在上午羽化，白天活动。羽化后 1~3 天交尾，雌雄均可反复交尾 3~4 次。一般羽化后 2~5 天产卵，但第 2 代成虫产卵前期有的可长达 22 天。成虫有趋嫩绿稻田产卵的特性，卵产在叶鞘和叶背。4 月上中旬孵化为幼虫，多在凌晨 4~6 时孵化，初孵幼虫借湿润露水向下移动，至叶枕处钻入叶鞘，再侵入心叶为害。当露水干后，幼虫就不能侵入。5 月中旬老熟幼虫爬到叶鞘近叶舌处化蛹。6 月中旬是第 1 代成虫盛期，6 月下旬至 7 月上旬第 2 代幼虫孵化，为害孕穗和抽穗的早、中稻，9 月下旬至 10 月陆续到看麦娘及早播冬小麦叶片上产卵。

此虫性喜阴凉高湿，气温高会导致幼虫滞育，历期延长，危害反而减轻。故此虫在丘陵山区发生较多，早插田比迟插田重，特别是生长嫩绿的田块更易引诱成虫产卵。冬暖夏凉的气候适其发生，日均温 35 ℃以上，幼虫发育受阻。多露、阳光不足、环境潮湿、田水温度低为害重。海拔 3 000 m 以上的山区受害更重。

三、为害特点

以幼虫蛀入茎内为害心叶、生长点、幼穗。苗期受害长出的心叶上有椭圆形或长条形小孔洞，后发展为纵裂长条状，致叶片破碎，抽出的新叶扭曲或枯萎。受害株分蘖增多，植株矮化，抽穗延迟，穗小，秕谷增加。幼穗形成期受害出现扭曲的短小白穗，穗形残缺不全或出现花白穗。

四、防治方法

1. 农业防治

冬春季结合积肥，铲除田边、沟边、山坡边的杂草，以消灭越冬虫源。改善耕作制度，单季稻、双季稻混栽山区尽量不种单季稻，可抑制发生量。

加强肥水管理，合理施肥，科学灌水。大田期浅水勤灌，适时晒田，减轻为害。

2. 药剂防治

采用狠治一代，挑治二代，巧治秧田的策略。一代为害重且发生整齐，盛期也明显，对防治有利。

成虫盛发期、卵盛孵期是防治适期，或在每平方米秧田有虫 3 ~ 4 头时或大田期每百丛水稻有虫 1 ~ 2 头时施药防治。每亩用 90%晶体敌百虫 100 ~ 200 g、50%杀螟松乳油 100 g、10%吡虫啉可湿性粉剂（大功臣）10 ~ 20 g、80%敌敌畏乳油 50 g、40%乐果乳油 50 g，任选一种兑水 50 ~ 60 kg 喷雾。

第七节　中华稻蝗

中华稻蝗（*Oxya chinensis*）又名水稻中华稻蝗，属蝗科、稻蝗属。蝗科昆虫植食性，除摄食营养外，同时获取水分，因此在干旱年份，食量特大，不少种类成了农作物的害虫。其中以中华稻蝗分布最广，国内各稻区几乎均有分布，以长江流域和黄淮稻区发生较重，国外分布于东南亚各地。对作物的为害是以成虫、若虫咬食叶片，咬断茎秆和幼芽。水稻被害叶片成缺刻，严重时稻叶被吃光，也能咬坏穗颈和乳熟的谷粒。该虫食性杂，主要为害水稻、玉米、高粱、麦类、甘蔗和豆类等多种农作物，也为害芦苇、茭白等其他禾本科和莎草科多种植物。

一、形态特征

（一）卵

卵囊为茄形，长约 12 mm，宽约 8 mm，褐色，表面光滑。卵囊表面为膜质，顶部有卵囊盖。囊内有上、下两层排列不规则的卵粒，卵粒间填以泡沫状胶质物，每囊含卵 10～40 粒。卵粒长筒形，长约 3 mm，中央略弯曲，一端略粗，深黄色。

（二）若　虫

多为 6 龄，少数 5 龄或 7 龄。1 龄全身黄绿色，体长 6～8 mm，触角 13 节，无翅芽；2 龄体色转为油绿色，体长 9.5～12 mm，触角 14～17 节，翅芽不明显；3 龄体长 13.5～15 mm，触角 18～19 节，翅芽明显，翅脉隐约可见，前翅芽略呈三角形，后翅芽圆形；4 龄体长 17～26.8 mm，触角 20～22 节，前翅芽向后延伸，狭长而端尖，后翅芽下后缘钝角形，伸过腹部第 1 节前缘；5 龄体长 23.5～30 mm，触角 24～27 节，翅芽向背面翻折，伸达腹部第 1～2 节。老龄蝗蛹体呈绿色，体长约 32 mm，触角 26～29 节，前胸背板后伸，较头部长，两翅芽已伸达腹部第 3 节中间，后足胫节有刺 10 对，末端具有 2 对叶状粗刺，产卵管背腹瓣明显。

（三）成　虫

成虫雌体长 36～44 mm，雄体长 30～33 mm。全身绿色或黄绿色，左右各侧有暗褐色纵纹，从复眼向后，直到前胸背板的后缘。体分头、胸、腹三体部（图 3-35）。

图 3-35　中华稻蝗成虫

1. 头　部

头部较小，颜面明显向后下方倾斜，而头顶向前突出，二者组成锐角。触角一对，呈丝状，短于身体而长于前足腿节，由 20 余小节构成。上生多数嗅毛和触毛。一对大颚位于口的左右两侧，略显三角形，不分节，完全几丁质化，十分坚硬。其内缘即咀嚼缘带卤，上部称为臼齿突，有磨盘状刻纹，其齿宽平，适于研磨；下部称为门齿突，呈凿形，其齿尖长，适于撕裂。左右大颚并不对称，闭合时左右齿突相互交错嵌合。大颚外缘有 2 个关节小凸，与头壳相连。由于肌肉的牵引，大颚可左右摆动。一对小颚也位于口的左右，但居大颚之后，用来协助大颚咀嚼食物，同时还有检测食物的功能。每个小颚基部分为2节，即轴节和茎节。轴节在大颚后方与头壳相连，茎节内前侧有2片内叶，即外颚叶与内颚叶。前者略弯曲，呈匙状，可抱握食物，以免外溢；后者内缘有细齿和刚毛，可配合大颚弄碎食物。由茎节外侧发出的小颚须共分5节，可承担部分触觉和味觉功能。稻蝗摄食时，小颚须就不停地探触获取物。下唇一片，由原头部第6对附肢左右愈合而成，被覆在口的腹面，有托盛食物以及与上唇协同钳住食物的作用，此外也用来检测食物。下唇的基部称为后颏，几乎完全和头壳愈合，不能活动。后颏相当于愈合的左右轴节，又分为不明显的亚颏和颏。颏连接能自由活动的前颏；前颏相当于愈合不完全的左右茎节，前端有一片唇舌，外侧有一对分为3节而司味觉的下唇须。除上述3种口肢，还有一片上唇和一个舌，共同组成稻蝗的口器。这2部分都非附肢演变而成，上唇是头壳的延伸物，与下唇相应，形成口的前壁，呈半圆形，弧状的下缘中央有一缺刻，上缘平直，与头部连接，可以活动。舌是口前腔底壁的一个膜质袋形突起，表面有刚毛和细刺，唾液腺开口于其基部的下方，有搅拌食物和味觉的功能。

2. 胸 部

胸部由3体节愈合而成，节间虽还存在界线，但各节已不能自由活动。这3个胸节自前而后分别称为前胸、中胸和后胸。前胸背板发达，呈马鞍形，向后延伸覆盖中胸。稻蝗前胸背板的中隆线较低，而棉蝗和飞蝗的却都较高。中胸和后胸两侧各有一条横缝将中、后胸分别划分为前后2部分。胸部是中华稻蝗的运动中心，有足3对和翅2对。3个胸节各有一对足，分别称为前足、中足和后足。各足的结构基本相同，由6肢节构成，即基节、转节、腿节、胫节、跗节和前跗节。基节和转节都短，尤其与身体连接的基节特别不明显。腿节十分发达。胫节细长如杆，带刺。跗节分为3小节。前跗节演变成一对爪，爪间有一扁平的吸盘状中垫。前足和中足都是步行足，而后足为跳跃足，特别强壮，其粗大的腿节外面上下两条隆线之间有平行的羽状隆起。股节上侧内缘具刺9~11个，刺间距离彼此相等。2对翅分别着生在中胸和后胸上，依次称为前翅和后翅。前翅狭长于后翅，革质比较坚硬，用来保护后翅，也称覆翅；后翅宽大，柔软膜质，飞翔时起主要作用，静息时则如折扇一样折叠于前翅之下。

3. 腹 部

腹部由11个体节组成，其附肢几乎全部退化。第一腹节较小，左右两侧各有一个鼓膜听器。第2至第8腹节都发达，末尾3个腹节退化。其形态因性别而异。雌蝗第9和第10腹节小，且相互愈合。第11腹节也退化，其背板位于肛门上方，称为肛上板，腹板则分成左右2片，称为肛侧板（副板）。此腹节的一对退化附肢演变成短小的尾须。腹部末端还有产卵器。产卵器呈瓣状，共2对，背侧的一对称为背瓣，由第9腹节的一对附肢演变而成；腹侧的一对称为腹瓣，由第8腹部的一对附肢变成。产卵时雌蝗变曲腹部，以其坚硬的产卵器钻掘泥土，产卵于其中，雄蝗第9和第10腹节也退化而愈合，但第9腹节的腹板却颇发达，一直延伸到身体末端，看起来好像裂为前后2片，称为生殖下板。第10腹节的腹板则已完全消失。至于第11腹节及其残存的附肢则与雌蝗相似。

二、生活习性及为害症状

中华稻蝗在长江流域及北方1年发生1代，在广东等南方地区1年发生2代。第一代成虫出现于6月上旬，第二代成虫出现于9月上中旬。以卵在稻田田埂及其附近荒草地等土中1.5~4 cm深处或杂草根际、稻茬株间越冬。

1年发生1代的地区，卵在5月上旬开始孵化，跳蝻蜕皮5次，7月下旬到8月初羽化为成虫，再经半月，雌雄开始交配。卵在雌蝗阴道内受精，雌蝗产出的受精卵形成卵块，一生可产1~3个卵块。卵块颇似半个花生，每块含卵35粒左右。9月中下旬为成虫产卵盛期，多产在田埂内。9月下旬至11月初成虫陆续死亡。

1年发生2代的地区，越冬卵于翌年3月下旬至清明前孵化，1~2龄若虫多集中在田埂或路边杂草上；3龄开始趋向稻田，取食稻叶，食量渐增；4龄起食量大增，且能咬食茎和谷粒，至成虫时食量最大。6月出现的第一代成虫，在稻田取食的多产卵于稻叶上，常把两片或数片叶胶粘在一起，于叶苞内结黄褐色卵囊，产卵于卵囊中；若产卵于土中时，常选择低湿、有草丛、向阳、土质较松的田间草地或田埂等处造卵囊产卵，卵囊入土深度为2~3 cm。第二代成虫于9月中旬为羽化盛期，10月中旬产卵越冬。

低龄若虫在孵化后有群集生活习性，就近取食田埂、沟渠、田间道边的禾本科杂草，3龄以后开始分散，迁入田边稻苗，4、5龄若虫可扩散到全田为害，7~8月水稻处于拔节孕穗期是稻蝗大量扩散的为害期。

成虫多在早晨羽化，在性成熟前活动频繁，飞翔力强，以上午8~10时和下午4~7时活动最盛。对白光和紫光有明显趋性。刚羽化的成虫须经半个月后才达到卵巢完全发育的性成熟期，并进行交尾。成虫可多次交尾，交尾时间可持续3~12 h，交尾时多在晴天，以午后最盛。交尾时雌虫仍可活动和取食。成虫交尾后经20~30天产卵，产卵环境以湿度适中、土质松软的田埂两侧最为适宜。每头雌成虫平均产卵4.9块。成虫嗜食禾本科和莎草科植物，一生可取食稻叶410 cm^2，其中若虫占59%。

三、发生规律

稻蝗的发生与稻田生态环境有密切的关系。一般沿湖低洼地区田埂湿度大，适宜其产卵，发生密度大于1年两熟的高坡稻区。早稻田重于晚稻，春稻插秧期正逢蝗虫盛孵期，有利于迁移为害。夏季稻田发生重，本田发生轻，因夏稻秧苗正值蝗虫孵化期，就近为害，引起的受害较重。田埂边发生重于田中间，因蝗虫多，就近取食，且田埂日光充足，有利于其活动。老稻区发生重，新稻区发生轻，因老稻田卵块密度高，基数大，田埂湿度大，环境稳定，有利于其发生。1年1熟田发生重，两熟田发生轻。单、双季稻混栽区，随着早稻收获，单季稻和双晚秧田常集中受害。

发生还与耕作制度、肥水管理及气候有关。连作地；施用的有机肥未充分腐熟；施用的氮肥过多或过迟；栽培过密，株、行间郁闭；未烤田或烤田不好；长期灌深水；高温、干旱、少雨的气候，均有利于该虫害的发生与发展。

为害期主要集中在5~10月份。

四、防治措施

1. 农业防治

稻蝗喜在田埂、地头、渠旁产卵，发生重的地区组织人力铲田埂、沟渠边深 3 cm 的草皮，翻埂杀灭蝗卵，具明显效果。据 3 龄前稻蝗群集在田埂、地边、渠旁取食杂草的特点，及时清除周边杂草，减少低龄若虫食物来源。结合春耕灌水，打捞带卵块的杂物烧毁。保护青蛙、蟾蜍，可有效抑制该虫发生。稻田附近田间杂草地是稻蝗的孳生基地，因此充分开发利用稻田附近荒地，是防治稻蝗的根本措施。

2. 生物防治

保护青蛙、蟾蜍、蜻蜓、蛙螂、蜘蛛、鸟类等中华稻蝗的自然天敌，利用天敌有效的抑制该虫的发生。

3. 药剂防治

田间稻蝗发生时，掌握 3 龄前若虫集中在田埂、地边、渠旁取食杂草嫩叶特点，突击防治。当进入 3 ~ 4 龄后常转入大田，当百株有虫 10 头以上时，应及时喷洒 50%辛硫磷乳油或 20%氰戊菊酯乳油，或 0.2%苦皮藤素乳油 800 ~ 1 000 倍液，或 2.5%氯氟氰菊酯乳油 2 000 ~ 3 000 倍液，或 40%乐果乳油 1 000 倍液，或 2.5%氯氰菊酯乳油 1 000 ~ 2 000 倍 液。均可取得较好防治效果，大面积发生时应使用飞机防治。也选用 90%敌百虫 700 倍液，或 80%敌敌畏 800 倍液，或 50%马拉硫磷 1 000 倍液喷雾。

第八节　稻水象甲

稻水象甲（*Lissorhoptrus oryzophilus* Kuschel）又名稻水象、稻根象，属鞘翅目、象虫科、稻水象属，是国际公认的最具毁灭性水稻害虫之一，也是一种国际性的植物检疫害虫，为中国二类检疫性害虫。原产北美洲，1987 年在朝鲜半岛迅速蔓延，1988 年首次在中国唐山市唐海县发现，已在全国 11 个省市相继发生。主要以成虫食叶，幼虫食根，以幼虫为害为主，严重发生时可导致叶片枯死。一般虫量可使水稻亩产量减少 20% ~ 30%，严重时甚至绝收。该虫寄主种类多，为害面广，主要为害水稻，也为害玉米、棉花、瓜类、甘薯、番茄、麦类等作物，同时也寄生于莎草科、禾本科、泽泻科等杂草中。

一、形态特征

1. 卵

卵长约 0.8 mm，为宽的 3 ~ 4 倍，圆柱形，两端圆，略弯，珍珠白色。

2. 幼 虫

共 4 龄。老熟幼虫体长 8～10 mm，头褐色，体乳白色，肥壮多皱纹，微弯向腹面，体呈新月形，无足（图 3-36）。腹部 2～7 节背中线两侧各有一脊状突起，这 6 对脊状突起均可伸缩，具有成对向前伸的钩状气门。

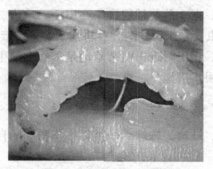

图 3-36　稻水象甲幼虫

3. 蛹

蛹白色，大小、性状近似成虫，腹面多细皱纹，末节具一对肉刺，初白色，后变灰色（图 3-37）。在似绿豆形的土茧内，老熟幼虫先在寄主健根上咬一个洞，在小洞的基础上做土茧，后化蛹其内，土茧内充满空气并能与根上的输气组织进行气体交换。土茧灰泥色，略呈椭圆形，长 5 mm，连在稻根上。

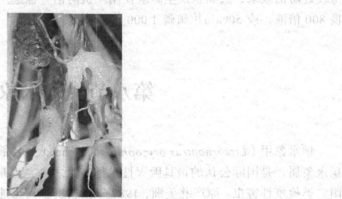

图 3-37　稻水象甲幼虫及蛹

4. 成 虫

成虫体长 2.6～3.8 mm（不含管状缘）（图 3-38）。体灰黑色，密被灰色细鳞毛，前胸背板和鞘翅的中区无鳞片，呈暗褐色斑。喙端部和腹面，触角沟两侧，头和前胸背板基部，眼四周，前中后足基节基部，腹部 3，4 节的腹面及腹部的末端被覆黄色圆形鳞片。头部延伸成稍向下弯的喙管，喙和前胸背板约等长，有些弯曲，近于扁圆筒形。口器着生在喙管的末端，触角红褐色着生于喙中间之前，柄节棒形，触角棒呈倒卵形或长椭圆形，棒为 3 节，棒节光亮无毛。前胸背板宽大于长，两侧边近于直，只前端略收缩。鞘翅明显具肩，肩斜，翅端平截或稍凹陷，行纹细不明显，每行间被覆至少 3 行鳞片，在中间之后，行间 1、3、5、7 上有瘤突。腿节棒形，不具齿。胫节细长弯曲，中足胫节两侧各有一排长的游泳毛。雄虫后足胫节无前锐突，锐突短而粗，深裂呈两叉形。雌虫的锐突单个的长而尖，有前锐突。稻水象甲有两性生殖型和孤雌生殖型，发生在中国的均属孤雌生殖型。

图 3-38　稻象甲成虫

二、生活习性

半水生昆虫。南方年生 2 代，以成虫在田边、草丛、树林落叶层中越冬。翌春成虫开始环杂草叶片或栖息在茭白、水稻等植株基部，黄昏时爬至叶片尖端，喜欢在水面下 4～7 cm 的叶鞘内产卵。初孵幼虫仅在叶鞘内取食 1～3 天，后落入水中蛀入根内取食为害。老熟幼虫附着于根际，结一光滑的囊包裹自身，形成一个附着于根系的不透水的土茧，并在其中化蛹。羽化成虫从附着在根部上面的蛹室爬出，取食稻叶或杂草的叶片。成虫有较强的飞翔能力和明显的趋光性。

产卵期 1 个月，产卵量 50～100 粒，卵期 6～10 天，幼虫期 30～40 天，蛹期 7～14 天，成虫平均寿命 76 天，雌虫寿命更长，可达 156 天。为害时虫口密度可达每平方米 200 头以上。

三、为害特点

稻水象甲以成虫和幼虫为害水稻作物。成虫在幼嫩水稻叶片上取食上表皮和叶肉，留下下表皮，在叶表面留下一纵条斑痕（图 3-39）。幼虫密集水稻根部，在根内或根上取食，根系被蛀食，刮风时植株易倾倒，甚至被风拔起浮在水面上。受损严重的根系变黑腐烂。成虫蚕食叶片，幼虫为害水稻根部。危害秧苗时，可将稻秧根部吃光。早稻受害明显重于晚稻。

图 3-39　稻象甲为害造成孔洞

四、传播途径

水稻秧苗和稻草可携带卵、初孵幼虫和成虫进行远距离传播。成虫还可随稻种、稻谷、稻壳及其他寄主植物、交通工具等行远距离传播。

成虫有较强的飞行能力，也可借风力或水流作远距离自然扩散，飞翔的成虫可借气流迁移 10 000 米以上。

五、防治方法

（一）农业防治

1. 加强田间管理，降低虫源

稻田秋翻晒垡灭茬，水稻收割后至土壤封冻前对稻田进行翻耕或耕耙，可以大大降低田间越冬成虫的成活率。结合积肥和田间管理，清除杂草，以消灭越冬成虫。

2. 加强检疫

禁止从疫区调运秧苗、稻草、稻谷和其他寄主植物及其制品，防止用寄主植物做填充材料。严格检疫检验，通过对其适生区、适生场所、嗜好寄主植物，采样检验，开展普查、监测，力求做到早发现。对运输的水稻秧苗和稻草进行卵、幼虫和成虫检查，稻种、稻谷、稻壳等进行成虫检查。

对于以种子或草被形式引进的农作物、造纸原料、香料、观赏植物或蔬菜等，必须在入境前后进行熏蒸和消毒处理，对以插条或块茎形式引入的植物繁殖体必须经审批并经隔离试种。

对来自疫区的交通工具、包装填充材料均应严格检查，必要时做灭虫处理。

（二）物理防治

在小片孤立稻田，利用灯光诱杀技术压低虫源。设置防虫网阻止稻水象甲迁移进入稻田或覆膜无水栽培，减少稻株上的落卵量。

（三）生物防治

保护捕食性天敌，如稻田、沼泽地栖息鸟类、蛙类、淡水鱼类、结网型和游猎型蜘蛛、步甲等可猎食各种虫态稻水象甲的天敌。

应用白僵菌和线虫对其成虫防治有效。

（四）药剂防治

以防治越冬代成虫为主，可针对秧田期、大田期及越冬场所分成 3 个防治阶段。所选用的农药主要以拟除虫菊酯、氨基甲酸酯、沙蚕毒素或混配制剂为主。

第九节　水稻田蚜虫

水稻田蚜虫[*Sitobion avenae* （Fabricius）]别名麦长管蚜，属半翅目、蚜科。分布在中国各麦区及部分稻区。除麦长管蚜外，还有其他几种蚜虫。以成虫、若虫刺吸水稻茎叶、嫩穗，不仅影响生长发育，还分泌蜜露引起煤污病，影响光合作用和千粒重，一般减产 20%~30%。除为害水稻外，还为害大麦、小麦、玉米等作物。

一、形态特征

无翅孤雌蚜：体长 3.1mm，宽 1.4 mm，长卵形，草绿至橙红色，头部略显灰色，腹侧具灰绿色斑。触角、咏端节、腹管黑色。尾片色浅。腹部第 6~8 节及腹面具横网纹，无缘瘤。中胸腹岔具短柄。额瘤显著外倾。触角细长，全长不及体长，第 3 节基部具 1~4 个次生感觉圈。喙粗大，超过中足基节。端节圆锥形，是基宽的 1.8 倍。腹管长圆筒形，长为体长的 1/4，在端部有网纹十几行。尾片长圆锥形，长为腹管的 1/2，有 6~8 根曲毛。

有翅孤雌蚜：体长 3.0 mm，椭圆形，绿色，触角黑色，第 3 节有 8~12 个感觉圈排成一行。喙不达中足基节。腹管长圆筒形，黑色，端部具 15~16 行横行网纹，尾片长圆锥状，有 8~9 根毛。

有翅胎生雌蚜：体长约 2.2 mm，头、胸部暗绿至暗褐色。头部额庞显著，触角长于体长，前翅中脉三分支。腹部黄绿至绿色，腹节背侧及腹面均有褐色斑纹。

无翅胎生雌蚜：长约 2.4 mm，草绿色，头部额庞显著，触角与体等长或稍短。胸背两侧有褐色斑纹，腹背两侧各有暗褐色小点 6 个，腹管长圆筒状，前端有网目斑纹。

图 3-40 为栖息在水稻叶片上的蚜虫。

图 3-40　水稻田蚜虫

二、生活习性

年生 20~30 代，在长江以南以无翅胎生成蚜和若蚜于麦株心叶或叶鞘内侧及早熟禾、看麦娘、狗尾草等杂草上越冬，无明显休眠现象，气温高时，仍见蚜虫在叶面上取食。浙江越冬蚜于 3~4 月，气温 10 ℃ 以上时开始活动、取食及繁殖，在麦株下部或杂草丛中蛰伏的蚜虫迁至麦株上为害，大量繁殖无翅胎生蚜，到 5 月上旬虫口达到高峰，严重为害小麦和大麦，5 月中旬后，小麦、大麦逐渐成熟，蚜虫开始迁至早稻田，早稻进入分蘖阶段，为害较大，并在水稻上繁殖无翅胎生蚜，进入梅雨季节后，虫量开始减少，大多产生有翅胎生蚜迁至河边、山边及稗草、马唐、茭白、玉米、高粱上栖息或取食，此后出现高温干旱，则进入越夏阶段。9~10 月天气转凉，杂草开始衰老，这时晚稻正处在旺盛生长阶段，最适麦长管蚜取食为害，因此晚稻常遭受严重为害，大发生时，有些田块，每穗蚜虫数可高达数百头。晚稻黄熟后，虫口下降，大多产生有翅胎生蚜，迁到麦田及杂草上取食或蛰伏越冬。

三、为害特点

以成虫和若虫刺吸水稻茎叶、嫩穗汁液，致使受害株生长缓慢，分蘖减少，并形成一些刺吸性坏死枯斑，严重时可连成片，导致叶片枯黄。还分泌蜜露引起煤污病，影响光合作用。水稻受害后，轻则生育期延缓，稻株发黄早衰，尤其水稻穗部受害，造成千粒重降低；重则谷粒干瘪，甚至不能开花结实而枯萎。

四、发生规律

水稻田蚜虫在春秋两季出现 2 个高峰期。夏季气温不高，晚稻抽穗后少雨，特别是秋高气爽的年份，蚜虫发生重。

五、防治方法

1. 农业防治

（1）选用抗虫品种。

（2）注意清除田间、地边杂草，尤其夏秋两季除草，对减轻晚稻蚜虫为害具重要作用。

（3）加强稻田管理，使水稻及时抽穗、扬花、灌浆，提早成熟，可减轻蚜害。

（4）合理布局。冬春麦混种区，尽量减少冬小麦面积或冬麦与春麦分别集中种植，这样可减少受害。

2. 药剂防治

晚稻有蚜株率达 10%~15%，每株有蚜虫 5 头以上时，及时喷洒 40%乐果乳油 1 000 倍液或 80%敌敌畏乳油 1 200 倍液、2.5%保得乳油 2 500 倍液、65%蚜蜗虫威可湿性粉剂 600 倍液、10%吡虫啉可湿性粉剂 2 000 倍液。

注意：药剂防治时注意农药的安全间隔期，收获前 15 天停止用药。

第四章 稻田主要杂草

【内容提要】

广义的杂草定义是指生长在对人类活动不利或有害于生产场地的一切植物。水田杂草是指生长在水稻田中的杂草。水稻是我国第一大粮食作物，水稻田杂草的种类很多，各地杂草发生种类不同，全国稻区约有杂草200余种，其中常见的、为害严重的主要杂草约有40种，杂草中主要以稗草发生和为害面积最大，其次为异型莎草、鸭舌草、扁秆薦草、千金子、眼子菜，以下按科分列讲解其主要特征以及防治方法。

第一节 禾本科

禾本科杂草是水稻田中的主要杂草，单子叶植物，隶属莎草目。一年生或多年生草本，少为木本。草本秆上的叶片通常窄、长、叶脉平行，通常无叶柄，叶鞘开张，茎圆或扁平，有节，节间中空。花小型，两性，有时单性或中性，1至多朵小花组成小穗，再由小穗组成圆锥花序，有时为总状、穗状或肉穗花序。种子胚乳丰富。禾本科杂草约620余属，10 000多种，分布全世界，以季雨热带和北温带半干旱地区最丰富。中国约190余属，1 200余种，全国各地均有分布。秆有节和节间之分，节间中空。叶鞘包于秆，叶二列，互生，花组成小穗，小穗再构成各种花序。果为颖果。

一、稗

（一）稗的分类

稗草是我国恶性杂草，是稻田最严重的杂草之一，外形与水稻相似，田间容易混淆。稻田中除自生稗草外，还有来自秧田的稗草，它们随稻苗插入本田，俗称"夹心稗"，由于与水稻同穴同大小，对产量影响颇大，稗草也是胡麻斑病、稻飞虱、稻椿象、黏虫等病虫害的寄主。

1. 稗

稗[*Echinochloa crusgalli* （L.） Beauv.]一年生草本。秆直立，基部倾斜或膝曲，光滑无毛。叶鞘松弛，下部者长于节间，上部者短于节间；叶无叶舌，光滑无毛。圆锥花序，直立而粗壮，小穗由两小花构成，密集于穗轴的一侧。第一外稃草质，具 5～7 脉，脉上有硬刺疣毛，顶端延伸成一粗糙的芒，芒长 5～10 mm；第二外稃成熟呈革质，顶端具小尖头，粗糙，边缘卷抱内稃。形状似稻但叶片毛涩，颜色较浅。

花果期 7～10 月。稗子在较干旱的土地上，茎亦可分散贴地生长。幼苗第 1 片真叶带状披针形，具 15 条直出平行叶脉，无叶耳、叶舌，第 2 片叶类同。

以种子繁殖。发芽温度在 13～45 ℃，以 20～35 ℃ 为最适宜。发芽的土层深度在 1～5 cm，以 1～2 cm 出芽率最高，深层未发芽种子可存活 10 年以上，经猪、牛消化道排出仍有部分能发芽。稗草的适应性很强，喜水湿、耐干旱、耐盐碱、喜温暖，却能抗寒；繁殖力极强，每株分蘖 10～100 多枝，每穗结籽 600～1 000 粒。稗子与稻子共同吸收稻田里养分，因此稗子属于恶性杂草。

2. 无芒稗

无芒稗[*Echinochloa crusgali* var. mitis （Pursh） Peterm.] 小穗无芒或有极短的芒，芒长不超过 3 mm，圆锥花序的分枝花序常再具小的分枝花序，花序直立；幼苗基部扁平，叶鞘半抱茎，紫红色，其余同稗的特征（图 4-1）。

幼苗第 1 片真叶具 21 条直出平行脉（3 条较粗）。

图 4-1 无芒稗

3. 西来稗

西来稗[*Eohinochloa .crusgalli* var. zelayensis （H.B.K.） Hitchc.]小穗无芒，脉上无疣毛，花序分枝不再分出小枝而不同于无芒稗（图 4-2）。

图 4-2　西来稗

4. 旱　稗

旱稗[*Echinochloa hispidula* （Retz.） Nees.]与稗的主要区别是花序较狭窄，软弱下弯，小穗绿色，熟时褐色，脉上不具或稍具疣毛，其余同稗的特征（图 4-3）。

图 4-3　旱　稗

5. 长芒稗

长芒稗（*Echinochloa caudata* Roshev.）外稃具 3～5 cm 的长芒，芒和小穗常紫红色，其余同稗的特征（图 4-4）。

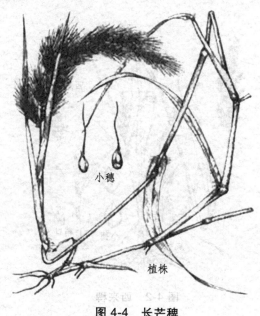

小穗

植株

图 4-4　长芒稗

（二）防治方法

1. 直播田稗草防治

（1）直播田芽期封闭，除草剂可用苄嘧·丙草胺（加安全剂）、吡嘧·丙草胺（加安全剂）、丙草胺（加安全剂）等，可防治稗草、千金子等禾本科、莎草科和阔叶杂草，具体用法：催芽播后 2 ~ 4 天，兑水 30 ~ 45 kg 均匀喷雾，在施药前和施药后 3 ~ 5 日内保持田板湿润，后恢复正常田间管理。

（2）直播田苗后茎叶除草剂可用：二氯喹啉酸、二氯喹啉酸及二氯喹啉酸互配制剂等，在水稻 2.5 叶期后，亩用有效成分 10 ~ 20 g，兑水 30 ~ 45 kg 均匀喷雾。稗草严重发生时，可用五氟磺草胺（稻杰）每亩 30 ~ 50 mL 兑水均匀喷雾。

2. 移栽田、抛秧田稗草防治

水稻抛秧或移栽后，待秧苗立根后，稗草 1 ~ 3 叶期可用二氯喹啉酸、二氯喹啉酸及二氯喹啉酸互配制剂等，亩用有效成分 10 ~ 20 g，兑水 30 ~ 45 kg 均匀喷雾。稗草严重发生时，可用五氟磺草胺（稻杰）每亩 30 ~ 50 mL 或双草醚亩用有效成分 3 ~ 4 g，兑水均匀喷雾。

二、千金子

（一）形态特征

千金子[*Leptochloa chinensis*（L.）Nees]一年生草本（图 4-5）。秆丛生，直立，基部膝曲或倾斜，高 30 ~ 90 cm，具 3 ~ 6 节，平滑无毛。叶鞘无毛，大多短于节间；叶舌膜质，长 1 ~

2 mm，常撕裂具小纤毛；叶片扁平或多少卷折，先端渐尖，两面微粗糙或下面平滑，长 5～25 cm，宽 2～6 mm。圆锥花序长 10～30 cm，由多数穗形总状花序组成，分枝及主轴均微粗糙；小穗多带紫色，长 2～4 mm，含 3～7 小花，成 2 行着生于穗轴的一侧；颖具 1 脉，脊上粗糙，第 2 颖较短于第 1 颖外稃，外稃具 3 脉，无毛或下部被微毛。颖果长圆球形，长约 1 mm。

种子繁殖。成熟后颖果自穗轴上脱落，或直接入土，或借水流、风力传播，或混杂于收获物中扩散。种子经越冬休眠后萌发。幼苗淡绿色；第 1 叶长 2～2.5 mm，椭圆形，有明显的叶脉；第 2 叶长 5～6 mm；7～8 叶出现分蘖和匍匐茎及不定根。

图 4-5　千金子

（二）防治方法

对千金子发生较多的水稻田，应立足于播后苗前或移栽活棵后采用丙草胺等药进行土壤封闭处理，以减少萌发出土数量。千金子出土后，可供选用的茎叶处理剂较少，只有氰氟草酯和恶唑酰草胺喷雾可进行茎叶处理防除。对播种时千金子已经大量萌发的直播稻田，可在千金子基本出齐后，充分发挥氰氟草酯对水稻安全的特点在水稻 1 叶期后立即用药防除。千金子叶片窄而挺直，不易黏附药液，为提高防效，应细喷雾。

如上述措施都实施后仍有千金子发生，而且千金子草龄较大，开始分蘖、匍匐生长时，可在水稻 5 叶期以后用精唑禾草灵 15～20 mL/亩细喷雾，此时千金子易与秧苗区分，可见草打药，定向喷雾。精恶唑禾草灵对水稻的安全性不佳，使用时稍有不慎就会造成药害，应严格掌握施药技术。另外，人工移栽稻田在格田后会出现千金子出草高峰，对这类千金子可以利用千金子与稻苗的高度差，在田间上水 5 cm 左右，采用拌毒土撒施精恶唑禾草灵的办法加以除治（施药时稻叶上不能有露水，以免稻叶大量吸收药物造成药害，更不能采用喷雾法施药）。

三、看麦娘

（一）形态特征

看麦娘（*Alopecurus aequalis* Sobol.）别名麦娘娘、棒槌草，越年生或一年生草本植物（图

4-6）。秆少数丛生，细瘦，光滑，节处常膝曲，高 15～40 cm。叶鞘光滑，短于节间；叶舌膜质，长 2～5 mm；叶片扁平，近直立，长 3～10 cm，宽 2～6 mm。每年的 4～8 月开花、结果。圆锥花序，圆柱状，灰绿色，长 2～7 cm，宽 3～6 mm；小穗椭圆形或卵状长圆形，长 2～3 mm，花 1 朵，密集于穗轴上；两颖同形，近等长，颖膜质，基部互相连合，具 3 脉，脊上有细纤毛，侧脉下部有短毛；外稃膜质，先端钝，等大或稍长于颖，下部边缘互相连合，芒长 1.5～3.5 mm，约于稃体下部 1/4 处伸出，隐藏或稍外露；花药橙黄色，长 0.5～0.8 mm。颖果长椭圆形，长约 1 mm，淡棕色。花果期 4～8 月。

种子繁殖。以幼苗或种子越冬，种子萌发最低温度 5 ℃，最适温度 15～20 ℃，高于 25 ℃多数不能萌发；适宜的土壤中含水量为 40%～45%，在此条件下不仅发芽率高，且出芽多、长势好。幼苗细弱，全体光滑无毛。第 1 叶条形，长 1.5 cm，有叶舌，无叶耳。

图 4-6　看麦娘

（二）防治方法

看麦娘危害稻田常见于旱播秧田和直播稻田，针对此特殊情况，在防除对策上，坚持以药剂防除为主、结合栽培防除的原则。

1. 彻底消灭播前出土草

播前草草龄高，生长势强，只有应用灭生性除草剂才能奏效。可在稻谷播种前 1～2 天，用 10%草甘膦水剂，每亩用量 300 毫升，兑水加入 0.2%表面活性剂，进行茎叶处理。

2. 及时防除苗前出土草

播后苗前，如有出土杂草，应用草甘膦或草铵膦等灭生性除草剂，按推荐剂量兑水喷雾，可有效控制看麦娘、马唐、牛筋草等杂草萌发；如没有出土杂草，则可应用丙草胺、双草醚及丙草胺与磺酰脲类除草剂（苄嘧磺隆、吡嘧碘隆等）的复配剂兑水喷雾进行土壤封闭处理，均可收到良好效果。但应用草甘膦等灭生性除草剂时，要求特别严格，必须在水稻幼芽透土前用药，否则会伤害水稻幼苗。

3. 综合防除苗后草

旱育秧田和直播水稻在出苗后 3 叶前实行干湿交替田间管理，此期选用除草剂，应考虑到在土壤湿润状态下仍能较好地发挥药效而又不至于杀伤秧苗两个方面。可选择双草醚、氰氟草酯等除草剂，兑水喷雾处理。

栽培防除主要是适时建立水层，以水压草和早施重施分蘖肥，促进秧苗早发，以苗压草。

四、日本看麦娘

（一）形态特征

日本看麦娘（*Alopecurus japonicus* Steud.）形态上与看麦娘的主要区别在于花药为灰白色；感稍高；叶片粉绿色，质软；芒较长，伸出颖外，中部稍膝曲（图 4-7）。其他生物学特征与看麦娘基本相同。为夏熟作物田杂草，对麦类作物、油菜和蔬菜为害较大，常和看麦娘混生，有时也成纯种群，局部地区发生数量大。花果期 2～5 月。

图 4-7　日本看麦娘

（二）防治方法

日本看麦娘对绿麦隆等常用除草剂的耐药性比看麦娘强。日本看麦娘本身属于旱地杂草，对水稻为害相对较少，如注意对田水的保持能够较好的控制其发生为害。

（1）芽前封杀：水稻直播田播种后 1～2 天，选用 20%苄嘧磺隆·丙草胺（野老稻主）可湿性粉剂亩用量 120～140 g，或 20%吡嘧磺隆·丙草胺（野老稻隆）可湿性粉剂亩用量 100～120 g，兑水 40～50 kg 均匀喷雾处理，可以有效地控制未萌芽和刚刚开始萌芽的日本看麦娘。

（2）芽后防治：水稻 4 叶龄期之后，采用 6.9%精恶唑禾草灵乳油 25～30 mL/亩，兑水 35～40 kg 进行茎叶喷雾处理予以防治，上述过程中配以 10%氰氟草酯乳油（野老稻笑）同时使用，效果更佳。注意精恶唑禾草灵在水环境下活性较高，容易对水稻产生影响，因此用药时一定要注意对水稻龄期及用药量的把握。

五、双穗雀稗

（一）形态特征

双穗雀稗（*Paspalum distichum* L.）禾本科、雀稗属植物（图4-8）。多年生。匍匐茎横走、粗壮，长达1 m，向上直立部分高20~60 cm，秆较粗壮而斜生，节生柔毛。叶片披针形，长5~15 cm，宽3~7 mm，无毛；叶鞘短于节间，背部具脊，边缘或上部被柔毛；叶舌膜质，长1~1.5 mm，无毛。总状花序2枚对连，长2~6 cm；穗轴宽1.5~2 mm；小穗倒卵状长圆形，长约3 mm，成2行排列于穗轴的一侧，顶端尖，疏生微柔毛；第1颖退化或微小；第2颖贴生柔毛，与第1外稃等长，具明显的中脉；第1外稃具3~5脉，通常无毛，顶端尖；第2外稃草质，等长于小穗，黄绿色，顶端尖，被毛。颖果椭圆形，淡棕色。花果期5~9月。

主要以根茎和匍匐茎繁殖，根茎对外界环境条件适应性强。1株根茎平均具30~40节，水肥充足的土壤中可达70~80节，每节有1~3个芽，节节都能生根，每个芽都可以长成新枝，繁殖竞争力极强，蔓延迅速。幼苗第1叶条状披针叶，长约2 cm，有三角状叶舌，无叶耳。

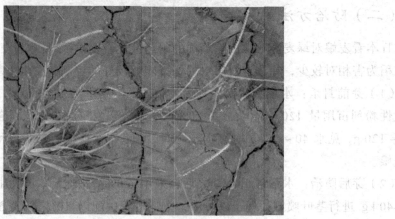

图4-8 双穗雀稗

（二）防治方法

双穗雀稗防治方法主要由 4 个方面进行综合防治：

1. 人工防治

（1）控制杂草种子入田人工防除首先是尽量勿使杂草种子或繁殖器官进入作物田，清除地边、路旁的杂草，严格杂草检疫制度，精选播种材料，特别注意国内没有或尚未广为传播的杂草必须严格禁止输入或严加控制，防止扩散，以减少田间杂草来源。用杂草沤制农家肥时，应将农家含有杂草种子的肥料用薄膜覆盖，高温堆沤 2~4 周，腐熟成有机肥料，杀死其发芽力后再用。

（2）人工除草结合农事活动，如在杂草萌发后或生长时期直接进行人工拔除或铲除，或结合中耕施肥等农耕措施剔除杂草。

2. 机械防治

结合农事活动，利用农机具或大型农业机械进行各种耕翻、耙、中耕松土等措施，进行播种前、出苗前及各生育期等不同时期的除草，直接杀死、刈割或铲除杂草。

3. 化学防除

双穗雀稗危害稻田常见于旱播秧田和直播稻田，在化学防除对策上，坚持以药剂防除为主、结合栽培防除的原则。参考看麦娘防除方法。

4. 替代控制

利用覆盖、遮光等原理，用塑料薄膜覆盖或播种其他作物（或草种）等方法进行除草。

六、杂草稻

（一）特点与来源

杂草稻，又称野稻、杂稻，其外部形态和水稻极为相似，但在田间具有更旺盛的生长能力，植株一般比较高大（图4-9）。杂草稻野性十足，比栽培稻早发芽、早分蘖、早抽穗、早成熟，一旦在稻田中安家落户，就会拼命与栽培稻争夺阳光、养分、水分和生长空间。杂草稻还很"聪明"，它的重要特性就是落粒性强，边成熟边落粒，为的就是躲过人类的收割，并在下一年继续生根发芽；而且其种子休眠时间最长可达 10 年，只要温度、湿度适宜，它就会破土萌发，生生不息；同时，它在进化过程中还不断模仿栽培稻的特征，如高度、颜色等，甚至可能将来某一天我们很难用肉眼分辨杂草稻与栽培稻。

关于杂草稻的来源，目前我们还没有完全弄清楚，已知的有四个方面：一是由野生稻逐渐演化而来，二是野生稻与栽培稻自然杂交产生，三是地理亲缘关系较远的籼稻与粳稻杂交导致性状分离，四是"返祖现象"，人工栽培稻突然"找回"祖先野生稻的某些特性。

易落粒

图 4-9　杂草稻

（二）分布与危害

杂草稻是全球性草害，在东南亚的一些国家，杂草稻已经造成水稻减产 10%～50%；在南美，受杂草稻影响的田块不能继续种水稻，某些地区杂草稻已成为比稗草和千金子危害更严重的杂草。在我国，广东、湖南、江苏、东北等水稻主产区，杂草稻的发生也越来越普遍；辽宁、江苏为重灾区，发生量大，危害最严重，有的田块甚至颗粒无收。全国水稻播种面积中杂草稻实际发生面积约占 20%，防除之后的发生面积仍有 10%，导致产量损失 5%乃至绝产，平均损失在 10%左右。只要有水稻栽培的地方就有杂草稻。因其对水稻产量和品质的危害性极大，已引起联合国粮农组织和世界各国的高度关注。

杂草稻混杂到栽培稻中还会导致稻米品质下降，影响稻谷的市场价格。如江苏种植的水稻大多为粳稻品种，混杂籼型杂草稻后，由于杂草稻粒细长、米碎，而且大多为红色，从而严重影响稻米品质。江苏苏北稻米市场混有杂草稻的稻谷每千克价格仅为 1.2 元，并且一般只能卖给饲料加工厂做原料。

杂草稻古已有之，为何发生和危害愈演愈烈？水稻专家分析认为原因有二：一是我国直播水稻面积越来越多，稻田没有经过深翻和灌水，导致杂草稻年复一年扩张蔓延；二是农村大量劳动力进城后，稻田机械化耕作越来越普遍，田间管理也越来越粗放，未能在杂草稻生长初期清除。

（三）防除技术

尽管农民对杂草稻恨之入骨，但也无可奈何。有稻农说，杂草稻与栽培稻如同一对双胞胎，没有一双火眼金睛确实很难辨别，而稻种出苗后，又没有有效防除杂草稻的除草剂，最有效的防除方法是在分蘖期进行人工拔除，但很耗时，效率低。

虽然现在世界各国对杂草稻还没有完全根除的办法，但是通过植保科研工作者的多年努力，已经总结并建立起一套立体的科学防控体系，经过国内多地示范，证明可有效控制杂草稻的发生和危害：一是改进栽培方式，破坏杂草稻的生存条件，可以将直播水稻改为移栽种植，或采用水旱轮作等方式，并且轮作下茬作物如果是免耕种植的改为耕翻种植；二是控制杂草稻种源，切断其传播途径、人工拔除、使用除草剂及深翻压埋等。

七、马 唐

（一）形态特征

马唐[*Digitaria sanguinalis*（L.）Scop.]属禾本科一年生草本植物（图 4-10）。秆基部倾斜，高 40～100 cm，直径 2～3 mm，光滑无毛。叶鞘短于节间，疏生疣基柔毛；叶舌膜质，先端钝圆；叶片线状披针形，两面疏生软毛或无毛。总状花序长 5～18 cm，4～12 枚成指状排列或下部近于轮生；穗轴直伸或开展，两侧具宽翼，边缘粗糙；小穗通常孪生，一有柄，一近无柄；第 1 颖小，短三角形，无脉；第 2 颖具 3 脉，披针形，长为小穗的 1/2 左右，脉间及边缘大多具柔毛；第 1 外稃等长于小穗，具 7 脉，中脉平滑，两侧的脉间距离较宽，无毛，边脉上具小刺状粗糙，脉间及边缘生柔毛；第 2 外稃近革质，灰绿色，顶端渐尖，等长于第 1 外稃；花药长约 1 mm；颖果椭圆形，有光泽。花果期 6～9 月。

图 4-10 马 唐

幼苗暗绿色，全体被毛；第 1 叶 6~8 mm，常带暗紫色，自第 2 叶渐长。5~6 叶开始分蘖，分蘖数常因环境差异而不等。

种子繁殖。马唐在低于 20 ℃ 时，发芽慢，25~40 ℃ 发芽最快，种子萌发最适相对湿度 63%~92%；最适深度 1~5 cm。喜湿、喜光，潮湿多肥的地块生长茂盛，4 月下旬至 6 月下旬发生量大，8~10 月结籽，种子边成熟边脱落，生活力强。成熟种子有休眠习性。

（二）防治方法

马唐危害稻田常见于旱播秧田和直播稻田，防除对策上，坚持以药剂防除为主、结合栽培防除的原则。参考看麦娘防除方法。

八、稻李氏禾

（一）形态特征

稻李氏禾[*Leersia oryzoides* （L.） Swartz]多年生草本，具地下横枝根茎和匍匐茎，株高 30~90 cm（图 4-11）。秆基部倾斜或伏地，叶片披针形。花序圆锥状，分枝细、粗糙，并可再分小枝，下部 1/3~1/2 无小穗；小穗含 1 花，矩圆形，长 6~8 mm，具 0.5~2.0 mm 小柄；颖缺，外稃脊上和两侧刺毛，内稃具 3 脉。

稻李氏禾以根茎和种子繁殖。种子和根茎发芽，气温需稳定到 12 ℃。稻李氏禾繁殖力较强，大约每株可产生 8~14 个分蘖，每穗可结 150~250 粒种子，地下根茎 20 cm 左右有 7~8 个节芽。稻李氏禾通常生于河边、湖边，属湿生杂草。由于近几年水稻栽培采用浅—湿—干灌溉，造成其侵入水田，每平方米有稻李氏禾 80 株，可使水稻减产 80%；有 100 株以上，可使水稻减产 90%，甚至绝产。

图 4-11　稻季氏禾

（二）防治方法

稻李氏禾的防除难度较大，一般除草剂很难防除，人工拔除费时费力，也不易根除，经试验筛选，嘧啶肟草醚（韩乐天）可用于水稻田防除稻李氏禾，防治效果可达 95% 以上，同时可兼防稻稗、匍茎剪股颖、野慈姑等恶性杂草。在稻李氏禾、匍茎剪股颖、稻稗、野慈姑等基本出齐时施药，每亩用 5% 韩乐天乳油 50 mL（草龄过大或杂草基数过密可增加到 60 mL）+ 杰效利 5 mL（1 袋）兑水 15 L 配制成药液。施药前一天排干水，使杂草茎叶充分露出水面，将药液均匀喷到杂草茎叶上，喷药后 1 ~ 2 天灌水正常管理。

九、棒头草

（一）形态特征

棒头草（*Polypogon fugax* Nees ex Steud.）农田常见杂草，一年生草本，株高 15 ~ 75 cm（图 4-12）。秆丛生，光滑无毛，披散或基部膝曲上升，有时近直立，具 4 ~ 5 节。叶鞘光滑无毛，大都短于或下部长于节间；叶舌膜质，长圆形，常 2 裂或顶端呈不整齐的齿裂；叶片条形。圆锥花序穗状，长圆形或卵形，较疏松，具缺刻或有间断，分枝长可达 4 cm；小穗长约 2.5 mm（包括基盘），灰绿色或部分带紫色；两颖近等长，先端 2 浅裂，芒从裂口处伸出，细直，微粗糙，长 1 ~ 3 mm；外稃中脉延伸成长约 2 mm 的细芒。颖果椭圆形。花果期 4 ~ 9月。种子繁殖，以幼苗或种子越冬。幼苗第 1 叶条形，长约 3 cm，有裂齿状叶舌，无叶耳，全体光滑无毛。

图 4-12 棒头草

（二）防治方法

采用综合防治的方法进行防治，可根据当地实际情况选择方法及药剂进行防治。可参照双穗雀稗防治方法。

十、牛筋草

（一）形态特征

牛筋草[*Eleusine indica*（L.）Gaertn.]一年生草本，株高 15～90 cm（图 4-13）。茎秆丛生，多铺散成盘状，斜生或偃卧，有的近直立，不易拔断。叶片条形；叶鞘扁而具脊，鞘口具毛，叶舌短。穗状花序 2～7 枚，呈指状排列在秆端，有时其中 1 或 2 枚单生于花序下方；穗轴稍宽，小穗成双行密生在穗轴的一侧，有小花 3～6 个；颖和稃无芒，第 1 颖片较第 2 颖片短，第 1 外稃有 3 脉，具脊，脊上粗糙，有小纤毛。颖果卵形，棕色至黑色，具明显的波状皱纹。种子繁殖。幼苗淡绿色，无毛或鞘口疏生柔毛；第 1 叶短而略宽，长 7～8 mm，自第 2 叶渐长，中脉明显。

图 4-13 牛筋草

（二）防治方法

对其防治应在水稻 1 叶 1 心期，每亩使用野老 10%稻笑（氰氟草酯）乳油 100～200 mL，采用高浓度精细喷雾进行茎叶处理剂重点防除 2～3 叶期的马唐、牛筋草，草龄大时可适当增加用药量。野老 10%稻笑（氰氟草酯）乳油对水稻高度安全，对低龄马唐、牛筋草具有很高的防除效果，对马唐、牛筋草发生较多的地点可重点喷雾处理。若错过了早期茎叶处理时期，也可以在水稻 2 叶 1 心后，每亩使用野老 10%稻笑（氰氟草酯）乳油 150～250 mL，加上野老 60%稻发（二氯喹啉酸）可湿性粉剂 30～40 g，进行茎叶处理剂重点防除禾本科杂草马唐、牛筋草、稗草、千金子、狗尾草等。

第二节　莎草科

莎草科（*Cyperaceae*）是一种单子叶植物。多年生草本，少数 1 年生。多数具根状茎，少数兼具块茎。秆通常三棱形，叶基生或兼秆生，一般具闭合的叶鞘和狭长的叶片，有的仅有鞘而无叶片。苞片有禾叶状、秆状、刚毛状、鳞片状或佛焰苞状，基部具鞘或无。花序有穗状花序、总状花序、圆锥花序、头状花序或长侧枝聚伞花序；小穗单生，簇生或排列成穗状或头状，具 2 至多数花，有时退化仅具 1 花；花小，两性或单性，雌雄同株，少数雌雄异株，着生于鳞片腋内，鳞片复瓦状螺旋排列或 2 列，无花被或花被退化成下位鳞片或下位刚毛，有的雌花为先出叶所形成的果囊所包裹；雄蕊 3 枚，少数 1～2 枚，风媒传粉；子房 1 室。具直立胚珠 1 枚；柱头 2～3 枚。果实为小坚果或由果囊裹住的囊果，三棱形、平凸状、双凸状或球形。

一、异型莎草

（一）形态特征

异型莎草（*Cyperus difformis* L.）又称碱草、球穗莎草，一年生草本（图 4-14）。秆丛生，高 5～65 cm，扁三棱形。叶线形，短于秆，宽 2～6 mm；叶鞘褐色；苞片 2～3，叶状，长于花序。长侧枝聚伞花序简单，少数复出；辐射枝 3～9 个，长短不等；头状花序球形，具极多数小穗，直径 5～15 mm；小穗披针形或线形，长 2～8 mm，具花 2～28 朵；鳞片排列稍松，膜质，近于扁圆形，长不及 1 mm，顶端圆，中间淡黄色，两侧深红紫色或栗色，边缘白色；雄蕊 2 枚，有时 1 枚；花柱极短，柱头 3 枚。小坚果倒卵状椭圆形、三棱形，淡黄色，表面具微突起，顶端圆形，花柱残留物呈一短尖头。果脐位于基部，边缘隆起，白色。

图 4-14　异型莎草

种子萌发的适宜温度 30～40 ℃，水深超过 3 cm 不宜萌发。种子成熟后有 2～3 个月的原生休眠期。幼苗第 1 片真叶线状披针形，3 条平行叶脉，叶片横剖面呈三角形，能见 2 个气腔。叶片与叶鞘处分界不明显，叶鞘半透明膜质，有脉 11 条，3 条较明显。花果期夏秋季。种子繁殖，子实极多，成熟后即脱落，春季出苗。分布遍及全国。喜生于带盐碱性的土壤，有时发生较重，根浅而脆，易拔除；有时也发生于湿润的秋熟旱作物田地。

（二）防治方法

防除应采取农艺措施和化学除草相结合的方法：

（1）农艺措施主要有：一是建立地平沟畅、保水性好、灌溉自如的水稻生产环境；二是结合种子处理清除杂草种子，并结合耕翻、整地，消灭土表的杂草种子；三是实行定期的水旱轮作，减少杂草的发生；四是提高播种的质量，一播全苗，以苗压草。

（2）化学除草，目前多数地方采用一次性封杀，就是在播种（催芽）后 1～3 天内，亩用40% "直播青" 可湿性粉剂 60 g，兑水 40～50 kg，均匀喷雾，施药时田板保持湿润。3 天后恢复正常灌水和田间管理。通过化学除草后，如果后期仍有一定量的杂草，可采取针对法进行补除。如以稗草、千金子为主的田块，在杂草 3～5 叶期，可用 10%千金乳剂 50 mL 加水 30 kg，用针对法进行茎叶喷雾。用药前一天田间必须放干水，药后 2 天再恢复正常管理。如以莎草、阔叶杂草为主的田块，在播后 30 天左右，亩用 10%水星可湿性粉剂 20 g 加 20%二甲四氯水剂 150 mL 混用，兑水 30 kg 针对法喷雾。水浆管理同上。如田间各种杂草共生，可用 48%苯达松水剂 75～100 mL 加 20%二甲四氯水剂 150 mL 混用，采用针对法喷雾。

二、碎米莎草

（一）形态特征

碎米莎草（*Cyperus iria* L.）一年生草本，无根状茎，具须根（图 4-15）。秆丛生，细弱或稍粗壮，高 8～85 cm，扁三棱形。基部具少数叶，叶短于秆，宽 2～5 mm，平张或折合；

叶鞘红棕色或棕紫色。叶状苞片 3 ~ 5 枚，下面的 2 ~ 3 枚常较花序长；长侧枝聚伞花序复出，很少为简单的，具 4 ~ 9 个辐射枝，辐射枝最长达 12 cm，每个辐射枝具 5 ~ 10 个穗状花序，或有时更多些；穗状花序卵形或长圆状卵形，长 1 ~ 4 cm，具 5 ~ 22 个小穗；小穗排列松散，斜展开，长圆形、披针形或线状披针形，压扁，长 4 ~ 10 mm，宽约 2 mm，具 6 ~ 22 花；小穗轴上近于无翅；鳞片排列疏松，膜质，宽倒卵形，顶端微缺，具极短的短尖，不突出于鳞片的顶端，背面具绿色龙骨状突起，有 3 ~ 5 条脉，两侧呈黄色或麦秆黄色，上端具白色透明的边；雄蕊 3，花丝着生在环形的胼胝体上，花药短，椭圆形，药隔不突出于花药顶端；花柱短，柱头 3。小坚果倒卵形或椭圆形，三棱形，与鳞片等长，褐色，具密的微突起细点。花果期 6 ~ 10 月。幼苗第 1 叶条状披针形，长 2 cm，横切面呈"U"形。种子繁殖。

图 4-15　碎米莎草

（二）防治方法

防除应采取农艺措施和化学除草相结合的方法。

（1）农艺措施主要有：一是建立地平沟畅、保水性好、灌溉自如的水稻生产环境；二是结合种子处理清除杂草种子，并结合耕翻、整地，消灭土表的杂草种子；三是实行定期的水旱轮作，减少杂草的发生；四是提高播种的质量，一播全苗，以苗压草。

（2）化学除草，目前多数地方采用一次性封杀，就是在播种（催芽）后 1 ~ 3 天内，亩用 40%"直播青"可湿性粉剂 60 g，兑水 40 ~ 50 kg，均匀喷雾，施药时田板保持湿润。3 天后恢复正常灌水和田间管理。通过化学除草后，如果后期仍有一定量的杂草，可采取针对法进行补除。

如以稗草、千金子为主的田块，在杂草 3 ~ 5 叶期，可用 10%千金乳剂 50 mL 加水 30 kg，用针对法进行茎叶喷雾。用药前 1 天田间必须放干水，药后 2 天再恢复正常管理。

如以莎草、阔叶杂草为主的田块，在播后 30 天左右，亩用 10%水星可湿性粉剂 20 g 加 20%二甲四氯水剂 150 mL 混用，兑水 30 kg 针对法喷雾。水浆管理同上。

如田间各种杂草共生，可用 48%苯达松水剂 75 ~ 100 mL 加 20%二甲四氯水剂 150 mL 混用，采用针对法喷雾。

三、扁秆藨草

（一）形态特征

扁秆藨草（*Scirpus planiculmis* Fr. Schmidt）多年生草本（图 4-16）。具匍匐根状茎，其顶端加粗成块茎状，倒卵形，多以根茎或块茎繁殖。秆高 50～100 cm，较细，三棱柱形，平滑。叶基生和秆生，条形，扁平，长 15～30 cm，宽约 3 mm；叶鞘包茎。叶状苞片 1～3 枚，比花序长，长侧枝聚伞花序短缩成头状，生于茎顶，有 1～6 小穗；小穗椭圆形或卵形，锈褐色或黄褐色，长 1.0～1.6 cm，多数花；鳞片长圆形，长 6～8 mm，顶端具撕裂状缺刻，有 1 脉及短芒；下位刚毛 4～6 条，为小坚果长的 1/2，有倒刺；雄蕊 3 枚；柱头 2 枚。小坚果宽倒卵形，扁而两面微凹，长约 3 mm，平滑而具小点。

幼苗第 1 片真叶针状，横剖面呈圆形，无脉，无气腔，早枯。叶鞘边缘有膜质的翅。第 2 片真叶有 3 条脉和 2 个大气腔。第 3 片叶横削面呈三角形，也有 2 个大气腔。

图 4-16　扁秆藨草

块茎和种子繁殖。块茎发芽的最低温度为 10 ℃，最适 20～25 ℃；种子萌发的最低温度 16 ℃，最适约 25 ℃，两者的原生休眠期不明显。花期 5～6 月，果期 7～9 月。扁秆藨草为稻田的恶性杂草，为害严重。除侵入水稻田外，常生长于湿地、河岸、沼泽等处。

（二）防治方法

莎扑隆、苄嘧磺隆（农得时）和吡嘧磺隆（草克星）对萌发期有效，苯达松、氟吡磺隆（韩乐盛）、二甲四氯、氯氟吡氧乙酸（使它隆）等对幼苗及萌生苗有效。通过化学除草后，如果后期仍有一定量的杂草，可采取针对法进行补除。

以稗草、千金子为主的田块，在杂草 3～5 叶期，可用 10%千金乳剂 50 mL 加水 30 kg，用针对法进行茎叶喷雾。用药前一天田间必须放干水，药后 2 天再恢复正常管理。

田间各种杂草共生的，可用 48%苯达松水剂 75～100 mL 加 20%二甲四氯水剂 150 mL 混用，采用针对法喷雾。

四、水莎草

（一）形态特征

水莎草[*Juncellus serotinus* （Rottb.） C. B. Clarke]具横走地下根茎，顶端数节膨大（图 4-17）。秆扁三棱形。聚伞花序，复出，1~3 个穗状辐射枝，花序轴被稀疏短硬毛。小坚果背腹压扁，面向小穗轴，双凸镜状，棕色，有细点。

幼苗全株光滑。第 1 片真叶线状披针形，具 5 条脉，叶片横剖面呈三角形，叶鞘膜质透明，有 5 条呈淡褐色的脉。第 2 和第 3 片真叶近"V"字形，第 2 片真叶 7 条脉，第 3 片真叶 9 条脉。花期 7~8 月，果期 10~11 月。根茎和种子繁殖。最低萌发温度 5 ℃，最适 20~30 ℃，最高温度 45 ℃。分布遍及全国，地下根茎较难清除。

图 4-17 水莎草

（二）防治方法

多数地方采用一次性封杀，就是在播种（催芽）后 1~3 天内，亩用 40%"直播青"可湿性粉剂 60 g，兑水 40~50 kg，均匀喷雾，施药时田板保持湿润。3 天后恢复正常灌水和田间管理。通过化学除草后，如果后期仍有一定量的杂草，可采取针对法进行补除（方法同扁秆蔗草）。

五、牛毛毡

（一）形态特征

牛毛毡[*Heleocharisyokoscensis* （Franch.EtSavat.） Tang et Wang]多年生草本，具极细的匍匐根茎（图 4-18）。秆密，丛生，细如毛发，常密被稻田表面，状如毛毡。小坚果狭长圆形，无棱，长约 1.8 mm，淡黄白色，有细密整齐的网纹。

幼苗全株光滑。第 1 片真叶针状，无脉，横剖面呈圆形，中间有 2 个气腔，无明显的叶脉，叶鞘薄而透明。

图 4-18　牛毛毡

牛毛毡生命力相当强，繁殖速率快，发生重时，在土表形成一层毡状覆盖，夺走大量的土壤养分和水分，使水稻分蘖受阻，对产量损失较大，因而被视为不受欢迎的杂草。分布几乎遍布全国。多生在稻田或湿地，是稻田的重要杂草之一，人工防除难度较大。

（二）防治方法

化学防治主要在水稻分蘖盛期（插秧后 15 ~ 20 天）：

每 667 m^2 用稻杰（五氟磺草胺）3 代+丝润或杰效利 1 代，用手动微量弥雾器均匀喷雾，可得到有效防除。

每 667 m^2 用北京新禾丰生产的百阔净（二甲四氯）2 代+丝润或杰效利 1 代，用手动微量弥雾器喷雾，可得到有效防除。

六、萤蔺

（一）形态特征

萤蔺（*Scirpus juncoides* Roxb）秆圆柱形，粗壮，丛生，有时有钝棱角（图 4-19）。叶退化成鞘，小穗 2 ~ 5 聚成头状，长圆状卵形，小坚果倒卵形，两侧扁而一面微凸，表面有细网纹或稍有横波纹，黑褐色。

幼苗第 1 片真叶呈针状，横剖面近圆形，第 2 片真叶横剖面呈椭圆形，它们均有 2 个气腔，而且后者有明显的纵脉和横脉，构成方格状。

以种子和根茎繁殖，生于水稻田、池边或浅水边。在有些水稻田中发生量较大，水稻受害较重。

（二）防治方法

对萤蔺敏感的除草剂，主要有农得时、草克星、新得力、苯达松等。

图 4-19 萤蔺

七、猪毛草

（一）形态特征

猪毛草（*Scirpus wallichii* Nees）多年生草本，高 20 ~ 40 cm（图 4-20）。根状茎短。叶柄丛生，细瘦有棱，长 3 ~ 6 cm，稻秆色至褐棕色。叶二型，不生孢子的叶柄较短，叶广三角形，长 7 ~ 15 cm，宽 6 ~ 9 cm，2 回羽状分裂，顶片由小羽片 3 枚组成，侧羽片 2 ~ 3 对，基部羽片有短柄，2 ~ 3 回分叉，中部羽片 1 回分叉或不分叉，上部羽片常不分叉，裂片线形，长 4 ~ 6 cm，宽 1 ~ 2 mm，边缘除先端有锐锯齿外，均全缘，纸质，光滑无毛，叶轴赤色；着生孢子囊的叶柄较长，亦 2 回羽状分裂。孢子囊群着生于叶缘，连续不中断，但不及裂片之先端。

与萤蔺相似，易将两者混淆。但猪毛草秆较细弱，小穗单生或 2 ~ 3 个簇生，下位刚毛 4 根，长为小坚果倍半或稍长。这两者多为一年生，产生大量种子，在水稻收割前成熟脱落，多占居中层空间，与水稻争空间和阳光。发生和为害较普遍，但萤蔺分布更为广泛。

（二）防治方法

二甲四氯和苄嘧磺隆对其防治有效。

图 4-20 猪毛草

八、飘拂草属

（一）形态特征

飘拂草属（*Fimbristylis Vahl*）秆常丛生（图 4-21）。聚伞花序，顶生。小穗有少数至多数花，果倒卵形、三棱形或双凸状，表面常有网纹或疣状凸起。一年生或多年生草本，常见于田间或旷野湿地上；花序顶生，为单生或复生的伞形花序或退化为一单生小穗；小穗有花多朵；鳞片螺旋排列于小穗轴的四周或下部的多为 2 列，下位刚毛缺；花柱基部收缩成一小球体；柱头 2～3 枚；坚果平滑或有条纹。

图 4-21 飘拂草属

（二）防治方法

本田期可结合其他杂草，每亩用 24%果尔乳油 30 mL 加 50%速收可湿性粉剂 6 g，一般在 2 月中下旬，在蔺草田灌水后，药剂拌尿素全田均匀撒施，田水自然落干。秧苗田在耙平后 10～12 天施药。亩用 50%速收可湿性粉剂 6 g 加 12%农思它乳油 100～125 mL 或加 40%扑草净可湿性粉剂 80 g。药剂拌尿素，灌水后全田均匀撒施，田水自然落干。

第三节　雨久花科

雨久花科（*Pontederiaceae*），水生成沼生草本。叶具平行脉，基部有鞘。花两性，不整齐。花序穗状、总状或圆锥状，从佛焰苞状鞘内抽出。花被片 6，花瓣状，分离或基部联合。雄蕊 6 或 3，其中 1 较大。子房 3 室。蒴果。本科几种均可作饲料。

一、鸭舌草

（一）形态特征

鸭舌草[*Monochoria vaginalis*（Burm.f.）Presl ex Kunth.]属雨久花科、雨久花属，根状茎极短，具柔软须根（图 4-22）。茎直立或斜上，高 12～35 cm。全株光滑无毛，叶基生或茎生，叶片形状和大小变化较大，由心形、宽卵形、长卵形至披针形，长 2～7 cm，宽 0.8～5 cm，顶端短突尖或渐尖，基部圆形或浅心形，全缘、具弧状脉。叶柄长 10～20 cm，基部扩大成开裂的鞘。鞘长 2～4 cm，顶端有舌状体，长约 0.7～1 cm。

图 4-22　鸭舌草

总状花序，花序在花期直立，果期下弯，花通常 3～5 朵，或有 1～3 朵，蓝色（图 4-23）。花被片卵状披针形或长圆形，长 1～1.5 cm，花梗长药 1 cm，雄蕊 6 枚。蒴果卵形至长圆形，长约 1 cm。种子多数，长约 0.1 cm，灰褐色，具纵条纹。

图 4-23　鸭舌草花

种子有较长的原生休眠期（2～3 个月），早春休眠解除。种子萌发的起点温度为 13～15 ℃，较稗草略高，变温有利于萌发，最适温度为 20～25 ℃，30 ℃ 以上萌发受到抑制。只能浅层萌发，以土层 0～1 cm 萌发最好，1～2 cm 较差，2 cm 以下不能萌发。

鸭舌草分布全国稻区，尤以长江流域及其以南地区危害严重，其中又以稻麦连作田，灌排条件好、有稳定灌水水源及施肥水平高特别是速效氮肥施用量大的田块为害较重。鸭舌草喜水、喜肥、耐阴，往往构成群落，占据下层空间，争夺土壤养分，成为稻田中后期危害的重要杂草组合。

（二）防治方法

直播稻或抛秧田：播前亩用 60%丁草乳油 100 mL 或用 50%杀草丹乳油 250 mL 或 12%恶草灵乳油 125 mL 加水 40 kg 喷雾，保持 3～4 cm 浅水层 5～7 天。

移栽田：20%二甲四氯水剂亩用 150 mL，或用使它隆亩用 50～100 mL 加水 40 kg 喷雾，晴天排水后用药，用药后 24 小时复水。

二、雨久花

（一）形态特征

雨久花（*Monochoria korsakowii* Regel et Maack.）与鸭舌草主要的区别是植株较高大（图4-24）。叶片广卵圆状心形。总状花序超过叶的长度。稻田常见杂草。

图 4-24　雨久花

（二）防治方法

水稻移栽田防除雨久花，可以在水稻移栽后 4～7 天，每亩用 10%苄嘧磺隆 13～20 g 或草克星（10%吡嘧磺隆）10～15 kg，拌细土或返青肥 20 kg 浅水撒施，施药后保持 3～5 cm水层 5～7 天。有关研究表明，连续多年使用苄嘧磺隆的稻田开始出现抗药生态型雨久花，而且这种对苄嘧磺隆表现出抗性的雨久花对同类除草剂吡嘧磺隆也表现出交叉抗性，用吡嘧磺隆防效也不佳，但这些抗药生态型雨久花对苯达松、扑草净、二甲四氯钠盐等除草剂却很敏感。若用乙·苄（乙草胺与苄嘧磺隆的复配剂）除草后对雨久花防除效果不佳，可能的情况是用药不当或者田间雨久花已对苄嘧磺隆产生了抗药性。建议对田间残余雨久花改用苯达松、二甲四氯等除草剂防除。二甲四氯对水稻安全性较差，应在水稻 4 叶期至拔节前使用，最好减量与苯达松混用，提高安全性。可以每亩用 20%二甲四氯钠水剂 100 mL 加 25%苯达松水剂 100 mL 加水 35 kg 喷雾。

三、凤眼莲

（一）形态特征

凤眼莲（*Eichhornia crassipes*）是一种原产于南美洲亚马逊河流域属于雨久花科、凤眼蓝属的一种漂浮性水生植物（图 4-25）。亦被称为凤眼蓝、浮水莲花、水葫芦、布袋莲。凤眼莲曾一度被很多国家引进，广泛分布于世界各地，亦被列入世界百大外来入侵种之一。

浮水草本，高 30 ~ 60 cm。须根发达，棕黑色，长达 30 cm。茎极短，具长葡匐枝，葡匐枝淡绿色或带紫色，与母株分离后长成新植物。

叶在基部丛生，莲座状排列，一般 5 ~ 10 片；叶片圆形、宽卵形或宽菱形，长 4.5 ~ 14.5 cm，宽 5 ~ 14 cm，顶端钝圆或微尖，基部宽楔形或在幼时为浅心形，全缘，具弧形脉，表面深绿色，光亮，质地厚实，两边微向上卷，顶部略向下翻卷；叶柄长短不等，中部膨大成囊状或纺锤形，内有许多多边形柱状细胞组成的气室，维管束散布其间，黄绿色至绿色，光滑；叶柄基部有鞘状苞片，长 8 ~ 11 cm，黄绿色，薄而半透明。花葶从叶柄基部的鞘状苞片腋内伸出，长 34 ~ 46 cm，多棱；穗状花序长 17 ~ 20 cm，通常具 9 ~ 12 朵花；花被裂片 6 枚，花瓣状、卵形、长圆形或倒卵形，紫蓝色，花冠略两侧对称，直径 4 ~ 6 cm，上方 1 枚裂片较大，长约 3.5 cm，宽约 2.4 cm，三色即四周淡紫红色，中间蓝色，在蓝色的中央有 1 黄色圆斑，其余各片长约 3 cm，宽 1.5 ~ 1.8 cm，下方 1 枚裂片较狭，宽 1.2 ~ 1.5 cm，花被片基部合生成筒，外面近基部有腺毛；雄蕊 6 枚，贴生于花被筒上，3 长 3 短，长的从花被筒喉部伸出，长 1.6 ~ 2 cm，短的生于近喉部，长 3 ~ 5 mm；花丝上有腺毛，长约 0.5 mm，3（2 ~ 4）细胞，顶端膨大；花药箭形，基着，蓝灰色，2 室，纵裂；花粉粒长卵圆形，黄色；子房上位，长梨形，长 6 mm，3 室，中轴胎座，胚珠多数；花柱 1，长约 2 cm，伸出花被筒的部分有腺毛；柱头上密生腺毛。蒴果卵形。花期 7 ~ 10 月，果期 8 ~ 11 月。

图 4-25 凤眼莲

喜欢温暖湿润、阳光充足的环境，适应性很强。适宜水温 18～23 ℃，超过 35 ℃ 也可生长，气温低于 10 ℃ 停止生长；具有一定耐寒性，中国北京地区虽有引种成功，但种子不能成熟。

喜欢生于浅水中，在流速不大的水体中也能够生长，随水漂流。繁殖迅速。开花后，花茎弯入水中生长，子房在水中发育膨大。

（二）防治方法

（1）物理防治。组织船只或人工进行打捞，对打捞上岸的凤眼莲及时进行清理。

（2）化学防治。① 在稻田田埂或蔬菜空茬田，每 667 m² 使用 20%使它隆乳油 50 mL，兑水喷雾；每 667 m² 用 20%使它隆乳油 25 mL 加 20%二甲四氯钠盐水剂 125 mL 加洗衣粉 7 g，混合喷雾，可降本增效。果园、矮化银杏林及草坪地可使用上述药剂进行定向喷雾。②河道、池塘、沟渠边，每 667 m² 使用 41%农达水剂 300～400 mL、灭草烟 30 g、百草枯 60 g 或 36%草甘·氯磺可溶性粉剂 300 g，兑水 20 kg 喷细雾，使药液黏附在水花生茎叶上。尽量避免直接喷到水面上而导致鱼类死亡。

（3）生物防治。在晚春或初夏，最低气温稳定回升到 13 ℃ 以上时，每 667 m² 释放水葫芦象甲成虫 1 500～2 000 头。

第四节　千屈菜科

千屈菜科（*Lythraceae*）为多年生挺水宿根草本植物。株高 40～120 cm。枝通常四棱形，有时具棘状短枝。叶对生或轮生，披针形或宽披针形，叶全缘，无柄。地下根粗壮，木质化。地上茎直立，4 棱。长穗状花序顶生，多而小的花朵密生于叶状苞腋中，花玫瑰红或蓝紫色，花期 6～10 月。花两性，通常辐射对称，稀左右对称，单生或簇生，或组成顶生或腋生的穗状花序、总状花序或圆锥花序；花萼筒状或钟状，平滑或有棱，有时有距，与子房分离而包围子房，3～6 裂，很少至 16 裂，镊合状排列，裂片间有或无附属体；花瓣与萼裂片同数或无花瓣，花瓣如存在，则着生萼筒边缘，在花芽时成皱褶状，雄蕊通常为花瓣的倍数，有时较多或较少，着生于萼筒上，但位于花瓣的下方，花丝长短不一，在花芽时常内折，花药 2 室，纵裂；子房上位，通常无柄，2～16 室，每室具倒生胚珠数颗，极少减少到 3 颗或 2 颗，着生于中轴胎座上，其轴有时不到子房顶部，花柱单生，长短不一，柱头头状，稀 2 裂。蒴果革质或膜质，2～6 室，稀 1 室，横裂、瓣裂或不规则开裂，稀不裂；种子多数，形状不一，有翅或无翅，无胚乳；子叶平坦，稀折叠。

一、节节菜

（一）形态特征

节节菜[*Rotala indica*（Willd.）Koehne]，一年生矮小草本（图 4-26）。幼苗子叶匙状椭圆形，先端钝圆，全缘，下胚轴粗短，带紫红色，上胚轴不发达，胚轴横切面呈圆形。初生叶对生，匙状长椭圆形，无柄；第 1 对后生叶与初生叶相似，第 2 对后生叶阔椭圆形。

成株株高 5 ~ 15 cm，有分枝；茎略呈四棱形，光滑，略带紫红色，基部着生不定根。叶对生，无柄；叶片倒卵形、椭圆形或近匙状长圆形，叶缘有软骨质狭边。

花和子实花成腋生的穗状花序，长 6 ~ 12 mm；苞片倒卵状长圆形，叶状，小苞片 2 枚，狭披针形；花萼钟状，膜质透明，4 龄裂，宿存；花瓣 4 片，淡红色，极小，短于萼齿；雄蕊 4 枚，与萼管等长；子房上位，长约 2 mm。花柱线形，长约为子房的一半或近相等。蒴果椭圆形，长约 1.5 mm，表面具横条纹，2 瓣裂。种子极细小，狭卵形，褐色。

图 4-26　节节菜

苗期 5 ~ 8 月，花果期 8 ~ 11 月。种子繁殖。适生于水田或湿地上。节节菜为稻田为害较为严重的杂草。双季稻区，以晚稻田为害最为严重。发生重的田块，密生呈毡状。

（二）防治方法

目前多数地方采用一次性封杀，就是在播种（催芽）后 1 ~ 3 天内，亩用 40%"直播青"可湿性粉剂 60 g，兑水 40 ~ 50 kg，均匀喷雾，施药时田板保持湿润。3 天后恢复正常灌水和田间管理。通过化学除草后，如果后期仍有一定量的杂草，可采取针对法进行补除。

二、圆叶节节菜

（一）形态特征

圆叶节节菜[*Rotalaro tundifolia*（Buch.-Ham.exRoxb.）Koehne]，一年生草本，下部伏

地生根，常成丛（图 4-27）。茎圆形，茎高 5~30 cm，秃净，微带红色。叶对生，无柄或具短柄，圆形、倒卵形至阔矩圆形，长 5~10 mm，宽 3.5~5 mm，顶端圆形，基部钝形，无柄时近心形，侧脉 4 对，纤细，全缘。花极小，长不及 2 mm，近无柄而单生于苞片内，顶生稠密的穗状花序，此花序 1~3 个，有时 5~7 个，长 1~4 cm；苞片（即花叶）叶状，卵形或矩圆形，约与花等长，小苞片 2 枚，披针形或钻形，约与萼筒等长，萼管钟形，膜质，半透明，裂齿 4 枚，三角形，短尖；花瓣 4 片，倒卵形，淡紫红色，长约为萼齿的 2 倍；雄蕊 4 枚，雌蕊 1 枚；子房球形而微扁，花柱短，为子房的 1/3，紫色，柱头头状。蒴果椭圆形，长甚于宽，表面有横线纹。花期 4 月，果期 6~7 月。

图 4-27　圆叶节节菜

　　圆叶节节菜喜温暖潮湿的气候。对土壤要求不严，但喜肥沃疏松的砂质壤土或腐殖质土壤。

（二）防治方法

　　防除圆叶节节菜应采取农艺措施和化学除草相结合的方法。

　　（1）农艺措施主要有：一是建立地平沟畅、保水性好、灌溉自如的水稻生产环境；二是结合种子处理清除杂草种子，并结合耕翻、整地，消灭土表的杂草种子；三是实行定期的水旱轮作，减少杂草的发生；四是提高播种的质量，一播全苗，以苗压草。

　　（2）化学除草，目前多数地方采用一次性封杀，就是在播种（催芽）后 1~3 天内，亩用 40%"直播青"可湿性粉剂 60 g，兑水 40~50 kg，均匀喷雾，施药时田板保持湿润。3 天后恢复正常灌水和田间管理。通过化学除草后，如果后期仍有一定量的杂草，可采取针对法进行补除。

　　如以稗草、千金子为主的田块，在杂草 3~5 叶期，可用 10%千金乳剂 50 mL 加水 30 kg，用针对法进行茎叶喷雾。用药前 1 天田间必须放干水，药后 2 天再恢复正常管理。

　　如以莎草、阔叶杂草为主的田块，在播后 30 天左右，亩用 10%水星可湿性粉剂 20 g 加 20%二甲四氯水剂 150 mL 混用，兑水 30 kg 针对法喷雾。水浆管理同上。

　　如田间各种杂草共生，可用 48%苯达松水剂 75~100 mL 加 20%二甲四氯水剂 150 mL 混用，采用针对法喷雾。

三、水苋菜属

（一）形态特征

水苋菜属（*Ammannia* L.）分布于全球，我国约有 5 种，分布甚广，稻田中有 3 种：水苋菜、耳基水苋和多花水苋（图 4-28）。南部较盛，多生于湿地或水田中。一年生草本，茎直立，柔弱，多分枝，枝通常具 4 棱；叶对生，有时轮生，全缘，近无柄，无托叶；花小，4基数，辐射对称，单生或组成腋生的聚伞花序或稠密花束；苞片 2 枚；花萼钟状或壶状，花后常变为球形，4～6 裂，裂片间有时有小附属体；花瓣 4 片，小或缺，贴生于萼筒上部，位于萼裂片之间，有时无花瓣；雄蕊 2～8 枚，通常 4 枚，着生于萼管上；子房球形或长圆形，包藏于萼管内，2～4 室；花柱细长或短，直立，柱头头状；胚珠多数，着生于中轴胎座上，具隔膜或无隔膜；蒴果球形或长椭圆形，膜质，下半部为宿存萼包围，成熟时横裂或不规则开裂，果壁无平行的横纹；种子多数，细小，有棱，种皮革质。

图 4-28 水苋菜属

（二）防治方法

治理方法与圆叶节节菜相同。

第五节 眼子菜科

一、形态特征

眼子菜科（*Potamogetonaceae*）沉没或漂浮于淡水中的多年生草本，常有匍匐茎或根茎，单轴或合轴型，以不定根着生于泥土中，分枝直立上升水中。叶带状，互生，1/2 叶序。基部具鞘，鞘内有小鳞片。穗状或总状花序，顶生，具花轴，花两性，整齐，花被片 4 枚，分离，圆形，具短爪，雄蕊1~4，雌蕊由2~9心皮构成，子房上位，各有一弯生胚珠。果实为1~4个的小形核果或瘦果，草质或骨质。

眼子菜（水上漂）（*Potamogeton distinctus* A.Benn.）为多年生沉水浮叶型的单子叶植物，成株有匍匐的根状茎，茎细长（图4-29）。分枝前端经常会分化出芒状的冬眠芽，并在节处生有稍密的须根。叶两型：沉水叶殆为互生，窄线形或丝状，草质，前端尖，呈鞘状抱茎，有长柄，膜质，绿色；浮水叶革质，对生或互生，披针形至窄椭圆形，前端尖，有长柄，叶脉多条，顶端连接，殆为青绿色；托叶膜状，两两边缘重叠。花期夏季至初秋，穗状花序顶生，短，具花多轮；花小，被片4枚，绿色；雄蕊4枚；心皮四枚。果实倒卵形，作拥挤的密集排列，无柄或具短柄，前端具一短嘴，背部有3道背脊，中脊明显突起，侧脊不明显，顶端近扁平。花果期5~10月。

幼苗子叶针状，上胚轴缺如，初生叶带状披针形，先端急尖或锐尖，全缘，托叶成鞘，顶端不伸长，叶3条脉。露出水面叶渐变成卵状披针叶。

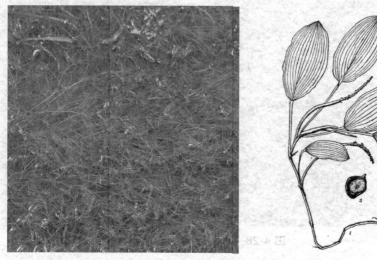

图4-29　眼子菜

种子和根茎均可繁殖，以根茎无性繁殖为主。根茎萌芽最适温度20~35℃，喜凉爽至温暖、多光照至光照充足的环境。土壤黏重的稻田发生严重，是稻田中难防除的杂草之一。

二、防治方法

水旱轮作有较好的防效。药剂防治方法如下：

1. 施药时期和方法

通常在水稻分蘖盛期至末期（栽秧后20~30天），眼子菜基本出齐，大部分叶片由茶色转为绿色时是施药的最佳时期。因此，适时准确地施药是保证药效的关键。施药采用浅水层毒土法均匀撒施，施药后 7 ~ 10 天内保持浅水层 7 ~ 8 cm，不能放 "跑马水"。若田水干了可适当缓缓补充。施药后 15 天内不能下田搅动泥层或薄草，也不能让鸭子下田，以免发生药害。

2. 农药的选择和用量

每亩每次用药量，可任意选用以下一种，但应注意在海拔 1 500 米以下的河谷热区，用药量应酌情减少，取下限数（即最低量）。

（1）50%的威罗生（排草净）乳油 100 ~ 150 mL；

（2）50%的扑草净可湿性粉剂 70 ~ 90 g 或 25%的敌草隆可湿性粉剂 70 ~ 90 g；

（3）78.4%的禾田净乳油 200 ~ 250 mL；

（4）50%的扑草净可湿性粉剂 50 g，加 50%的杀草丹乳油 150 g；

（5）50%的扑草净可湿性粉剂 50 g，加 26%的敌草隆可湿性粉剂 50 g。

以上任选一种除草剂，拌细潮土 30 ~ 40 kg 均匀撒施即可。此外，在水稻收割后还可以用以下方法，减少第二年眼子菜对水稻的危害。

在水稻收割后，排干田水，立即亩用 25%的敌草隆（或 50%的扑草净）可湿性粉剂 200 g 兑水 50 kg 均匀喷射眼子菜，喷药后田内保持无水 4 ~ 5 天，然后按正常情况犁田种小麦、油菜等小春作物。若不翻犁而种稻桩蚕豆、绿肥等，则除草效果稍差。但施药至种小春作物的间隔时间需在一个月以上。

冬水田在收割水稻后，亩用 25%的敌草隆或 50%的扑草净可湿性粉剂 200 g，拌细潮土 30 kg，以浅水层毒土法施药，或排干田水后兑水 50 kg 均匀喷射眼子菜，隔 7 ~ 10 天再蓄水，防除效果较好。

第六节　苹　科

一、形态特征

苹科（*Marsileaceae*）通常生于浅水淤泥或湿地沼泥中的小型蕨类。根状茎细长横走，有管状中柱，被短毛。不育叶为线形单叶，或有 2 ~ 4 片倒三角形的小叶组成，着生于叶柄顶端，漂浮或伸出水面。叶脉分叉，但顶端联结成狭长网眼。能育叶变为球形或椭圆状球形孢子果，有柄或无柄，通常接近根状茎，着生于不育叶的叶柄基部或近叶柄基部的根状茎上，一个孢子果内含 2 至多数孢子囊。孢子囊 2 型，大孢子囊只含 1 个大孢子，小孢子囊含多数小孢子。

苹（田字草，四叶苹）（*Marsilea* L.）多年生草本，植株高 5 ~ 20 cm（图 4-30）。根状茎细长横走泥中，细长而柔软，分枝，顶端被有淡棕色毛，茎节远离，向上发出一至数枚叶子。叶柄长 5~20 cm；叶片由 4 片倒三角形的小叶组成，呈十字形，长宽各 1~2.5 cm，外缘半圆形，基部楔形，全缘，幼时被毛，草质。叶脉从小叶基部向上呈放射状分叉，组成狭长网眼，伸向叶边，无内藏小脉。孢子果双生或单生于短柄上，而柄着生于叶柄基部，长椭圆形，幼时被毛，褐色，木质，坚硬。每个孢子果内含多数孢子囊，大、小孢子囊同生于孢子囊托上，一个大孢子囊内只有 1 个大孢子，而小孢子囊内有多数小孢子。孢子期为夏秋。

图 4-30　苹

二、防治方法

水稻直播或移栽前，可以使用晶体硫酸铜进行土壤处理；也可以在四叶苹萌发之后进行茎叶处理，适用的药剂很多，如五氯酚钠+二甲四氯、敌草隆、扑草净、苄嘧磺隆、吡嘧磺隆、苯达松、恶草酮等，具体用法用量参照各化合物商品说明，也可参照圆叶节节菜方法防治。

第七节　泽泻科

泽泻科（*Alismataceae*），多年生，稀一年生，沼生或水生草本，具球茎或根状茎。叶基生，直立，挺水、浮水或沉水；叶片条形、披针形、卵形、椭圆形、箭形等，全缘；叶脉平行；叶柄长短随水位深浅有明显变化，基部具鞘，边缘膜质或否。花序总状、圆锥状或呈圆锥状聚伞花序，稀 1~3 花单生或散生。花两性、单性或杂性，辐射对称；花被片 6 枚，两轮排列（有或无萼、瓣之分），覆瓦状，外轮花被片宿存，内轮花被片易枯萎、凋落；雄蕊和心皮均常为 6 枚至多数，离生，多为聚合瘦果。水生草本具球茎，萼、瓣同数常异形。六至多数雌、雄蕊，瘦果常为聚合果。瘦果两侧压扁，或为小坚果，多为胀圆。种子通常褐色、深紫色或紫色；胚马蹄形，无胚乳。

一、矮慈姑

（一）形态特征

矮慈姑（*Sagittaria pygmaea* Miq.）泽泻科慈姑属，一年生沼泽植物（图4-31）。有时具短根状茎；匍匐茎短细，根状，末端的芽几乎不膨大，通常当年萌发形成新株，稀有越冬者。叶基生，线形或线状披针形，长6~14 cm，宽3~8 mm，光滑，先端渐尖，略钝，基部1 cm鞘状，边缘膜质，全缘，无柄，纵脉3~5条，基出，平行，其间横脉多数，与纵脉正交几乎等粗。花序柄长6~20 cm，直立，花序长4~5 cm，花2~3轮，每轮有花2~3朵。雌花通常1朵，居下轮，无柄；雄花2~5朵，具长1~2.5 cm的细梗；苞片长椭圆形，钝；萼片倒卵形，花瓣白色，比萼片稍长；雄蕊通常12，花丝宽、短，花药长圆形；心皮多数，集成球形。瘦果宽倒卵形，长3 mm，宽4~5 mm，扁平，两侧具薄翅，顶端圆形，有鸡冠状锯齿。花期7~10月。

图4-31　矮慈姑

种子或球茎繁殖。带翅的瘦果可漂浮水面，随水流传播。矮慈姑为稻田恶性杂草，主要与水稻争养分和水分，影响水稻的分蘖；耐阴，稻棵封行后，仍可大量发生。

（二）防治方法

目前，适用稻田土壤封闭处理防除阔叶杂草的药剂主要有苄嘧磺隆和吡嘧磺隆，对矮慈姑有一定防效。但矮慈姑以种子和球茎2种方式繁殖，种子萌发出来的幼芽可能会受到上述除草剂的抑制，球茎发出来的幼芽则由于受药少，加上母体粗大、根系发达、抗逆能力强能继续生长。尤其是球茎萌发不像种子萌发那样集中在一段较短的时间内，而是陆陆续续萌芽，不仅不利于芽前除草剂药效的充分发挥，还使下一季萌发的杂草对同类型除草剂的耐受能力增强。

在水稻生长期间，防除阔叶杂草的茎叶处理剂二甲四氯、2, 4-滴二甲胺盐、灭草松、唑草酮等药对矮慈姑都有较好的防效，注意二甲四氯宜在水稻 4 叶期后至拔节期前施用。结合防除稗草等其他杂草，使用五氟磺草胺、氟吡磺隆等药对矮慈姑也有较好的防效。

矮慈姑植株较矮，水稻较大时喷雾施药难以将药液喷到杂草上，如果田块较平，可以考虑建立 2~5 cm 水层后用二甲四氯拌毒土撒施。

二、野慈姑

（一）形态特征

野慈姑（*Sagittaria trifolia* L.）别名狭叶慈姑、三脚剪、水芋（图 4-32）。多年生水生或沼生草本，为慈姑的变种，与慈姑相比，野慈姑植株较矮，叶片较小、薄。中国各地均有分布。多年生挺水型水生植物。高 50~100 cm，根状茎横生，较粗壮，顶端膨大成球茎；长 2~4 cm，径约 1 cm，土黄色。基生叶簇生，叶形变化极大。多数为狭箭形，通常顶裂片短于侧裂片，顶端裂片长 4~9 cm，宽 1~2 cm，基部裂片长 4~18 cm，宽 6~11 mm。顶裂片与侧裂片之间缢缩，叶柄粗壮，长 20~40 cm，基部扩大成鞘状，边缘膜质。花期 7~10 月，花梗直立，高 20~70 cm，粗壮，总状花序或圆锥形花序，花白色，雌雄同株。心皮多，聚合成球形。果期 10~11 月结果，同时形成地下球茎。瘦果斜倒卵形，扁平，背腹均有翅。种子褐色。霜冻后地上部分枯死。

图 4-32　野慈姑

（二）防治方法

野慈姑的防治方法主要采用农艺措施和化学除草相结合的方法：

农艺措施主要有建立地平沟畅、保水性好、灌溉自如的水稻生产环境；结合种子处理清除杂草种子，并结合耕翻、整地，消灭土表的杂草种子；实行定期的水旱轮作，减少杂草的发生；提高播种的质量，一播全苗，以苗压草。

野慈姑主要在水稻分蘖盛期（插秧后 15~20 天）发生，可选用下列药剂之一进行防治，将下列药剂加水 20 kg 或加细潮土 20 kg 拌匀，施药前应撒干水层后喷药或撒药，施药后 1 天复水。

（1）每 667 m² 用欧特 10 ~ 12 g。

（2）每 667 m² 用 46%莎阔丹水剂 133 ~ 167 mL（有效成分 61 ~ 77 g），喷液量每 667 m²15 ~ 40 升，喷药前一天放干田水，施药后 24 小时复水，保持水层 5 天。

（3）每 667 m² 用 48%苯达松水剂 100 ~ 200 mL。

（4）每 667 m² 用 48%苯达松水剂 70 ~ 100 mL 或 70%二甲四氯钠盐 30 ~ 50 g。

（5）每 667 m² 用 50%捕草净粉剂 50 ~ 100 g 或 25%西草净粉剂 100 ~ 200 g。

（6）每 667 m² 用 50%捕草净粉剂 30 ~ 70 g 加 96%禾大壮乳油 150 g。

（7）每 667 m² 用 78.4%禾田净乳油 150 ~ 300 mL 拌细沙或细潮土撒施。也可用 96%禾大壮乳油 50 ~ 80 g、二钾四氯钠盐 30 ~ 60 g、25 %西草净 30 ~ 60 g 混合后加细潮土拌匀撒施。

第八节　柳叶菜科

柳叶菜科（*Onagraceae*）双子叶植物纲、蔷薇亚纲的一科。1 年生或多年生草本，稀为灌木状。叶对生或互生，无托叶。花两性，辐射对称或近左右对称，通常单生于叶腋或排成总状或穗状花序；花萼筒与子房合生，裂片 4 ~ 5 枚；花瓣与花萼裂片互生；雄蕊与花瓣同数或为其 2 倍，稀 12 枚；子房下位，1 ~ 6 室，中轴胎座，每室具 1 至多数胚珠。蒴果、小坚果、浆果或核果状。凸起，外壁外层颗粒状。本科的亲缘关系与千屈菜科接近，但因子房下位和花药的丁字着生方式而与之不同。

一、丁香蓼

（一）形态特征

丁香蓼（*Ludwigia prostrata* Roxb）别名小石榴树、小石榴叶、小疗药，为一年生草本（图 4-33），高 20 ~ 70 cm；茎近直立或基部平卧地上后斜升，节上生根，有纵棱，多分枝，枝带四方柱形，稍带红紫色，无毛或有短毛。单叶互生，叶片披针形至椭圆状披针形，长 3 ~ 9 cm，宽 6 ~ 15 mm，先端渐尖，基部渐狭，全缘，近光滑无毛；叶柄短，长 3 ~ 10 mm。花单生于叶腋，无柄，基部有 1 对小苞片；花萼 4 裂，萼筒与子房贴生，宿存；花瓣 4 片，黄色，椭圆形；雄蕊 4 枚；子房下位，4 室；花柱单一，柱头头状，胚珠多数，纵直排列成 4 行。蒴果圆柱状，长 1.5 ~ 2 cm，直或微弯，稍带暗紫色，成熟时室背成不规则破裂；种子多数，细小，黄棕色，倒卵形或椭圆形，光滑无毛。花期 7 ~ 8 月，果期 9 ~ 10 月。

幼苗子叶近菱形或阔卵形，具柄。上下胚轴发达，绿色。初生叶 2 片，对生，有 1 条明显的中脉。第1对后生叶与初生叶相似，但有明显的羽状脉。主根末端带紫色。生于田间、水边、沟畔湿处及沼泽地。

图 4-33　丁香蓼

（二）防治方法

防治方法参照圆叶节节菜方法进行防治。

二、水　龙

（一）形态特征

水龙（*Jussiaea repens* L.）多年生草本，根状茎甚长，浮水或横生泥中；上升茎高约 30 cm（图 4-34）。叶互生，倒卵形至长圆状倒卵形，长 1.5～5 cm，顶端钝或圆，基部渐狭成柄。花腋生，有长柄；萼片被针形；花瓣 5 片，倒卵形，长约 12 mm，白色或淡黄色。蒴果圆柱形，长 2～3 cm，直径约 3 mm，光滑或有长柔毛；种子多数，花期夏秋。生于水田或浅水池塘中，长江以南各省都有分布。

图 4-34　水　龙

（二）防治方法

防治方法参照圆叶节节菜方法进行防治。

第九节　鸭跖草科

一、形态特征

鸭跖草科（*Commelinaceae*）多年生或稀为一年生草本，常具有黏液细胞或黏液道。茎直立或匍匐，节显著。叶互生，具叶鞘。通常为蝎尾状聚伞花序，或花序短缩而花簇生或成头状，或伸长，组成圆锥花序，少单生。花两性，极少单性；萼片 3 枚，通常分离；花瓣 3 片，主要为蓝色或白色，通常分离，有的中部连合成筒而两端分离；雄蕊 6 枚，全育，或仅 2~3 枚能育而有 3 枚退化雄蕊，退化雄蕊在本科中是一个颇为重要的特征，其形态和排列位置，在不同的属有很大差异，花丝常有念珠状长毛；子房上位，2~3 室，每室有 1 至数个直生胚珠。果为蒴果，有时不裂而常成为浆果状。染色体基数 4~29。主要分布于热带，少数种产于亚热带和温带地区。中国产 13 属 49 种，多分布于长江以南各省，尤以西南地区为盛。

本科植物茎细长，有节，开花时间很短，仅延续 1 天；果实为蒴果，种子有棱。

鸭跖草（*Commelina communis* L.）别名碧竹子、翠蝴蝶、淡竹叶等（图 4-35）。一年生披散草本。茎匍匐生根，多分枝，长可达 1 m，下部无毛，上部被短毛。叶互生，叶披针形至卵状披针形，表面光滑无毛，有光泽，长 3~9 cm，宽 1.5~2 cm。基部下延成鞘，有紫红色条纹。

总苞片佛焰苞状，有 1.5~4 cm 的柄，与叶对生，折叠状，展开后为心形，顶端短急尖，基部心形，长 1.2~2.5 cm，边缘常有硬毛；聚伞花序，下面一枝仅有花 1 朵，具长 8 mm 的梗，不孕；上面一枝具花 3~4 朵，具短梗，几乎不伸出佛焰苞。花梗长仅 3 mm，果期弯曲，长不过 6 mm；萼片膜质，长约 5 mm，内面 2 枚常靠近或合生，具爪，长近 1 cm；花瓣深蓝色。

蒴果椭圆形，长 5~7 mm，2 室，2 片裂，有种子 4 颗。种子长 2~3 mm，棕黄色，一端平截，腹面平，有不规则窝孔。

图 4-35　鸭跖草

种子繁殖。鸭跖草为晚春杂草，雨季蔓延迅速；入夏开花；8~9 月果实成熟，种子成熟随即脱落。抗逆性强，生育期 60~80 天。发芽适宜温度 15~20 °C，在土壤中发芽深度 2~6 cm，种子在土壤中可以存活 5 年以上。

二、防治方法

可以根据不同作物采取以下方法进行防治，清除田间鸭跖草：

（1）在水稻1叶期以后，每亩用20%使它隆乳油20 mL或40%快灭灵25～30 mL加水30 kg喷雾防治；在水稻4叶期至拔节前，每亩用20%二甲四氯钠水剂100 mL加25%苯达松水剂100 mL加水35 kg喷雾防治。

（2）在棉花现蕾后株高30 cm以上时，每亩用20%克无踪200～300 mL加水50 kg定向喷雾防治。

（3）在玉米拔节前，每亩用20%使它隆乳油20～30 mL或40%快杀灵25～30 mL加水30 kg喷雾；在玉米3～6叶期，每亩用13%二甲四氯钠水剂250 mL或56%二甲四氯钠水剂75～100 g加水40～50 kg定向喷雾防治。

（4）苗前土壤处理施用禾耐斯+广灭灵+赛克、乙草胺+广灭灵+赛克、禾耐斯+DE565等防治；苗后早期喷施高剂量DE565+拿捕净、DE565+普施特防治。

第十节 茨藻科

茨藻科（*Nazadaceae*），一年生沉水草本（图4-36）。茎细而柔软，多分枝。下部匍匐或具根状茎。茎光滑或具刺，茎节上多生有不定根。叶对生、互生或轮生，常呈线形，叶全缘或边缘有齿或刺，无柄，无气孔；叶脉1条或多条；叶基扩展成鞘或具鞘状托叶；叶耳、叶舌缺或有。花单性，细小，腋生，雌雄同株或异株。雄花无花被或有管状花被，花被全缘或顶端有齿；雄蕊1枚，花药1～4室。雌花无花被或有透明管状体贴着心皮；心皮1枚，无柄，含一倒生胚珠；柱头2～4个。小坚果，椭圆形。

本科区别于眼子菜科处，其为一年生草本，花常完全沉生水中（不漂浮在水面），胚珠直立于子房基底。

图4-36 茨藻科植物

一、小茨藻

（一）形态特征

小茨藻（*Najas minor* All.）一年生沉水草本（图4-37）。植株纤细，易折断，下部匍匐，上部直立，呈黄绿色或深绿色，基部节上生有不定根；株高4~25 cm。茎圆柱形，光滑无齿，茎粗0.5~1 mm或更粗，节间长10 cm，或有更长者；分枝多，呈二叉状；上部叶呈3叶假轮生，下部叶近对生，于枝端较密集，无柄；叶片线形，渐尖。柔软或质硬，长1~3 cm，宽0.5~1 mm，上部狭而向背面稍弯至强烈弯曲，边缘每侧有6~12枚锯齿，齿长约为叶片宽的1/5~1/2，先端有一褐色刺细胞；叶鞘上部呈倒心形，长约2 mm，叶耳截圆形至圆形，内侧无齿，上部及外侧具数十枚细齿，齿端均有一褐色刺细胞。花小，单性，单生于叶腋，花粉粒椭圆形，罕有2花同生；雄花浅黄绿色，椭圆形。长0.5~1.5 mm，具瓶状佛焰苞；花被1枚，囊状；雄蕊1枚，花药1室；花粉粒椭圆形；雌花无佛焰苞和花被，雌蕊1枚；花柱细长，柱头2枚。瘦果黄褐色，狭长椭圆形，上部渐狭而稍弯曲，长2~3 mm，直径约0.5 mm。种皮坚硬，易碎；表皮细胞多呈纺锤形，细胞横向远长于轴向，排列整齐呈梯状，于两尖端的连接处形成脊状突起。花果期6~10月。成小丛生于池塘、湖泊、水沟和稻田中。

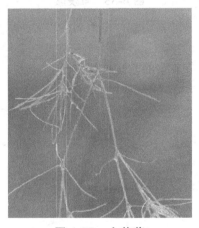

图4-37　小茨藻

（二）防治方法

对防治小茨藻无特别有效的化学药剂，在不影响农时的情况下，可以使用五氯酚钠进行土壤消毒以杀灭土壤中的残枝与种子。充分腐熟有机基肥，合理管水，是主要的农事措施；加强水稻田间管理是主要措施。

二、草茨藻

（一）形态特征

草茨藻（*Najas graminea* Del.）与小茨藻不同的是叶缘具30~40细齿；叶鞘上部裂成耳

状。种皮的表皮细胞四方形（图4-38）。

草茨藻在有水层的稻田普遍发生，有时数量较大；不过，排水后，多逐渐死亡。

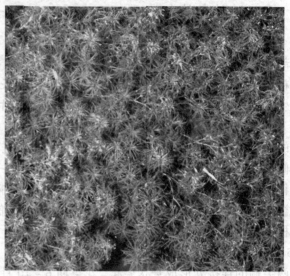

图4-38　草茨藻

（二）防治方法

综合防治方法可参照圆叶节节菜的方法进行防治。

第三部分

农药安全使用技术及器械介绍

第三暗仓

第五章 农药安全使用技术

【内容提要】

农药是农业生产中不可缺少的生产资料，正确使用农药，可以有效防治农作物病虫害，为农业稳产、丰产和农民持续增收提供保证。安全合理使用农药，是保障人、畜、环境、农产品安全及有效防治农作物病虫害的基本条件。本章从农药基本常识、农药的选购与使用两方面介绍农药安全使用技术。

第一节 农药基本常识

一、农药的概念

根据美国环保署的定义，是指任何能够预防、摧毁、驱逐或减轻害虫的物质或混合物。害虫通常指与人类竞争食物，破坏财产，散播疾病或造成困扰的生命体，包括昆虫、植物病原体、杂草、软体动物、鸟类、哺乳类、鱼类、线虫类（蛔虫）及微生物。许多农药对人体是有毒的。农药可以是化学物质、生物（如病毒或细菌）、杀菌剂、抗感染剂或者是任何能够对抗害虫的手段。

农药（Pesticide（s）；Agricultural chemical；Farm chemical）是指在农业生产中，为保障、促进植物和农作物的成长，所施用的杀虫、杀菌、杀灭有害动物（或杂草）的一类药物的统称。特指在农业上用于防治病虫以及调节植物生长、除草等药剂。

二、农药分类

1. 根据原料来源

可分为有机农药、无机农药、植物性农药、微生物农药。此外，还有昆虫激素。

2. 根据加工剂型

可分为粉剂、可湿性粉剂、可溶性粉剂、乳剂、乳油、浓乳剂、乳膏、糊剂、胶体剂、熏烟剂、熏蒸剂、烟雾剂、油剂、颗粒剂和微粒剂等。大多数是液体或固体，少数是气体。

根据害虫或病害的各类以及农药本身物理性质的不同，采用不同的用法。如制成粉末撒布，制成水溶液、悬浮液、乳浊液喷射或制成蒸气或气体熏蒸等。

3. 根据防治对象

可分为杀虫剂、杀菌剂、杀螨剂、杀线虫剂、杀鼠剂、除草剂、脱叶剂、植物生长调节剂等。

三、农药的名称（表 5-1）

表 5-1 农药通用名大全

序号	通用名称	国际通用名称（E-ISO）
杀虫剂		
1	六六六	HCH，BHC
2	林丹	lindane
3	滴滴涕	DDT
4	甲氧滴滴涕	methoxychlor
5	毒杀芬	camphechlor
6	艾氏剂	HHDN or aldrin（含 95%HHDN）
7	异艾剂	isodrin
8	狄氏剂	HEOD or dieldrin（含>85%HEOD）
9	异狄氏剂	endrin
10	七氯	heptachlor
11	氯丹	chlordane
12	硫丹	endosulfan
13	三氯杀虫酯	Plifenate（建议名）
14	丙虫磷	Propaphos（草案）
15	甲基毒虫畏	dimethylvinphos
16	敌敌钙	calvinphos
17	敌敌畏	dichlorvos
18	二溴磷	naled
19	速灭磷	mevinphos
20	久效磷	monocrotophos
21	百治磷	dicrotophos
22	磷胺	phosphamidon
23	巴毒磷	crotoxyphos
24	杀虫畏	tetrachlorvinphos
25	毒虫畏	chlorfenvinphos

续表 5-1

序号	通用名称	国际通用名称（E-ISO）
26	敌百虫	trichlorfon
27	庚烯磷	heptenopos
28	氯氧磷	chlorethoxyfos
29	异柳磷	isofenphos
30	甲基异柳磷	isofenphos-methyl（中国）
31	畜蜱磷	cythioate（非通用名）
32	氯唑磷	isazofos
33	虫螨畏	methacrifos
34	治螟磷	sulfotep
35	双硫磷	temephos
36	甲基对硫磷	parathion-methyl
37	对硫磷	parathion
38	杀螟硫磷	fenitrothion
39	除线磷	dichlofenthion
40	倍硫磷	fenthion
41	异氯磷	dicapthon（美国昆虫学会，简称 ESA）
42	皮蝇磷	fenchlorphos
43	溴硫磷	bromophos
44	乙基溴硫磷	bromophos-ethyl
45	碘硫磷	iodfenphos
46	杀螟晴	cyanophos
47	丰索磷	fensulfothion
48	伐灭磷	famphur（ESA）
49	三唑磷	triazophos
50	毒死蜱	chlorpyrifos
51	甲基毒死蜱	chlorpyrifos-methyl
52	恶唑磷	isoxathion（草案）
53	嘧啶磷	pirimiphos-ethyl
54	甲基嘧啶磷	pririmiphos-methyl
55	虫线磷	thionazin
56	二嗪磷	diazinon
57	嘧啶氧磷	pirimioxyphos（中国）

续表 5-1

序号	通用名称	国际通用名称（E-ISO）
58	蔬果磷	dioxabenzofos（草案）
59	蝇毒磷	Coumaphos
60	喹硫磷	quinalphos
61	内吸磷	demeton（ESA）
62	畜虫磷	coumithoate
63	吡硫磷	pyrazothion（非通用名）
64	乙嘧硫磷	etrimfos
65	水胺硫磷	isocarbophos（非通用名）
66	辛硫磷	phoxim
67	甲基辛硫磷	phoxiom-methyl（中国）
68	氯辛硫磷	chlorphoxim
69	哒嗪硫磷	pyridaphenthione（JMAF）
70	毒壤膦	trichloronat
71	苯硫膦	EPN（ESA）
72	溴苯膦	leptophos
73	苯腈膦	cyanofenphos
74	吡唑硫磷	pyraclofos（草案）
75	甲基吡恶磷	azamethiphos
76	甲基内吸磷	demeton-S-methyl
77	甲基乙酯磷	methylacetophos（非通用名）
78	乙酯磷	acetophos（非通用名）
79	氧乐果	omethoate
80	果虫磷	cyanthoate
81	异亚砜磷	oxydeprofos
82	亚砜磷	oxydemeton-methyl
83	蚜灭磷	vamidothion
84	因毒磷	endothion
85	灭线磷	ethoprophos
86	硫线磷	cadusafos（草案）
87	砜吸磷	demeton-methyl
88	噻唑膦	fosthiazate（草案）
89	丙溴磷	profenofos

续表 5-1

序号	通用名称	国际通用名称（E-ISO）
90	田乐磷	Demephion demephionO（Ⅰ） demephion（Ⅱ）（英国标准学会，BSI）
91	硫丙磷	sulprofos
92	特丁硫磷	terbufos
93	地虫硫膦	fonofos
94	噻唑硫磷	colophonate（非通用名）
95	乙硫磷	ethion
96	丙硫磷	prothiofos
97	甲基乙拌磷	thiometon
98	甲拌磷	phorate
99	乙拌磷	disulfoton
100	砜拌磷	oxydisulfoton
101	异拌磷	isothioate
102	氯甲硫磷	chlormephos
103	三硫磷	carbophenothion
104	芬硫磷	phenkapton
105	家蝇磷	acethion
106	马拉硫磷	malathion
107	稻丰散	phenthoate
108	乐果	dimethoate
109	益硫磷	ethoate-methyl
110	发硫磷	prothoate
111	苏硫磷	sophamide
112	赛硫磷	amidithion
113	茂硫磷	morphothion
114	灭蚜磷	mecarbam
115	安硫磷	formothion
116	灭蚜硫磷	menazon
117	敌恶磷	dioxathion
118	亚胺硫磷	phosmet
119	氯亚胺硫磷	dialifos
120	伏杀硫磷	phosalone
121	保棉磷	azinphos-methyl

续表 5-1

序号	通用名称	国际通用名称（E-ISO）
122	益棉磷	azinphos-ethyl
123	杀扑磷	methidathion
124	四甲磷	mecarphon
125	丁苯硫磷	fosmethilan（草案）
126	丁硫环磷	fosthietan
127	八甲磷	schradan
128	苯线磷	fenamiphos
129	育畜磷	crufomate
130	硫环磷	phosfolan
131	甲基硫环磷	phosfolan-methyl（中国）
132	地胺磷	mephosfolan
133	甲胺磷	methamidophos
134	乙酰甲胺磷	acephate
135	甘氨硫磷	phosglycin（非通用名）
136	胺丙畏	propetamphos
137	丙胺氟磷	mipafox
138	甲氟磷	dimefox
139	丁酯膦	butonate
140	灭多威	methomyl
141	涕灭威	aldicarb
142	久效威	thiofanox
143	杀线威	oxamyl
144	害扑威	CPMC（JMAF）
145	速灭威	metolcarb
146	灭杀威	xylylcarb（草案）
147	灭除威	XMC（JMAF）
148	混灭威	dimethacarb（中国）
149	混杀威	trimethacarb
150	甲硫威	methiocarb
151	兹克威	mexacarbate
152	灭害威	aminocarb
153	除害威	allyxycarb

续表 5-1

序号	通用名称	国际通用名称（E-ISO）
154	多杀威	EMPC（JMAF）
155	乙硫苯威	ethiofencarb
156	异丙威	isoprocarb
157	残杀威	propoxur
158	猛杀威	promecarb
159	仲丁威	fenobucarb（草案）
160	畜虫威	butacarb
161	合杀威	bufencarb
162	二氧威	dioxocarb
163	恶虫威	bendiocarb
164	甲萘威	carbaryl
165	克百威	carbofuran
166	丙硫克百威	benfuracarb（草案）
167	丁硫克百威	carbosulfan（草案）
168	敌蝇威	dimetilan（BSI）
169	异索威	isolan（法国）
170	吡唑威	Pyrolan（商品名）
171	嘧啶威	Pyramat（商品名）
172	抗蚜威	pirimicarb
173	地麦威	Dimetan（商品名）
174	涕灭砜威	aldoxycarb
175	硫双威	thiodicarb
176	戊氰威	nitrilacarb
177	丁酮威	butocarboxim
178	丁酮砜威	butoxycarboxim
179	蜱虱威	promacyl（澳大利亚）
180	棉铃威	alanycarb（草案）
181	苯氧威	fenoxycarb（草案）
182	唑蚜威	triaxamate
183	呋线威	furathiocarb（草案）
184	除线威	cloethocarb（草案）
185	环线威	Tirpate（商品名）

续表 5-1

序号	通用名称	国际通用名称（E-ISO）
186	杀螟丹	cartap
187	杀虫双	disosultap（中国）
188	杀虫单	monosultap（中国）
189	杀虫环	thiocyclam
190	杀虫钉	trithialan（中国）
191	多噻烷	polythialan（中国）
192	杀虫磺	bensultap
193	除虫菊素	pyrethrins
194	除虫菊素 I	Pyrethrin I
195	除虫菊素 II	pyrethrin II
196	瓜叶菊素 I	cinerin I
197	瓜叶菊素 II	cinerin II
198	茉酮菊素 I	jasmolin I
199	茉酮菊素 II	jasmolin II
200	喃烯菊酯	japothrins（商品名）
201	环戊烯丙菊酯	terallethrin
202	烯丙菊酯	allethrin
203	右旋烯丙菊酯	d-allethrin
204	富右旋反式烯丙菊	rich-d-transallethrin（中国）
205	生物烯丙菊酯	bioallethrin
206	Es-生物烯丙菊酯	esbiothrin
207	S-生物烯丙菊酯	S-bioallethrin
208	胺菊酯	tetramethrin
209	右旋胺菊酯	d-tetramethrin
210	苄菊酯	dimethirn
211	苄呋菊酯	resmethrin
杀螨剂		
327	杀螨醇	chlorfenethol
328	三氯杀螨醇	dicofol
329	乙酯杀螨醇	chlorobenzilate
330	丙酯杀螨醇	chloropropylate
331	溴螨酯	bromopropylate

续表 5-1

序号	通用名称	国际通用名称（E-ISO）
332	三氯杀螨砜	tetradifon
333	杀螨醚	chlorbenside
334	芬螨酯	fenson
335	杀螨酯	chlorfenson
336	格螨酯	Genit（商品名）
337	敌螨特	chlorfensulphide
338	杀螨特	aramite（JMAF）
339	乐杀螨	binapacry
340	消螨通	dinobuton
341	消螨酚	dinex
342	杀虫脒	chlordimeform
343	双甲脒	amitraz
344	单甲脒	monoamitraz（中国）
345	杀螨脒	medimeform（中国）
346	伐虫脒	formetanate
347	苯硫威	fenothiocarb（草案）
348	抗螨唑	fenazaflor
349	灭螨猛	chinomethionate
350	克杀螨	thioquinox
351	快螨特	propargite
352	苯螨特	benzoximate
353	苯丁锡	fenbutatin oxide
354	三唑锡	azocyclotin
355	三环锡	cyhexatin
356	苯螨噻	triarathene（草案）
357	虫螨磷	chlorthiophos
358	噻螨威	tazimcarb
359	四螨嗪	clofentezine（草案）
360	环螨酯	cycloprate（曾用名）
361	苯螨醚	phenproxide
362	噻螨酮	hexythiazox（草案）
363	苄螨醚	halfenprox

续表 5-1

序号	通用名称	国际通用名称（E-ISO）
364	嘧螨醚	pyrimidifen
365	华光霉素	nikkomycin（中国）
366	浏阳霉素	liuyangmycin（中国）
367	喹螨醚	fenazaquin（草案）
368	唑螨酯	fenpyroximate（草案）
369	螨蝉胺	Tifatol（商品名）
370	氟环脲	flucycloxuron（草案）
371	哒螨灵	pyridaben（草案）
372	吡螨胺	tebufenpyrad（草案）
增效剂		
373	八氟二丙醚	Octachlorodipro pylether（中国）
374	增效特	Bucarpolate（商品名）
375	增效砜	sufoxide（ESA）
376	增效醚	pieronyl butoxide
377	增效酯	propylisome（ESA）
378	增效环	piperonyl cyclonene（中国）
379	增效磷	
380	甲基增效磷	
381	增效胺	
灭鼠剂		
382	碳酸钡	barium carbonate
383	硫酸亚铊	thallous sulphate
384	磷化锌	zine phosphide
385	安妥	antu
386	毒鼠磷	phosazetin
387	鼠甘伏	glitor（中国）
388	杀鼠酮	Valone（商品名）
389	鼠完	pindone
390	敌鼠	diphacinone
391	敌鼠钠	sodium diphacinone（中国）
392	杀鼠灵	warfarin
393	克鼠灵	coumafuryl

续表 5-1

序号	通用名称	国际通用名称（E-ISO）
394	敌鼠灵	melitoxin（中国）
395	氯灭鼠灵	coumachlor
396	溴鼠灵	brodifacoum
397	氟鼠灵	flocoumafen
398	鼠得克	difenacoum
399	溴敌隆	bromadiolone
400	灭鼠特	thiosemicarbazide（中国）
401	灭鼠肼	promurit（中国）
402	鼠立死	crimidine
403	鼠特灵	norbormide
404	氯鼠酮	chlorophacinone
405	杀鼠醚	coumatetralyl
406	灭鼠优	pyrinuron
407	灭鼠安	
408	溴鼠胺	bromethalin（草案）
409	毒鼠硅	silatrane
410	噻鼠灵	difethialone（草案）
411	氟鼠啶	flupropadine（草案）
杀菌剂		
412	硫黄	sulfur
413	石硫合剂	lime sulfur（ESA）
414	硫酸铜	copper sulfate（化学名称）
415	波尔多液	bordeaux mixture
416	氢氧化铜	copper hydroxide（化学名称）
417	碱式碳酸铜	copper carbonate（化学名称）
418	王铜	copperchloride
419	氧化亚铜	cuprous oxide
420	喹啉铜	oxine-copper
421	络氨铜	cuaminosulfate（中国）
422	氯化乙基汞	ethylmercury chloride
423	乙酸苯汞	phenylmercury acetate
424	氯化苯汞	phenylmercury chloride

续表 5-1

序号	通用名称	国际通用名称（E-ISO）
425	三苯锡	fentin
426	三苯基乙酸锡	fentin acetate
427	三苯基氯化锡	fentin chloride
428	三苯基氢氧化锡	fentin hydroxide
429	田安	MAFA（日本）
430	甲基胂酸锌	zine methanearsonate
431	福美胂	asomate
432	福美甲胂	urbacide（JMAF）
433	甲基硫化胂	methylarsenic sulphide
434	稻瘟净	EBP（JMAF）
435	异稻瘟净	iprobenfos（草案）
436	灭菌磷	ditalimfos
437	苯稻瘟净	inezin（中国）
438	敌瘟磷	edifenphos
439	威菌磷	triamiphos
440	三乙膦酸铝	fosetyl-aluminium（草案）
441	甲基立枯磷	tolclofos-methyl
442	氯瘟磷	phosdiphen（JMAF）
443	吡菌磷	pyrazophos
444	克菌磷	
445	灭菌丹	folpet（草案）
446	克菌丹	captan
447	敌菌丹	captafol
448	二氰蒽醌	dithianon
449	二氯萘醌	dichlone
450	四氯对醌	chloranil
451	醌肟腙	benquinox
452	硫菌威	prothiocarb
453	磺菌威	methasulfocarb（草案）
454	霜霉威	propamocarb
455	吗菌威	carbamorph
456	乙霉威	diethofencarb（草案）

续表 5-1

序号	通用名称	国际通用名称（E-ISO）
457	甲霜灵	metalaxyl
458	呋霜灵	furalaxyl
459	苯霜灵	benalaxyl（草案）
460	恶霜灵	oxadixyl（草案）
461	呋酰胺	ofurace
462	威百亩	metam-sodium
463	安百亩	meta-ammonium
464	代森锌	zineb
465	代森锰	maneb
466	代森钠	nabam
467	代森铵	amobam（日本）
468	代森锰锌	mancozeb
469	代森硫	etem（BSI）
470	乙蒜素	ethylicin（中国）
471	代森环	milmeb（BSI）
472	丙森锌	propineb
473	福美双	thiram
474	福美铁	ferbam
475	福美锌	ziram
476	代森锰铜	mancopper
477	代森福美锌	polycarbamate（日本）
478	多菌灵	carbendazim
479	苯菌灵	benomyl
480	氰菌灵	cypendazole
481	噻菌灵	thiabendazole
482	麦穗宁	fuberidazole
483	咪菌威	debacarb
484	硫菌灵	thiophanate
485	甲基硫菌灵	thiophanate-methyl
486	丙硫多菌灵	albendazole
487	啶菌腈	pyridinitril
488	果绿啶	glyodin

续表 5-1

序号	通用名称	国际通用名称（E-ISO）
489	叶枯净	phenazine oxide（日本）
490	哌丙灵	piperlin（日本）
491	三氯甲基吡啶	nitrapyrin
492	嗪氨灵	triforine
493	二甲嘧酚	dimethirimol
494	乙嘧酚	ethirimol
495	乙嘧酚磺酸酯	bupirimate
496	十二环吗啉	dodemorph
497	十三吗啉	tridemorph
498	烯酰吗啉	dimethomoph（草案）
499	丁苯吗啉	fenpropimorph（草案）
500	异菌脲	iprodione
501	乙烯菌核利	vinclozolin
502	腐霉利	procymidone
503	菌核净	dimetachlone（中国）
504	菌核利	dichlozolin
505	氟氯菌核利	fluoromide（JMAF）
506	乙菌利	chlozolinate（草案）
507	甲菌利	myclozolin
508	哒菌酮	diclomezin（草案）
509	苯锈啶	fenpropidin（草案）
510	苯噻硫氰	benthiozole（日本）
511	咯喹酮	pyroquilon（草案）
512	喹菌酮	oxolinic acide（草案）
513	辛噻酮	octhilinone
514	抑霉唑	imazalil
515	氟啶胺	fluazinam（草案）
516	氟菌唑	triflumizole（草案）
517	呋菌胺	methuroxam（草案）
518	酯菌胺	cyprofuram
519	啶斑肟	pyrifenox（草案）
520	噻菌胺	metsulfovax（草案）

续表 5-1

序号	通用名称	国际通用名称（E-ISO）
521	氰菌胺	zarilamid（草案）
522	抑霉胺	Vangard（商品名）
523	嘧霉胺	pyrimethanil（草案）
524	嘧菌胺	mepanipyrim（草案）
525	嘧菌环胺	cyprodinil（BSI）
526	嘧菌腙	ferimzone（草案）
527	咪唑嗪	triazoxide（草案）
528	拌种咯	fenpiclonil（草案）
529	咯菌腈	fludioxonil
530	稻瘟酯	pefurazoate（草案）
531	噻菌腈	thicyofen（草案）
532	拌种灵	amicarthiazol（草案）

四、农药的主要剂型

1. 基本定义

农药的原药一般不能直接使用，必须加工配制成各种类型的制剂，才能使用。制剂的型态称剂型，商品农药都是以某种剂型的形式销售到用户。我国目前使用最多的剂型是乳油、悬浮剂、可湿性粉剂、粉剂、粒剂、水剂、毒饵、母液、母粉等剂型。

2. 类型概述

多数农药剂型在使用前经过配制成为可喷洒状态后使用，或配制成毒饵后使用，但粉剂、拌种剂、超低容量喷雾剂、熏毒剂等可以不经过配制而直接使用。农药剂型每种农药可以加工成几种剂型。各种剂型都有特定的使用技术要求，不宜随意改变用法。例如颗粒剂只能抛撒或处理土壤，而不能加水喷雾；可湿性粉剂只宜加水喷雾，不能直接喷粉；粉剂只能直接喷撒或拌毒土或拌种，不宜加水；各种杀鼠剂只能用粮谷等食物拌制成毒饵后才能应用。

不同剂型对于环境条件要求也各异，我国南方潮湿高温，北方严寒低温，对于各类农药剂型的贮存都很不利。可湿性粉剂及喷撒用粉剂在贮存不当的情况下会发生粉粒结块现象，从而影响粉粒在水中的悬浮能力以及粉粒在空中的飘浮能力；乳油制剂、悬浮剂等液态制剂，在冬季低温贮存时间过长，容易发生分层、结块、结晶等剂型破坏现象；一些乳油制剂在高温下会逐渐蒸发散失，使乳油制剂的浓度发生变化，导致有效成分析出。

每种制剂的名称是由有效成分含量、农药名称和剂型 3 部分组成，例如 50%乙草胺乳油，5%甲拌磷颗粒剂，15%三唑酮可湿性粉剂，0.025%敌鼠钠盐毒饵等。

五、农药毒性

（一）影响农药毒性的因素

影响农药毒性的物理因素有农药定额挥发性、水溶性、脂溶性等；化学因素有农药本身的化学结构、水解程度、光化反应、氧化还原以及人体内某些成分的反应等。

（二）农药毒性标准划分

农药是防治农林花卉作物病、虫、鼠、草和其他有害生物的化学制剂，使用极为广泛。所有农药对人、畜、禽、鱼和其他养殖动物都是有害的。使用不当，常常引起中毒死亡。不同的农药，由于分子结构组成的不同，因而其毒性大小、药性强弱和残效期也各不相同。

农药对人、畜的毒性可分为急性毒性和慢性毒性。所谓急性毒性，是指一次口服、皮肤接触或通过呼吸道吸入等途径，接受了一定剂量的农药，在短时间内能引起急性病理反应的毒性，如有机磷剧毒农药1605、甲胺磷等均可引起急性中毒。慢性毒性是指低于急性中毒剂量的农药，被长时间连续使用，接触或吸入而进入人、畜体内，引起慢性病理反应，如化学性质稳定的有机氯高残留农药666、滴滴涕等。

怎样衡量农药急性毒性的大小呢？衡量农药毒性的大小，通常是以致死量或致死浓度作为指标。致死量是指人、畜吸入农药后中毒死亡时的数量，一般是以每公斤体重所吸收农药的毫克数，用 mg/kg 或 mg/L 表示。表示急性程度的指标，是以致死中量或致死中浓度来表示。致死中量也称半数致死量，符号是 LD_{50}，一般以小白鼠或大白鼠做试验来测定农药的致死中量，其计量单位是每 mg/kg 体重。"毫克"表示使用农药的剂量单位，"千克体重"指被试验的动物体重，体重越大中毒死亡所需的药量就越大，其含义是每千克体重动物中毒致死的药量。中毒死亡所需农药剂量越小，其毒性越大；反之所需农药剂量越大，其毒性越小。如 1605 LD_{50} 为 6 mg/kg 体重，甲基 1605 LD_{50} 为 15 mg/kg 体重，这就表示 1605 的毒性比甲基 1605 要大。甲胺磷 LD_{50} 为 18.9～21 mg/kg 体重，敌杀死 LD_{50} 为 128.5～138.7 mg/kg 体重，说明甲胺磷毒性比敌杀死大。

（三）农药的毒性分级

1. 剧毒农药

致死中量为 1～50 mg/kg 体重。如久效磷、磷胺、甲胺磷、苏化203、3911等。

2. 高毒农药

致死中量为 51～100 mg/kg 体重。如呋喃丹、氟乙酰胺、氰化物、401、磷化锌、磷化铝、砒霜等。

3. 中毒农药

致死中量为 101～500 mg/kg 体重。如乐果、叶蝉散、速灭威、敌克松、402、菊酯类农药等。

4. 低毒农药

致死中量为 501~5 000 mg/kg 体重。如敌百虫、杀虫双、马拉硫磷、辛硫磷、乙酰甲胺磷、二甲四氯、丁草胺、草甘膦、托布津、氟乐灵、苯达松、阿特拉津等。

5. 微毒农药

致死中量为 5 000 mg/kg 体重以上。如多菌灵、百菌清、乙膦铝、代森锌、灭菌丹、西玛津等。

因此，广大农民在购买农药防治农作物的病、虫、鼠、草害时，一定要事先了解所购农药毒性的大小，按照说明书上的要求，在技术人员的指导下使用，千万不可粗心大意。

农药中毒轻者表现为头痛、头昏、恶心、倦怠、腹痛等，重者出现痉挛、呼吸困难、昏迷、大小便失禁，甚至死亡。

人体摄入的硝酸盐有 81.2% 来自受污染的蔬菜，而硝酸盐是国内外公认的 3 大致癌物亚硝胺的前体物。城市垃圾、污水和化学磷肥中的汞、砷、铅、镉等重金属元素是神经系统、呼吸系统、排泄系统重要的致癌因子；有机氯农药在人体脂肪中蓄积，诱导肝脏的酶类，是肝硬化肿大的原因之一；习惯性头痛、头晕、乏力、多汗、抑郁、记忆力减退、脱发、体弱等均是有毒蔬菜的隐性作用，是引发各种癌症等疾病的预兆；长期食用受污染蔬菜，是导致癌症、动脉硬化、心血管病、胎儿畸形、死胎、早夭、早衰等疾病的重要原因（绝大多数人食用有害蔬菜后并不马上表现出症状，毒物在人体中富集，时间长了便会酿成严重后果）。一个值得注意的倾向——近年来，癌症的发病率越来越高，且日趋年轻化，这很大程度上与食用受污染蔬菜有关。

六、农药最高残留量

1. 农药残留

农药残留指由于使用农药而导致在食品、农产品或动物饲料中残留的一定物质，包括具有明显毒性的农药及任何派生物质。

2. 农药最高残留量

农药最高残留量是指供消费食品中可允许的最大限度的农药残留浓度。它是一种从食品卫生保健角度考虑，防止遭受残留农药引起毒害的安全措施。一种农药的最大残留允许量可以从该种农药的 ADI 值推算而得。

$$最大残留允许量 = \frac{ADI值 \times 人体标准体重}{食品系数}$$

人体标准体重一般可按一地区内人体体重的情况来计算，譬如亚洲地区人体体格较小，一般按 50 kg 计算，欧洲一般按 70 kg 计算，我国目前按 55 kg 计算。

食品系数是根据各地取食习惯，通过调查后参考多方面的因素而制定。

农药最高残留量也称农药残留限量，世界卫生组织和联合国粮农组织对农药残留限量的定义为按照良好的农业生产规范，直接或间接使用农药后，在食品和饲料中形成的农药残留物的最大浓度。首先根据农药及其残留物的毒性评价，按照国家颁布的良好农业规范和安全合理使用农药规范，适应本国各种病虫害的防治需要，在严密的技术监督下，在有效防治病虫害的前提下，在取得的一系列残留数据中取有代表性的较高数值。

中国 2005 年公布了国家标准，对食品中的农药最大残留限量进行了明确规定，2006 年出台了《农产品质量安全法》，2007 年出台了《农药管理规定》，2009 年出台了《食品安全法》，2010 年成立农药残留标准评审委员会，以对食品中的农药残留进行强行限定，保证食品安全。

七、农药安全间隔期

安全间隔期是指农产品在最后一次使用农药到收获上市之间的最短时间。在此期间，多数农药的有毒物质会因光合作用等因素逐渐降解，农药残留达到安全标准，不会对人体健康造成危害。

在果园中用药，最后一次喷药与收获之间必须大于安全间隔期，以防人、畜中毒。

第二节　农药的选购与使用

一、农药的选购

1. 看包装

购买农药前要确定需要防治的病虫害种类，主治什么，兼治什么，然后才能选择农药品种。购药时要认真识别农药的标签和说明，凡是合格的商品农药，在标签和说明书上都标明了农药品名、有效成分含量、注册商标、批号、生产日期、保质期并有三证号（农药登记证号、批准证号、产品标准号），而且附有产品说明书和合格证。凡是三证不全的农药不要购买。此外还要仔细检查农药的外包装，凡是标签和说明书识别不清或无正规标签的农药不要购买。

2. 看外观

如果粉剂、可湿性粉剂、可溶性粉剂有结块现象；水剂有混浊现象；乳油剂不透明；颗粒剂中粉末过多等，以上农药属失效农药或低劣农药不要购买。此外，选购农药要注意农药的一药多名或一名多药，不要买错，特别是杀虫剂。如大功臣、四季红、一遍净、扑虱蚜、吡虫啉等，都为 10%的吡虫啉可湿性粉剂，属一药多名；而同叫稻虫净的农药，有的为杀虫丹与 BT 的复配剂，有的为菊酯类农药与有机磷农药的复配剂，有的为几种有机磷农药的混剂等，属一名多药，药名虽相同，其有效成分截然不同。

二、农药的使用

1. 对症施药，适时用药

首先要准确识别病虫害的种类，确定重点防治对象，并根据发生期、发生程度选好合适的农药品种和剂型。防治病害，要在病害发生前喷洒防护剂；病害发生后，则要喷洒治疗剂。防治病害要掌握先保护后治疗的原则，抓住最佳施药时机，并连续用药几次才能达到好的效果。

2. 合理用药

在保证防治效果的情况下，不要盲目提高药量、浓度和施药次数，过量施用极易发生药害。应在有效浓度范围内，尽量使用低浓度药品进行防治，防治次数要根据药剂的残效期和病虫害的发生程度来定。

3. 讲究施药方法

不同剂型的农药，应采用不同的施药方法。一般乳剂、可湿性粉剂以喷雾和泼浇为主；粉剂以喷粉为主；颗粒剂以撒施或深层基施为主；内吸性强的药剂，采用喷粉、喷雾、泼浇、涂茎均可。不同作用机制的农药，也应采取不同的施药方法，以达到最高防效的目的。根据病害的发生部位、害虫的活动规律以及不同的农药剂型，选择不同的施药方法和施药时间。

（1）粉剂。粉剂不易溶于水，一般不能加水喷雾，低浓度的粉剂供喷粉用，高浓度的粉剂用于配制毒土、毒饵、拌种和土壤处理等。粉剂使用方便，工效高，宜在早晚无风或风力微弱时使用。

（2）可湿性粉剂。吸湿性强，加水后能分散或悬浮在水中。可作喷雾、毒饵和土壤处理等用。

（3）可溶性粉剂（水溶剂）。可直接兑水喷雾或泼浇。

（4）乳剂（也称乳油）。乳剂加水后为乳化液，可用于喷雾、泼浇、拌种、浸种、毒土、涂茎等。

（5）超低容量制剂（油剂）。是直接用来喷雾的药剂，是超低容量喷雾的专门配套农药，使用时不能加水。

（6）颗粒剂和微粒剂。是用农药原药和填充剂制成颗粒的农药剂型，这种剂型不易产生药害。主要用于灌心叶、撒施、点施、拌种、沟施等。

（7）缓释剂。使用时农药缓慢释放，可有效地延长药效期，所以，残效期延长，可减轻污染和毒性，用法一般同颗粒剂。

（8）烟剂。烟剂是用农药原药、燃料、氧化剂、助燃剂等制成的细粉或锭状物。这种剂型农药受热汽化，又在空气中凝结成固体微粒，形成烟状，主要用来防治森林、设施农业病虫害及仓库害虫。

4. 贮藏方法

（1）防止分解。存放农药的地方应阴凉、干燥、通风，温度不应超过 25 ℃，更要注意远离火源，以防药剂高温分解。

（2）防止挥发。由于大多数农药具有挥发性，贮存农药要注意施行密封措施，避免挥发降低药效，污染环境，危害人体健康。

（3）防止误用。农药要集中放在一个地方，做好标记，瓶装农药破裂，要换好包装，贴上标签，以防误用。

（4）防止失效。粉剂农药要放在干燥处，以防受潮结块而失效。

（5）防止中毒。农药不能与粮油、豆类、种子、蔬菜、食物以及动物的饲料等同室存放，特别注意不要放在小孩可接触的地方。

（6）防止变质。农药要分类贮存，按化学成分，农药可分为酸性、碱性、中性三大类。这三类农药要分别存放，距离不要太近，防止农药变质；也不能和碱性物质、碳铵、硝酸铵等存放在一起。

（7）防止火灾。不要把农药和易燃易爆物放在一起，如烟熏剂、汽油等，防止引起火灾。

（8）防止冻结。低温要注意防冻，温度保持在 1 ℃以上。防冻的常用办法是用碎柴草、糠壳或不用的棉被覆盖保温。

（9）防止污染环境。对已失效或剩余的少量农药不可在田间地头随地乱倒，也不能倒入池塘、小溪、河流或水井，更不能随意加大浓度后使用，应采取深埋处理，避免污染环境。

（10）防止日晒。用棕色瓶子装着的农药一般需要避光保存。需避光保存的农药，若长期见光曝晒，就会引起农药分解变质和失效。例如乳剂农药经日晒后，乳化性能变差，药效降低，所以在保管时必须避免光照日晒。

（11）防止混放。农药分酸性、中性、碱性。酸性有敌敌畏、溴氰菊酯等；中性有三唑磷、杀虫双、螟施净、锐劲特等；碱性有波尔多液、石硫合剂、农用链霉素、噻菌铜等。这三种不同性质的农药在冬季保管时要隔开存放（相距最好在 2 m 以上），对用不完的两种农药也不能混装在一个瓶内，以免失效。

第六章　常用施药器械介绍

【内容提要】

本章主要介绍我国目前常用的农药施用器械，包括背负式喷雾器、压缩喷雾器、单管式喷雾器、踏板式喷雾器、机动喷雾器、电动喷雾器和植保农用无人机等。

一、背负式喷雾器

背负式喷雾器是由操作者背负，用摇杆操作液泵的液力喷雾器。它是我国目前使用得最广泛、生产量最大的一种手动喷雾器。

我国于 1959 年开始生产背负式喷雾器，型号为 58 型。20 世纪 60 年代后期改名为工农-16 型（3WB-16 型），药液箱容量为 16 L，桶身由薄铁皮制成，经搪铅或喷涂涂料处理，其耐腐蚀程度不太想像。70 年代后期部分厂家将这一机型的药液箱改用聚乙烯制造，按摇杆支点的固定方法的不同，结构分为 2 种，支点嵌入药液箱中，并把空气室移到药液箱后部凹陷处的称为 3WBS-16 型；支点固定在铁箍上的是 3WBS-16B 型；还有一些厂家生产结构相同，但容量为 12 L 和 14 L 的产品（3WBS-12、3WBS-14 型）。60 年代后期起还生产了一种主要结构与工农-16 型相同，铁皮桶身，形状为圆桶形，容量为 10 L 的长江-10 型（3WB-10）喷雾器，由操作者挂在肩上操作，但习惯上仍把它列入背负式喷雾器中。目前这种喷雾器有铁皮、铝板、塑料和搪瓷等几种。

20 世纪 90 年代末，国内开始研制新型喷雾器。最近开发的"卫士牌"WS-16 型塑料喷雾器，是在综合多种进口样机优点的基础上，结合我国的具体情况研制的。它将空气室与泵合二为一，且内置于药箱中，结构紧凑、合理、安全可靠，采用大流量活塞泵，稳压性能突出，操作轻便，省力，升压快；具有膜片式揿压开关，不易渗漏，操作灵活；可连续喷洒，也可点喷，针对性强，节省农药。配备多种喷洒部件，雾化效果好，可满足不同作物中各种病虫草害防治的需要；选用材料优良，强度高，耐磨性好，耐腐蚀性好，使用可靠，寿命长。与工农-16 型、长江-10 型等喷雾器相比，具有较突出的安全性，防渗漏及应用范围广等特点。

（一）结　构

背负式喷雾器主要由药液桶（箱）、液泵和喷洒部件组成。工农-16 型和长江-10 型喷雾器除药液桶的容量和形状不同外，其他结构都相同。工农-16 型喷雾器见图 6-1；卫士 WS-16 型喷雾器外形，见图 6-2。

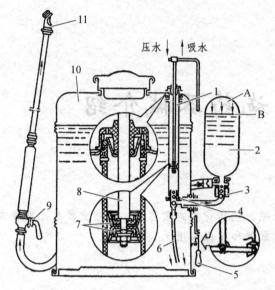

1—摇杆；2—泵筒；3—进水阀；4—出水阀；
5—手柄；6—吸水管；7—皮碗；8—活塞杆；
9—开关；10—药液箱；11—喷头
A—空气腔；B—安全水位

图 6-1　工农-16 型喷雾器

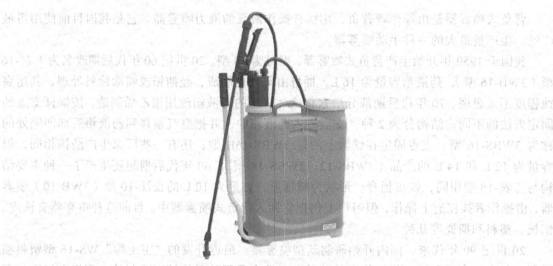

图 6-2　卫士 WS-16 型喷雾器

（二）工作原理

当操作者上下揿动摇杆或手柄时，通过连杆使塞杆在泵筒内做上下往复运动，行程为 40～100 mm。当塞杆上行时，皮碗由下向上运动，皮碗下方由皮碗和泵筒所组成的空腔容积不断增大，形成局部真空。这时药液桶内的药液在液面和腔体内的压力差作用下冲开进水阀，沿着进水管路进入泵筒，完成吸水过程。当塞杆下行时，皮碗由上向下运动，泵筒内的药液被挤压，使药液压力骤然增高。在这个压力的作用下，进水阀被关闭，出水阀被压开，药液通过出水阀进入空气室。空气室里的空气被压缩，对药液产生压力，打开开关后药液通过喷杆进入喷头被雾化喷出。在空心圆锥雾喷头中，包括上述的切向进液喷头或具有旋水片、旋水芯的喷头，液体是从切向进液通道或从旋水片、旋水芯的螺旋通道进入涡流室内，液体发生旋转，喷孔处于涡流室的轴线上，因而喷出的液体形成空心圆锥形薄膜，然后被粉碎成雾滴。至于具有双槽旋水芯的喷头，液体是从旋水芯上的轴向进液通道通过旋水芯之后，切向进入由旋水芯前部中央的凹坑与喷头片组成的涡流室。狭缝喷头的喷嘴，其圆柱形流道的端部成半圆球形，外部开有"V"形切口。由"V"形槽两侧弧形面喷射出的两股液流互相撞击而在切槽的方向产生液膜，液膜与静止的空气介质作用而形成扇形雾流。

（三）使用维护

背负式喷雾器除严格按照产品使用说明书的要求进行使用维护外，还应着重注意以下几点：

（1）工农-16型等喷雾器上的新牛皮碗在安装前应浸入机油或动物油（忌用植物油），浸泡24 h。向泵筒中安装塞杆组件时，应注意将牛皮碗的一边斜放在泵筒内，然后使之旋转，将塞杆竖直，用另一只手帮助将皮碗边沿压入泵筒内，就可顺利装入，切忌硬行塞入。

（2）根据需要选用合适的喷杆和喷头。卫士WS-16型喷雾器有几种喷杆，双喷头T形喷杆和四喷头直喷喷杆适用于宽幅全面喷洒；U形双喷头喷杆可用于作物行上喷洒，侧向双喷头喷杆适用于在行间对两侧作物基部喷洒。空心圆锥雾喷头有几种孔径的喷头片，大孔的流量大、雾滴较粗、喷雾角较大；小孔的相反，流量小、雾滴较细、喷雾角较小。可以根据喷雾作业的要求和作物的大小适当选用。

（3）在卫士WS-16型喷雾器的T形直喷喷杆上安装110°狭缝喷头时，喷嘴上的切槽要略微偏转与喷杆轴线约成5°角，这样可使相邻喷头的雾流互不撞击。作业时要注意控制喷杆的高度，使各个喷头的雾流相互重叠，整个喷幅内雾量均匀分布，适合在全面喷施除草剂时使用。

（4）背负作业时，应每分钟撬动摇杆18～25次。操作工农-16型、长江-10型喷雾器时不可过分弯腰，以防药液从桶盖处溢出溅到身上。

（5）加注药液，不许超过桶壁上所示水位线。如果加注过多，工作中泵筒盖处将出现溢漏现象。空气室中的药液超过安全水位线时，应立即停止打气，以免空气室爆炸。

（6）所有皮质垫圈，贮存时应浸足机油，以免干缩硬化。

（7）每天使用结束，应加少许清水喷射，并清洗喷雾器各部分，然后放在室内通风干燥处。

（8）喷洒除草剂后，必须将喷雾器，包括药液箱、胶管、喷杆、喷头等彻底清洗干净，以免在下次喷洒其他农药时对作物产生药害。

二、压缩喷雾器

压缩喷雾器是靠预先压缩的气体使药液桶中的液体具有压力的液力喷雾器。按喷雾器的携带方式有肩挂式和手提式2种，农用压缩喷雾器容量6～8 L，都为肩挂式。我国生产的农用压缩喷雾器有3WS-7型（也称552丙型）、三圈-6型、3WSS-6型和3WSS-8型等品种。压缩喷雾器目前在市场中和实际应用中比较少见。

3WS-7型喷雾器系20世纪50年代定型生产的产品，桶身由薄钢板制造，钢板表面进行搪或喷涂防腐涂料处理，耐农药腐蚀的能力不太理想，该喷雾器没有安装安全阀，如打气过度，压力过高会造成事故，但因其结构简单，价格较低，至今仍是压缩喷雾器的主要品种。三圈-6型、3WSS-6型、3WSS-4型喷雾器桶身等部件用塑料制成，采用了铝合金喷杆、撒压式开关，安装了安全阀，具有耐蚀、安全等优点。以下以3WS-7型为例进行介绍。

（一）结　构

3WS-7型由打气泵、药液桶和喷洒部件等组成。打气泵由泵筒、塞杆和出气阀等组成。泵桶用焊接钢管制造，要求内壁光滑、密封性好。泵筒底部安装有出气阀。泵筒内部，塞杆下端装有垫圈、皮碗等零件。

药液桶由桶身、加水盖、出水管、背带等组成。桶身采用薄钢板制造，除贮存药液外还起空气室的作用，要求能承受一定压力并能密封。桶身上标有水位线，以控制加液量。

3WS-7型压缩喷雾器的结构，其喷洒部件与工农-16型背负式喷雾器相同。

（二）工作原理

压缩喷雾器是利用打气筒将空气压入药液桶液面上方的空间，使药液承受一定的压力，经出水管和喷洒部件成雾状喷出（图6-3）。当将喷雾器塞杆上拉时，泵筒内皮碗下方空气变稀薄，压强减小，出气阀在吸力作用下关闭。此时皮碗上方的空气把皮碗压弯，空气通过皮碗上的小孔流入下方。当塞杆下压时，皮碗受到下方空气的作用紧抵着大垫圈，空气只好向下压开出气阀的阀球而进入药液桶。如此不断地上下压塞杆，药液桶上部的压缩空气增多，压强增大。这时打开开关，药液就被压入喷洒部件，成雾状喷出。

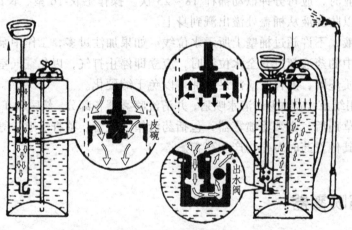

图6-3　3WS-7型压缩喷雾器工作原理

三、单管喷雾器

单管喷雾器是种只有手动泵和喷洒部件的喷雾器。它具有较高的工作压力，常用工作压力达 0.7 MPa。其产品型号有 WD-0.55 型、丰产-2.6 型等，在 20 世纪 80 年代较为常见，目前实际应用已不多。以下以 WD-0.55 型单管喷雾器为例介绍其结构与工作原理。

该喷雾器由与空气室组成一体的柱塞泵和喷洒部件组成（图 6-4）。它没有药液箱，作业时将泵插入盛药液的容器内，所以需要两个人操作。

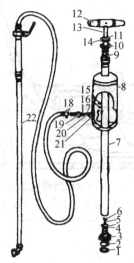

图 6-4 WD-0.55 型单管喷雾器

1—挡圈；2—滤网；3—进水阀座；4，14，20—垫圈；5—阀球；6，15—阀销；7—泵筒管；8—空气室；
9—盆形密封圈；10—压紧螺母；11—套圈；12—手柄；13—活塞杆；16—铜球；17—出水阀座；
18—软管接头；19—出水接头；21—出水座；22—喷洒部

该喷雾器用黄铜材料制造，喷洒部件的结构与背负式喷雾器相似，但可承受较大的喷施压力。

柱塞泵底部吸水座内有一个进水阀，在空气室内部的泵筒管外壁上有一个出水阀，两个阀内均有铜球，由铜球的上下跳动来开启和关闭阀门，并只允许药液流进阀门而不许流出，以控制药液的流向。当提起塞杆上升时，泵筒管内的空间突然增大，形成局部真空，在大气压力的作用下药液冲开进水阀球，进入泵筒管内。压下塞杆时，进水阀球将进水孔封闭，已进入泵筒管内的药液只能推开出水阀球进入空气室。再次提起塞杆时出水阀在空气室内的药液作用下被关闭，进水阀打开。如此反复，进入空气室的药液逐渐增多，空气室内的空气被压缩而使药液承受压力，药液经过了出水接头，通过喷洒部件成雾状喷出。

四、踏板式喷雾器

踏板式喷雾器是一种喷射压力高、射程远的手动喷雾器。操作者以脚踏机座，用手推摇杆前后摆动，带动柱塞泵往复运动，将药液吸入泵体，并压入空气室，形成 0.8～1.0 MPa 的压力，进行正常喷雾。踏板式喷雾器适用于果树、桑树、园林、架棚等植物的病虫害防治，也常用于仓储除虫、建筑喷浆、装饰内壁等。

踏板式喷雾器按泵的结构不同大致可分单缸和双缸两类，如丰收-3 型是双缸泵踏板式喷雾器（图 6-5），3WY-28 型是单缸泵踏板式喷雾器。丰收-3 型喷雾器的最高工作压力可达 1.8 MPa，垂直射程 2～4 m，水平射程 3～7 m，喷射流量可达 3.3～3.7 L/min。

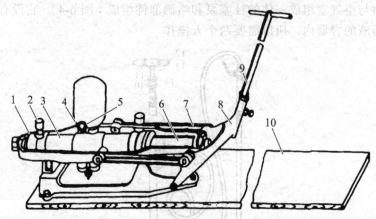

图 6-5　3WY-28 型踏板式喷雾器

1—框架；2—油杯；3—泵缸；4—出液口；5—空气室；6—柱塞；
7—连杆；8—杠杆；9—摇杆；10—踏板

（一）结　构

丰收-3 型踏板式喷雾器主要由液压泵、空气室、机座、械杆部件、三通部件、吸液部件和喷洒部件组成。

起初进、出水阀均用黄铜或不锈钢制造，随着工程塑料的应用发展，近年来阀座与阀罩改用工程料制造，阀球改用玻璃球，取得了较好的效果。当阀门改为工程塑料时，上、下 2 个垫圈改为一体，套在阀座与阀罩上，既起密封作用又起连接作用。

喷洒部件与一般喷雾器的喷洒部件基本相同，但因工作压力比背负式手动喷雾器高，所以，耐压性能较高些。喷雾胶管一般长为 6 m，并配有单喷头和双喷头，也可配小型可调喷枪。

3WY-28 型单柱塞（单缸）踏板式喷雾器与双柱塞（双缸）踏板式喷雾器在结构上的主要不同在于只有一个柱塞，而且活塞杆、缸体均采用不锈钢或黄铜材料制造，进水端盖和气室座用合金材料制作，因此，结构显得简单紧凑，重量轻而且耐腐蚀，密封件均采用天然橡胶，密封可靠性提高。

（二）工作原理

丰收-3 型踏板式喷雾器手柄前后摆动，通过杠杆、连杆、框架带动柱塞前后运动。当摇杆由右向左拉时，柱塞也由右向左移动，左出液球阀关闭，左柱塞与缸体左腔的容积增大，压力下降，产生局部真空，药液容器内的药液在大气压的作用下，通过吸液头和吸液胶管，冲开左吸液球阀进入缸体左腔筒内。同时右吸液球阀关闭，右柱塞与缸体右腔筒所组成的容积不断缩小，腔筒内的药液压力升高，药液冲开右出球阀而进入空气室。

当摇杆向右推时，其作用则相反。如此不断地将药液吸入缸体腔筒内，又从缸体腔筒内压入空气室，空气室的空气受压缩而压力升高，当达到一定压力时，便可打开喷杆上的开关，使药液连续地通过出液三通、胶管、杆和喷头喷孔呈雾状喷出。

3WY-28 型单柱塞（单缸）踏板式喷雾器也是利用摇杆前后摆动来带动柱塞前后运动，只是单柱塞式（单缸）踏板式喷雾器只有一个柱塞。

（三）注意事项

（1）药液必须过滤，以免杂质堵塞喷孔而影响喷雾质量。

（2）该喷雾器没有装压力表和安全装置，使用时只能凭感觉估计压力大小。

（3）吸水座必须淹入药液内，以免产生气隔。

（4）当中途停止喷药时，必须立即关闭开关，停止推动摇杆。

（5）不允许两人同时推摇杆，以免超载工作而使胶管破裂和损坏药械。

五、农用机动喷雾器

机动喷雾器的结构一般包括皮带轮及皮带、泵支架、泵体、叶轮及轴、贮药室及管道。其特征在于：泵体高压室顶部装有控制发动机油门的自动压力控制机构，高压室与低压室之间装有调压阀，叶轮轴上装有自动离合式皮带轮，背负式喷雾器的汽油发动机轴上装有花键套及其皮带轮，用皮带连接自动离合式皮带轮，自动压力控制机构与背负式喷雾器的汽油发动机油门上的油门拉线连接在一起。如图 6-6 所示为几种常见的机动喷雾器。

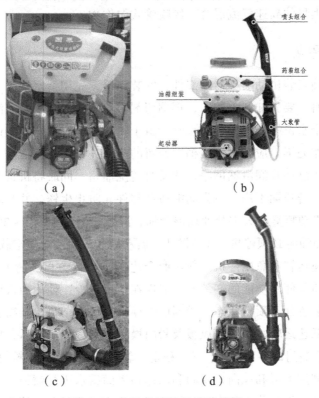

（a） （b）

（c） （d）

图 6-6 几种常见的机动喷雾器

（一）工作原理

以背负式弥雾喷雾（粉）机为例，该喷雾机以汽油机为动力，采用高压离心式风机，由发动机曲轴直接驱动风机轴以 5 000 r/min 的速度转动。贮药箱既是贮液箱又是贮粉箱，只需在贮药箱内换装不同的部件。喷管主要由塑料件组成，不论弥雾还是喷粉都用同一主管，在其上换装不同的部件即可。发动机和风机都是通过减震装置固定在机架上，以减小它们在高速转动时产生的震动传给机架。其弥雾工作原理：当发动机曲轴驱动风机叶轮高速旋转时，风机产生高压气流，其中大部分经风机出口流向喷管，少部分流经进风阀、软管、滤网，到达贮药箱内药液上方，对液面施加一定压力，药液在风压作用下通过粉门、出水塞接头、输液管、开关到达喷嘴（即气压输液）。喷嘴位于弥雾喷头的喉管处，由风机出风口送来的气流通过此处时因截面突然缩小，流速突增，在喷嘴处产生负压。药液在贮药箱内受正压和在此处受负压的共同作用下，从喷嘴源源不断地喷出，正好与从喷管来的高速气流相遇。由于两者流速相差极大，而且方向垂直，高速气流将从喷嘴喷出的细流或粗雾滴剪切成细小的雾滴，直径为 100 ~ 150 μm，并经气流运载到远方，在运载沿途，气流将细小的雾滴进一步弥散，最后沉降下来。对于喷粉机，从风机产生的高速气流大部分经风机出口流向弯头、喷管，少部分经进气阀进入吹粉管。由于风速快、风压大，气流便从吹粉管小孔吹出来，将贮药箱底部的药粉吹松散，并吹向粉门（即气流输粉）。同时由于大部分高速气流通过风机出口的弯头时，在输粉管口处造成一定的真空度，因此当粉门开关打开时，药粉就能够通过粉门、输粉管被吸入弯头，与大量的高速气流混合，经喷管吹向作物。

（二）使用要点

按使用说明正确安装机动喷雾器零部件，安装完后，先用清水试喷，检查是否有滴漏和跑气现象。在使用时，要先加 1/3 的水，再倒药剂，然后加水达到药液浓度要求，注意药液的液面不能超过安全水位线。初次装药液时，由于喷杆内含有清水，在试喷雾两三分钟后，正式开始使用。工作完毕，应及时倒出桶内残留的药液，再用清水清洗干净。若短期内不使用机动喷雾器，应将燃油及润滑油倒净，并及时清洗油路，同时将机具外部擦干，装好，置于阴凉干燥处存放。若长期不用，应先润滑活动部件，防止生锈，并及时封存。

目前，常用的机动喷雾器大部分使用混合油，混合此例为 15∶1 ~ 20∶1。机油最好使用二冲程专用机油。加油时必须停机，注意防火。启动后和停机前，须空载低速运转 3 ~ 5 min，严禁空载大油门高速运转和急剧停机。新机磨合达 24 h 以后方可负荷工作。

机动喷雾器喷粉是使用功能的一部分，但现在使用较少，使用前按照使用说明书的规定调整机具，使药箱装置处于喷粉状态。粉剂应干燥，不得有杂草、杂物和结块。不停车加药时，汽油机应处于低速运转，关闭挡风板及粉门操纵手柄，加药粉后，旋紧药箱盖，并把风门打开。背机后将手油门调整到适宜位置，稳定运转片刻，然后调整粉门开关手柄进行喷施。在林区喷施要注意利用地形和风向，晚间利用作物表面露水进行喷粉较好。使用长喷管进行喷粉时，先将薄膜从摇把组装上放出，再加油门，能将长薄膜塑料管吹起来即可，转速不要过高，然后调整粉门喷施。为防止喷管末端存粉，前进中应随时抖动喷管。

停止运转时，先将药液或粉门开关闭合，再减小油门，使汽油机低速运转 3~5 min 后关闭油门，汽油机即可停止运转，然后放下机器并关闭燃油阀。

（三）保　养

机动喷雾器使用后应随时保养，长期存放时，除做好一般保养工作外，还要做好以下几点：

（1）药箱内残留的药液、药粉会对药箱、进气塞和挡风板部件产生腐蚀，缩短其寿命，因此要认真清洗干净。

（2）汽化器沉淀杯中不能残留汽油，以免油针、卡簧等部件遭到腐蚀。

（3）务必放尽油箱内的汽油，以避免不慎起火，同时防止汽油挥发污染空气。

（4）用木片刮火花塞、气缸盖、活塞等部件的积炭。刮除后用润滑剂涂抹，以免锈蚀；同时检查有关部件，需修理的一同修理。

（5）清除机体外部的尘土及油污，脱漆部位要涂黄油防锈或重新涂油漆。

（6）存放地点要干燥通风，远离火源，以免橡胶件、塑料件过热变质；但温度也不应低于 0 ℃，避免橡胶件和塑料件因温度过低而变硬、加速老化。

（四）故障排除

1. 不能起动或起动困难

其原因及处理方法：① 油箱无油，加燃油即可。② 各油路不畅通，应清理油道。③ 燃油过脏，油中有水等，需更换燃油。④ 气缸内进油过多，拆下火花塞空转数圈并将火花塞擦干即可。⑤ 火花塞不跳火，积炭过多或绝缘体被击穿，应清除积炭或更新绝缘体。⑥火花塞、白金间隙调整不当，应重新调整。⑦ 电容器击穿，高压导线破损或脱解，高压线圈击穿等，须修复更新。⑧ 白金上有油污或烧坏，清除油污或打磨烧坏部位即可。⑨ 火花塞未拧紧，曲轴箱体漏气，缸垫烧坏等，应紧固有关部件或更新缸垫。⑩ 曲轴箱两端自紧油封磨损严重，应更换。⑪ 主风阀未打开，打开即可。

2. 能起动但功率不足

其原因及处理方法：① 供油不足，主量孔堵塞，空滤器堵塞等，应清洗疏通。② 白金间隙过小或点火时间过早，应进行调整。③ 燃烧室积炭过多，使混合气出现预燃现象（特征是机体温度过高），应清除积炭。④ 气缸套、活塞、活塞环磨损严重，应更换新件。⑤ 混合油过稀，应提高对比度。

3. 发动机运转不平稳

其原因及处理方法：① 主要部件磨损严重，运动中产生敲击抖动现象，应更换部件。② 点火时间过早，有回火现象，须检查调整。③ 白金磨损或松动，应更新或紧固。④ 浮子室有水或沉积了机油，造成运转不平稳，清洗即可。

4. 运转中突然熄火

其原因及处理方法：① 燃油烧完，应加油。② 高压线脱落，接好即可。③ 油门操纵机构脱解，应修复。④ 火花塞被击穿，须更换。

5. 农药喷射不雾化

其原因及处理方法：① 转速低，应加速。② 风机叶片角度变形，装有限风门的未打开，视情况处理。③ 超低量喷头内的喷嘴轴弯曲，高压喷射式的喷头中有杂物或严重磨损等，采取相应措施处理。

六、农用电动喷雾器

农用电动喷雾器具有制动轻便，上压快，不漏液等特点。可广泛用于粮食、棉花、蔬菜、花卉、果树等病虫草害的防治，也可用于宾馆、车站等公共场所清洁环境及家禽圈舍的卫生防疫。

电动喷雾器由贮液桶、滤网、连接头、抽吸器（小型电动泵）、连接管、喷管、喷头依次连接构成。抽吸器是一个小型电动泵，经电线及开关与电池连接，电池盒装于贮液桶底部，贮液桶可制成带沉下的装电池的凹槽。电动喷雾器的优点是取消了抽吸式吸筒，从而有效地消除了农药外滤伤害操作者的弊病，且电动泵压力比人手动吸筒压力大，增大了喷洒距离和范围，雾化效果好，省时、省力、省药。如图 6-7 所示为几种常见的电动喷雾器。

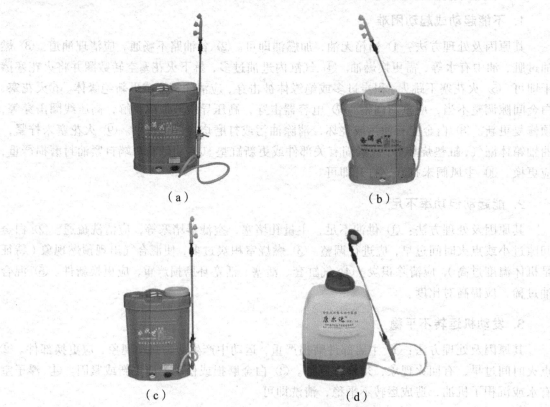

（a）　　　　　　　　　（b）

（c）　　　　　　　　　（d）

图 6-7　几种常见的农用电动喷雾器

（一）主要特点

（1）与手动喷雾器相比，省时 2/3，省力 3/4，药效提高 1 倍。

（2）电动喷雾器可以安装 1 个、2 个、3 个喷头，一桶水容量 16 L 左右，8 ~ 12 min 可以喷完。由于压力大（0.5 ~ 0.6 MPa），可以产生 2 m^3 的雾团。喷药速度快，药液雾化好，药效高。

（3）电瓶容量大，工作时间长。充电一次，可以连续工作 6 ~ 8 h（隔膜泵）。

（4）费用低，工作效率高。充一次电，只花电费几分钱（相当于 20 W 电灯的耗电量）。

（5）智能化工作，操作简单方便。本机体积比手压喷雾器略大，空机重量 6 kg 左右。打药时，只需要开电源开关（隔膜泵本身就可以起到开关作用）就可以工作；关闭药液开关，水泵自动开始减压回流，不会憋爆软管。一桶水打完后再关闭电开关。

（6）使用范围广。适用于小麦、玉米、棉花、水稻、果树、温室大棚、葡萄、烟草、茶树、花卉、园艺等各种作物。

（二）配置及技术指标

1. 电　瓶

采用电动喷雾器专用免维护电瓶，正确使用，一般可以使用 3 年以上。

2. 充电器

选用高性能充电器。特点：采用高频开关脉冲三段式充电，精度特高，能有效提高电池的使用寿命；具有过充、短路等自动保护功能；可以自动修复过放电电池或久置不用的电池。

3. 水　泵

使用智能化隔膜水泵。

水泵具有四个特点：① 压力大，可以达到 0.5 ~ 0.6 MPa（普通喷雾器的压力只有 0.1 ~ 0.15 MPa）。② 耗电量小，只有 1.5 ~ 1.8 A。③ 智能化，打开电源开关就开始工作，关闭药液开关，水泵自动减压回流。④ 寿命长，电机寿命在 5 年以上。

4. 喷雾器桶

容量常为 16 L 左右，壁厚约 3 mm，耐压、不漏。

（三）使用说明

（1）充电：购机后立即充电，将电瓶充满。因为电瓶出厂前只有部分电量，完全充满后方可使用。一般充电时间为 5 ~ 8 h，花电费仅几分钱。因为本充电器具有过充保护功能，充满后自动断电，不会因为忘记切断电源，长时间（几天几夜）过充电而损伤电瓶。

（2）充电时，必须使用本机专用的充电器，与 220 V 电源连接。充电器红灯亮，表示正在充电；充电器绿灯亮，表示充电基本完成，但此时电量较虚，需要再充 1 ~ 2 h 才能真正充满。

（3）每次使用完后（无论使用时间长短）必须立即充电，这样可以延长电瓶的使用寿命。

（4）如果喷雾器长时间不用（农闲时），一般两三个月充一次电，保证电瓶不亏电，这样可以延长电瓶的使用寿命。

（5）本机配有单喷头、双喷头，使用时根据作物的不同，选用不同的喷头。例如，高1.2 m的棉花，一次可以喷4~6行；小麦、水稻一次可以喷6~8 m；喷果树，可以使用本机的药桶，也可以利用大水罐放在地上，配 20~30 m 的长水管喷药，机器本身喷的水雾可以高达7~8 m，把喷杆加长可以喷到十几米甚至以上。

（6）本机的底座安装有活门。如果喷施面积较大，可以另备一只电瓶或选用更大容量的电瓶，打开活门就可以更换。

（7）必须使用干净水，添加药液时必须使用本机配备的专用过滤网。

（四）注意事项

（1）严禁整机浸入水中或用水冲洗。

（2）每次施药后，必须用清水喷雾几分钟，清洗水泵内存留的药液颗粒（尤其是可湿粉），否则，容易造成水泵不吸水或压力降低。

七、植保无人机

植保无人机，顾名思义是用于农林植物保护作业的无人驾驶飞机。该型无人飞机由飞行平台（固定翼、单旋翼、多旋翼）、GPS 飞控、喷洒机构三部分组成，通过地面遥控或 GPS 飞控，实现喷洒作业，可以喷洒药剂、种子、粉剂等。

植保无人机体型小而功能强大，可负载8~10 kg农药，在低空喷洒农药，每分钟可完成一亩地的作业，其喷洒效率是传统人工的30倍。该型飞机采用智能操控，操作人员通过地面遥控器及 GPS 定位对其实施控制，其旋翼产生的向下气流有助于增加雾流对作物的穿透性，防治效果好；同时远距离操控施药大大提高了农药喷洒的安全性。还能通过搭载视频器件，对农业病虫害等进行实时监控。如图 6-8 所示是几种常见的植保无人机。

（a）　　　　　　　　　　　　　　　（b）

（c）

图 6-8　几种常见的植保无人机

（一）优　势

无人驾驶小型植保直升机具有作业高度低，飘移少，可空中悬停，无需专用起降机场，旋翼产生的向下气流有助于增加雾流对作物的穿透性，防治效果高，远距离遥控操作，喷洒作业人员避免了暴露于农药下的危险，提高了喷洒作业安全性等诸多优点。另外，电动无人直升机喷洒技术采用喷雾喷洒方式，至少可以节约 50%的农药使用量，节约 90%的用水量，这在很大程度上降低了资源成本。

（二）机型对比

目前，国内销售的植保无人机分为两类，油动植保无人机和电动植保无人机，二者的优缺点对比如表 6-1 所示：

表 6-1　油动和电动植保无人机优缺点对比

	油动植保无人机	电动植保无人机
优点	1. 载荷大，15~120 L 都可以 2. 航时长，单架次作业范围大 3. 燃料易于获得，采用汽油混合物做燃料	1. 环保，无废气，不造成农田污染 2. 易于操作和维护，一般操作人员使用 7 天就可操作自如 3. 售价低，一般在 10 万~18 万，易被人们接受及普及 4. 电机寿命长，可达上万小时
缺点	1. 由于燃料是采用汽油和机油混合，不完全燃烧的废油会喷洒到农作物上，造成农作物污染 2. 售价高，大功率植保无人机一般售价在 20万~200 万 3. 整体维护较困难，因采用汽油机做动力，其故障率高于电机 4. 发动机磨损大，寿命 300~500 h	1. 载荷小，载荷范围 5~15 L 2. 航时短，单架次作业时间一般 4~10 分钟，作业面积 10~20 亩/架次 3. 采用锂电作为动力电源，外场作业需要配置发电机，及时为电池充电

一般来说，电动无人机与油动的相比，整体尺寸小，重量轻，折旧率低，单位作业人工成本低，易保养。

（三）机体特点

（1）采用高效无刷电机作为动力，机身振动小，可以搭载精密仪器，喷洒农药等更加精准；

（2）地形要求低，作业不受海拔限制，在西藏、新疆等高海拔地域也可使用；

（3）起飞调校短，效率高，出勤率高；

（4）环保，无废气，符合国家节能环保和绿色有机农业发展要求；

（5）易保养，使用、维护成本低；

（6）整体尺寸小，重量轻，携带方便；

（7）具有图像实时传输、姿态实时监控功能；

（8）喷洒装置有自稳定功能，确保喷洒始终垂直地面；

（9）高速离心喷头设计，不仅可以控制药液喷洒速度，也可以控制药滴大小，控制范围在 $10 \sim 150 \, \mu m$；

（10）半自主起降，切换到姿态模式或 GPS 姿态模式下，只需简单地操纵油门杆即可轻松操作直升机平稳起降；

（11）失控保护，直升机在失去遥控信号的时候能够在原地自动悬停，等待信号恢复；

（12）机身姿态自动平衡，摇杆对应机身姿态，最大姿态倾斜45°，适合于灵巧的大机动飞行动作；

（13）GPS 姿态模式（老版、标配版可通过升级获得），精确定位和高度锁定，即使在大风天气，悬停的精度也不会受到影响；

（14）新型植保无人机的尾旋翼和主旋翼动力分置，使得主旋翼电机功率不受尾旋翼耗损，进一步提高了载荷能力，同时加强了飞机的安全性和操控性。这也是无人直升机发展的一个方向。

（四）使用安全注意事项

（1）远离人群，安全永远放在第一位；

（2）操作飞机之前，首先要保证飞机的电池及遥控器的电池有充足的电量，之后才能进行相关的操作；

（3）严禁酒后操作飞机；

（4）严禁在人群上空乱飞；

（5）严禁在下雨时飞行，水和水汽会从天线、摇杆等缝隙进入发射机并可能引发失控；

（6）严禁在雷雨天气飞行；

（7）一定要保持飞机在自己的视线范围之内飞行；

（8）远离高压电线飞行；

（9）安装和使用遥控模型需要专业的知识和技术，不正确的操作可能导致设备损坏或者人身伤害；

（10）避免发射机的天线指向飞机，因为这是信号最弱的角度，要用发射机天线的径向指向被控的飞机，并避免遥控器和接收机靠近金属物体；

（11）遥控器 2.4 GHz 的无线电波几乎是以直线传播的，应避免在遥控器和接收机之间出现障碍物；

（12）如果发生了飞机坠落、碰撞、浸水或其他意外情况，再次使用前应做充分的测试；

（13）应使飞机和电子设备远离儿童；

（14）在遥控器电池组的电压较低时，不要飞得太远，在每次飞行前都需要检查遥控器和接收机的电池组，不要过分依赖遥控器的低压报警功能，低压报警功能主要是提示操作者何时需要充电，没有电的情况会直接造成飞机失控；

（15）把遥控器放在地面上的时候，注意平放而不要竖放，因为竖放时可能会被风吹倒，这就有可能造成油门杆被意外拉高，引起动力系统的运动，从而造成伤害。

（五）存在的问题

目前国内植保无人机技术和产品性能参差不齐，众多产品中应选择能够充分满足大面积、高强度植保喷洒要求的机型。

（1）切忌盲目购买，作为一种新的喷洒技术，如果是想真正用于农林植保，应实地考察飞防作业，从技术层面多一些了解，而后入手；

（2）培训及售后服务到位不充分的产品不要购买，以免当成摆设；

（3）飞防专用药剂产品及应用知识体系不全，擅自盲目勾兑药剂，容易出现农药残留过高，造成药害或者灭害效果差等问题。

（4）市场需求量大，准入门槛不高，专业化水平难提升。

第七章 稻田主要农药使用技术

【内容提要】

自农药被发明以来，农药剂型发展十分迅速。据统计，目前已有各种农药制剂百余种，并以农药制剂的形态分成干制剂、液体制剂和其他制剂。如此多的农药剂型，怎样才能充分发挥农药的除虫防病的作用？怎样才能最好的减少农药使用后对环境的影响？怎样才能更好地解决农药使用后的残留问题？一方面，针对农药本身，加强在农药剂型、毒理作用等方面的研究。另一方面，优化农药的施药技术，提高农药的有效利用率，也能很好地缓解一系列生物安全、环境污染等方面的影响。本章主要探讨现有的农药施药技术以及农药施药技术的发展趋势。

第一节 稻田常用农药品种及特性

农作物在生长、发育、运输、贮存过程中，都会受到不同程度的病、虫、草、鼠的危害。为使农作物免受或者少受损失，就必须采取有效措施控制病、虫、草、鼠的危害，于是使用化学农药防治各种农作物病、虫、草、鼠的危害就有很大的必要。水稻作为一种主要粮食，其病虫害的防治工作一直是粮食生产工作的重中之重。相应地，水稻病虫害的农药产品的开发也比较理想。

目前，稻田中经常使用的农药品种繁多，主要有以三环唑、稻瘟灵、井冈霉素为代表的杀菌剂，以三唑磷、扑虱灵为代表的杀虫剂以及以乙草胺、双草醚、苄嘧磺隆等为代表的除草剂三大类。这些农药均对某种或者多种水稻病虫草害有防治控制作用。本节将对目前主要或具有代表性的水稻农药品种进行简单的介绍。

一、杀虫剂

1. 毒死蜱

主要剂型：40%、480 g/L 乳油。

性能特点：有机磷杀虫剂。具有胃毒、触杀、熏蒸作用，对咀嚼式、刺吸式口器害虫防效较好，适用于防治稻飞虱、螟虫等。

2. 三唑磷

主要剂型：20%、30%乳油。

性能特点：有机磷杀虫、杀螨剂。防治鳞翅目害虫、害螨、蝇类等，主要用于防治螟虫、纵卷叶螟等。

3. 敌敌畏

主要剂型：80%乳油

性能特点：有机磷杀虫剂，广谱性杀虫、杀螨剂。对咀嚼式、刺吸式口器害虫有效，主要用于防治水稻叶面害虫。

4. 乙酰甲胺磷

主要剂型：30%乳油。

性能特点：内吸低毒杀虫剂。具有胃毒和触杀作用，可杀卵，主要用于防治螟虫、纵卷叶螟、飞虱等。

5. 吡虫啉

主要剂型：10%、20%可湿性粉剂。

性能特点：烟碱类超高效杀虫剂。对刺吸式口器害虫防效好，主要用于防治飞虱、叶蝉等。

6. 噻嗪酮（扑虱灵）

主要剂型：25%可湿性粉剂

性能特点：对鞘翅目、部分半翅目具有持效性杀幼虫活性的杀虫剂，主要用于防治飞虱、叶蝉等。

7. 氧乐果

主要剂型：40%乳油。

性能特点：属高毒农药。具有内吸、触杀和一定胃毒作用，不易产生抗性，主要用于防治螟虫、纵卷叶螟、蓟马等。

8. 阿维菌素

主要剂型：0.5%、0.6%、1.0%、1.8%、2%、3.2%、5%乳油，0.15%、0.2%高渗，1%、1.8%可湿性粉剂，0.5%高渗微乳油，2%、10%水分散粒剂等。

性能特点：生物农药，具有杀菌、杀虫、杀螨、杀线虫活性的十六元大环内酯化合物。对稻田螨类和各类害虫具有胃毒和触杀作用，主要用于防治螟虫、纵卷叶螟、线虫病等。

9. 氯虫苯甲酰胺

主要剂型：20%悬浮剂。

性能特点：邻甲酰氨基苯甲酰胺类杀虫剂。主要作用机理是激活兰尼碱受体，释放平滑肌和横纹肌细胞内贮存的钙离子，引起害虫肌肉调节衰弱、麻痹而致死。对鳞翅目害虫防效好，对鳞翅目的夜蛾科、螟蛾科、蛀果蛾科、卷叶蛾科、粉蛾科、菜蛾科、麦蛾科、细蛾科等均有很好的控制效果，还能控制鞘翅目象甲科、叶甲科，双翅目潜蝇科，烟粉虱等多种非鳞翅目害虫。

10. 杀虫双类（杀虫单）

主要剂型：18%水剂（杀虫单：90%可溶性粉剂）。

性能特点：具有触杀、胃毒、熏蒸作用，很强的内吸作用，主要用于防治螟虫、纵卷叶螟、飞虱等。

二、杀菌剂

1. 多菌灵

主要剂型：50%可湿性粉剂。

性能特点：一种广谱性杀菌剂。可用于叶面喷雾、种子和土壤处理等，适用于叶面病害预防与控制、浸种处理等。

2. 三环唑

主要剂型：75%可湿性粉剂。

性能特点：内吸性的保护性杀菌剂。持效期长，药效稳定，抗雨水冲刷，适用于稻瘟病的预防与控制、浸种处理等。

3. 井冈霉素

主要剂型：3%、5%水剂，20%可湿性粉剂。

性能特点：防效高、无药害、无污染的环保型农药。主要用于纹枯病的防治。

4. 稻瘟灵

主要剂型：40%乳油。

性能特点：低毒、高效内吸杀菌剂。是防治稻瘟病的专用药剂。

5. 甲基硫菌灵

主要剂型：25%、50%、70%可湿性粉剂。

性能特点：广谱性内吸低毒杀菌剂。具有内吸、预防和治疗作用，适用于水稻各种病害的预防与控制、浸种处理等。

三、除草剂

1. 乙草胺

主要剂型：10%、20%可湿性粉剂，50%、90%乳油。

性能特点：选择性芽前处理除草剂。可防除一年生禾本科杂草和部分小粒种子的阔叶杂草。

2. 丁草胺

主要剂型：30%可湿性粉剂，50%、60%乳油。

性能特点：选择性芽前除草剂。主要用于直播或移栽水稻田防除一年生禾本科杂草及某些阔叶杂草。

3. 2甲4氯

主要剂型：20%水剂、56%可溶性粉剂。

性能特点：激素型除草剂。主要用于防控稻田阔叶类杂草。

4. 苄嘧磺隆

主要剂型：10%、30%可湿性粉剂

性能特点：选择性内吸传导型除草剂。对阔叶杂草防除效果较好。

5. 吡嘧磺隆

主要剂型：10%可湿性粉剂。

性能特点：选择性内吸传导型除草剂。主要通过根系吸收，主要用于防控稻田阔叶类杂草。

6. 氰氟草酯（千金）

主要剂型：10%乳油。

性能特点：属芳氧基苯氧基丙酸类除草剂，水稻田选择性除草剂。只能进行茎叶处理，芽前处理无效，主要防除稗草、千金子等禾本科杂草。

7. 双草醚（农美利）

主要剂型：10%悬浮剂、20%可湿性粉剂。

性能特点：属于嘧啶水杨酸类除草剂。是高活性的乙酰乳酸合成酶（ALS）抑制剂，可有效防除稻田稗草及其他禾本科杂草，兼治大多数阔叶杂草、一些莎草科杂草及对其他除草剂产生抗性的稗草。

8. 五氟磺草胺（稻杰）

主要剂型：2.5%油悬浮剂。

性能特点：属于三唑并嘧啶磺酰胺除草剂，稻田广谱除草剂。通过抑制乙酰乳酸合成酶（ALS）而起作用，可有效防除稗草（包括对敌稗、二氯喹啉酸及抗乙酰辅酶 A 羧化酶具抗性的稗草）、一年生莎草科杂草，并对众多阔叶杂草有效。

第二节　稻田农药的使用技术

优质的农药只有与此相适宜的施药方法配合，才能收到良好地防治效果。正确的施药方法必须建立在掌握病虫发生规律、自然环境条件、药剂种类和剂型等特点的基础上，其中选择适宜的施药方法是保证防治效果的关键措施之一。

目前，农药的施用方法和种类较多，其中以地面施药为主，航空施药较少。地面施药常用的方法有喷雾法、喷粉法、撒施法、浇洒法、滴施法、注入法、拌种法、涂抹法、种苗浸渍法、毒饵法、毒土法、烟雾法、熏蒸法等。

一、稻田农药的施用方法

（一）喷雾法

喷雾法是指农药用水配成乳浊液或者悬浮液后，用喷雾机将液态农药喷洒成雾状分散体系的施药方法，是农药施用的最常用方法之一。此法适用于乳油、水剂、水乳剂、可湿性粉剂、可溶性粉剂、可溶性液剂、胶悬剂等剂型，可作茎叶处理，也可作土壤处理。喷雾法具有可直接触及防治对象，分布均匀，防治效果好，操作简便等优点。缺点是施药受气候影响较大，药液易飘移流失，对施药人员安全性较差。

1. 喷雾法的分类

喷雾法发展很快，具体方法很多，以容量标准来分类，一般可分为高容量、中容量、低容量、很低容量、超低容量5种。

（1）高容量喷雾法：又称粗喷雾，这种喷雾法雾滴很粗大，大多采用工农-16型背负式手动喷雾器，每亩喷药液达40 kg以上（大田作物）或70 kg以上（树林或灌木林），农药用水稀释，药液浓度小于1×10^{-3}，雾滴直径为400~1 000 μm。

（2）中容量喷雾法：又称常量喷雾法，采用工农-16型背负式手动喷雾器，喷头装有孔径为1.3~1.6 mm的喷片，药液以水稀释，浓度在1×10^{-3}，每亩喷药液13.3~40 kg，雾滴直径为250~400 μm。

（3）低容量喷雾法：采用工农-16型背负式手动喷雾器，喷头装有孔径为0.7~1.0 mm的喷片，药液以水稀释，浓度在0.8%~3%，每亩喷药液2.5~12.5 kg，雾滴直径为150~250 μm。

（4）很低容量喷雾法：又称微量喷雾法，采用东方红-18型机动喷雾机，以水或油为载体，农药浓度在3%~10%，每亩喷药液0.5%~2.5%，雾滴直径为80~150 μm。

（5）超低容量喷雾法：又称极微量喷雾法，采用东方红-18型机动喷雾机，加上超低容量喷头，以油或水为载体，农药浓度达10%~60%，每亩喷雾液0.15~0.5 kg，雾滴直径为15~75 μm。

2. 操作技术要点

（1）喷药前检修施药器械。在喷洒农药前，应仔细检查施药器械，发现"跑、冒、滴、漏、塞"等现象，及时维修。当药械各项要求达到施药要求时，才能进行喷药作业。

（2）选用适宜的农药剂型。可根据农作物病虫害的发生特点、施药器械、环境、气候等条件，选择适宜的施药剂型。乳油适用性广，适合多种施药器械；可湿性粉剂、胶悬剂适用于高容量、中容量和低容量喷雾；高毒农药不宜适用低容量和超低容量喷雾。

（3）测定行走速度。不同的施药器械，其行走速度各不相同。

$$步行速度(m/min) = \frac{药液流量(kg/min) \times 666}{每亩喷药量(kg) \times 有效喷幅(m)}$$

工农-16 型手动喷雾器空心圆锥雾压力在 2.5 kg/cm^2 时，喷头孔径为 1.3 mm 的流量为 0.58～0.63 kg/min，1.6 mm 孔径的流量为 0.68～0.73 kg/min。东方红-18 型机动喷雾机转速 5 000 r/min 时的流量为 1.5～2 kg。

手动喷雾器空心圆锥形喷头、喷头孔径为 0.7 mm，距作物 0.5～1.5 m 时，全喷幅为 1.1～1.2 m。

（4）根据天气情况施药。用喷雾法防治农作物病虫害，要选择在晴天、无风或微风条件下施药。

3. 喷雾时应注意的问题

（1）提高药液的湿展性能。有些农药，如杀虫双、草甘膦等，加入少量中性洗衣粉，可提高药剂的湿展性能。二甲四氯加 0.5% 硫酸铵，吸收率从 24 h 减少到 10 min。

（2）重视稀释所用的水质。大多数农药是有极性的，当水中含有钙、镁等极性离子时，会使农药分子变性失效。因此，药液用水以选择中性水质为好。

（二）喷粉法

喷粉法是利用鼓风机械所产生的气流把农药粉剂吹散后沉积到作物上的施药方法。其主要特点是不需用水、工效高、在作物上沉积分布性能好、着药均匀、使用方便。特别是在干旱、缺水的地区，喷粉法更具有实际应用价值，但该施药方法有飘移的问题，风吹雨淋损失大，防治效果不稳定，且容易污染环境，使用时应注意。

1. 喷粉机的类别

喷粉机分为手动喷粉机和机动喷粉机两种。手动喷粉器有丰收-5 型和丰收-10 型，机动喷粉机有东方红-18 型和泰山-18 型。

2. 操作技术要点

（1）检修喷粉器械：施药前要认真检查药械是否完好，发现情况，及时排除。

（2）加药粉。要选用干燥无结块、无杂质的药粉。加药粉要适当，不宜过多，加药后箱体要加盖密封。

3. 喷粉应注意的问题

（1）掌握喷药时间：应选择早晨田间有露时喷药，注意喷头不宜过低，以免粉剂黏结。

（2）注意天气变化：当风力达到 1 m/s 时，不宜喷粉。喷粉后 24 小时下雨，应补喷。

（三）撒施法

撒施法是指抛掷或撒施毒土或颗粒剂农药的施药方法。适用于粉剂、可湿性粉剂、乳油、水剂、颗粒剂、丸粒剂、大粒剂等剂型防治农作物病虫草害，其优点是农药对天敌的影响小、药剂不飘移，有些具有缓释型的药剂持效长。缺点是撒施的均匀度不够，施药后需要一定的水分，大部分颗粒剂的含量低，防治成本高。

1. 撒施方法

（1）徒手抛撒。

（2）人力操作的撒料器抛撒。

（3）机动撒粒机抛撒。

（4）土壤施机施药。

（5）丸粒剂撒施：适用于水田。

（6）大粒剂：将农药有效成分吸附在飘浮物中，放在水田使农药缓慢释放。

2. 操作技术要点

撒施用的土壤要求是中性的细潮土，每亩 20～30 kg。液剂农药先用少许水稀释，用喷雾器喷于土壤，边喷边拌；粉剂农药先用少量土拌匀，再与其余土拌和；颗粒剂农药可边拌土边撒药，充分搅拌均匀。

3. 撒施应注意的问题

避免有露时施药，以防止药土沾染植株产生药害；施药要均匀。

（四）浇洒法

浇洒法有泼浇法和灌根法两种，浇泼法主要用于南方稻田防治水稻病虫害，即用瓢将稀释的药液泼洒在稻株上，每亩用药液 500 kg，该方法曾经是南方稻区防治水稻病虫害的主要方法。灌根法是防治土传病害的主要方法，如防治瓜类枯萎病时，在病害发生初期用 50%多菌灵可湿性粉剂 500 倍液或 70%甲基托布津可湿性粉剂 400 倍液灌根，每株用药液 250～500 mL；或用 50%辛硫磷乳油 1 000 倍液灌根防治蔬菜田种蝇，每株 500 mL。浇洒法具有工效高、不需施药器械、方法简单的特点，但用药量大，防治成本高。

（五）滴施法

滴施法是指在田间灌溉时，将药剂滴入或撒入流水中，随水流扩散到整块田中。南方稻区用此方法施用化学除草剂，北方地区使用硫酸铜防治辣椒疫病，每亩 3～4 kg。要求药剂的水溶性、扩散性好，稻田保水性好。

（六）电子计算机控制喷雾

在现代电子计算机控制技术的基础上，利用光电元件作为传感器，当喷头下"发现"靶标时即喷出药液，否则喷头停止喷雾。利用计算机能精确控制施药量、施药时间和施药方式，能有效提高农药的利用率，减少环境污染。美国 FMC 公司已经将电子计算机控制系统用于果园喷雾机。

二、农药的合理复配混用

农药复配混用是当前农药发展的主流，目前生产上使用的 80%农药品种属于复配混合制剂。相对于传统的单一剂型农药来说，农药复配有很大的优点。

（1）农药复配能够克服或延缓有害生物抗药性的产生。杀虫剂复配混合使用的主要目的是为了克服或延缓害虫抗药性的产生，害虫对杀虫剂产生抗药性的机理归纳起来有四种：① 生理保护机制，如皮肤通透性降低，脂肪等部位贮存杀虫剂的能力提高；② 虫体作用部位对农药的敏感度下降；③ 抗性昆虫体内产生能够分解杀虫剂的酶；④ 害虫行为的改变，如对药剂产生回避行为等。不同作用机理杀虫剂的复配混用，使害虫在对其中一种杀虫单剂产生抗药性时，而另外一种杀虫单剂起杀虫作用，从而达到克服或延缓害虫抗药性产生的目的。

（2）农药复配能够扩大防治谱，达到一药多治，减少施药次数。农作物常遭受多种病、虫、草的危害，有时几种病、虫、草害同时发生。如果分别防治，常因劳力、药械有困难或时间的限制而延误时机，造成损失。如果根据田间农作物病、虫、草害发生危害的情况，使用两种以上农药混配组成的混配制剂，可以收到兼治的效果。如南方稻区用 25%敌草隆 35 g+25%杀虫双 200 g 喷雾，即可防虫，又可除草，防虫除草一次完成。甘肃省天水市在 4 月下旬至 5 月上旬用 30%氧乐酮乳油 60～80 mL 喷雾，可同时防治小麦条锈病和小麦蚜虫。

（3）农药复配能够发挥增效作用。两种以上农药的复配混用，各自的致毒作用相互发生影响，这种协合作用的防治效果比其中任何单的一种农药效果要高。在实际防治中，应尽量选用增效作用大的混配剂。

（4）农药复配还能够延长农药品种的使用年限。开发研究出一种具有商业价值的新化学农药品种，往往需要几年时间，合成上万个化学物，因而投资巨大。农药的复配混用，更容易使企业取得经济效益，因而受到农药企业特别是农药小企业的重视。

（5）农药复配能够降低防治成本。防治成本一般包括所购农药费用、人工费用、器械费用和燃油费等，农药的复配混用，农药亩用成本费用下降，因而防治总成本下降。另外，由于农药的复配混用，可以兼治多种有害生物，减少用药次数，从而减少了防治总费用。

（一）农药复配混用的主要类型

1. 杀虫剂与增效剂

复配混用增效剂本身对有害生物没有毒杀效果，但与杀虫剂混合使用，增加了杀虫剂的防治效果，主要机理是增效剂能够抑制虫体内的多功能氧化酶，防止了对杀虫剂的分解，从而起到了增效作用。同一种增效剂，对不同杀虫剂，其增效幅度不同。生产上常用的增效剂有增效矾、增效醚、增效酯、增效特、增效散、增效磷等。

2. 杀虫剂与杀虫剂复配混用

目前，生产常见的有有机磷与有机磷的复配混用，如敌敌畏与氧化乐果的混配，敌百虫与马拉硫磷的混配；有机磷与拟除虫菊酯类的复配混用，它是生产上的主要制剂，约占杀虫剂混剂的 60%，如有机磷与氨基甲酸酯的混用，有机氮与氨基甲酸酯的混用，杀虫双与速灭威的混用等。

3. 杀虫剂与杀菌剂复配混用

这类农药兼有杀虫治菌作用，拌种剂大部分属于此类型。如多菌灵与甲基异柳磷、多菌灵与克百威等的混用。

4. 杀菌剂与杀菌剂复配混用

一般是内杀菌剂与保护性杀菌剂的复配混用。保护性杀菌性能够残存植物体表，阻止病菌入侵；而内吸性杀菌剂则被植物吸收进入体内，传输到植物体的各个部位，杀死体内的病菌。如代森锰锌与霜脲腈、代森锰锌与恶唑烷酮、代森锰锌与甲霜灵、三唑酮与多菌灵、三唑酮与多菌灵、盐酸吗啉胍与醋酸酮等的混用。

5. 除草剂与除草剂复配混用

当前，这种类型的复配较为广泛。有持效期长的除草剂与持效期短的除草剂搭配，内吸性除草剂与触杀性除草剂的搭配，不同杀草谱的除草剂的搭配等。如乙草胺与莠去津、甲磺隆与氯磺隆、甲磺隆与苄嘧磺隆、乙草胺与苄嘧磺隆、禾草丹与西草净等的混用。

（二）农药复配混用应注意的几个问题

1. 增效问题

农药混用后会出现两种情况：增效或减效。同样两种农药，其混配比例不同，则增效程度也不相同。据有关研究，苯醚菊酯与速灭威混配，在 1：19 时，有明显的增效作用；在 19：1 或 3：1 时，则无增效作用。因此，在生产上，要选择防治效果最佳的混用配方，现介绍杀虫剂之间和除草剂之间实行混配的药效测定方法。

（1）杀虫剂之间的混用（孙云沛提出）

先分别求出两种农药（A＋B）单用和混用的毒力回归线、LD_{50} 值和实测毒力指数，然后按下式求出共毒系数：

$$共毒系数 = \frac{(A+B)的毒力指数 \times 100}{理论(A+B)的毒力系数}$$

$$实测毒力指数 = \frac{A单用时的LD50}{(A+B)混用时的LD_{50}}$$

$$理论毒力指数 = A\,毒力指数 \times A\,所占混用百分率 + B\,毒力指数 \times B\,所占混用百分率$$

共毒系数	增效作用
＞100	混用毒力大于单用，有增效作用

= 100　　　　　混用毒力等于单用，增效作用不明显

< 100　　　　　混用毒力小于单用，有减效作用

（2）除草剂之间的混用（Colhy 提出）：

$$E_0 = 100 - (100 - A)(100 - B)/100$$

式中　A——除草剂 A 用量为 P 时对杂草的鲜重防效；

　　　B——除草剂 B 用量为 Q 时对杂草的鲜重防效；

　　　E_0——混剂（A+B）用量为（$P+Q$）的理论防效。

设 E 表示各复配处理的实际防治效果，则 $E - E_0 > 10\%$ 为增效作用，$E - E_0 < -10\%$ 为拮抗作用，$E - E_0$ 介于理论值 ±10% 之间为加成作用。

如果实测混用后杂草生长率低于计算值 E，表明混用后有增效作用；反之，则无增效作用。

2. 毒性问题

农药的复配混用可产生两种结果，降低毒性或提高毒性。如氧化乐果与氰戊菊酯混配，其制剂毒性降低；而马拉硫磷与敌敌畏或敌百虫混配时，因敌敌畏、敌百虫对羧酸酯酶有抑制作用，使马拉硫磷不能分解失毒，混用后毒性提高 2～3 倍。因此，在进行农药混用时，应注意农药混配后的毒性升降问题。

3. 药害问题

有些农药单独使用时对作物安全。如稻田除草剂敌稗，单独使用时，因水稻植株中存在一种酰胺酶可分解敌稗，故对水稻安全，而其与有机磷或氨基甲酸酯类农药混用时，可使水稻丧失对敌稗的水解能力。因此，敌稗与这两类农药混用时，容易产生药害。在实行农药混配时，还需考虑对作物的药害，或避过作物对混配农药的敏感期施药，以保证农作物的安全。

4. 抗药性问题

害虫对农药的抗药性一般分为交互抗性、负交互抗性和多种抗性 3 种。交互抗性是指害虫对一种杀虫剂发生抗药性后往往对其他没有使用过的药剂也产生抗药性，如有机磷与有机磷、氨基甲酸酯与氨基甲酸酯交互抗性极为显著，有机磷类农药与有机氯农药和氨基甲酸酯类农药交互抗性显著；负交互抗性是指害虫对一种杀虫剂产生抗药性后对另一种杀虫的敏感度反而上升的现象，如抗有机磷和氨基甲酸酯的黑尾叶蝉对 N-丙基氨基甲酸酯、拟除虫菊酯、残杀威和丙虫磷存在负交互抗性，抗有机磷的二点叶螨对氰戊菊酯存在负交互抗性；多种抗性是指害虫对同时使用的几种杀虫剂产生抗药性的现象。因此，选用具有负交互抗性的两种农药混配，是克服和延缓有害生物抗药性的有效方法。

5. 酸碱反应问题

不同的农药具有不同的酸碱度，遇酸、遇碱时发生的反应也各不相同。大多数有机磷农药和有机氮农药遇碱容易分解失效。因此，这类农药不能与石硫合剂、波尔多液等碱性农药

混配。有机砷类杀菌剂中的退菌特、福美砷，杂环类杀菌剂中的多菌灵、萎锈灵以及有机硫中的福美等，在酸性液中不稳定。因而，这类农药不能与酸性农药混配。在实行农药混配时，应注意各农药的化学性质，以免发生分解而降效或失效。

第三节　农药的安全合理使用

所谓安全合理使用农药，含以下几层意思：第一，按照安全操作规程施药，避免造成人、畜中毒事故；第二，达到防治指标施药，避免盲目增加用药量和施药次数；第三，按照《农药合理使用准则》施药，严格控制施药次数、施药剂量（浓度）和安全间隔期，避免农副产品中农药残留量超标。

一、生产上存在的主要问题

1. 农民科技知识普及率低

据 2001 年甘肃省植保植检站对部分地市农户的随机抽样调查显示：40%的被调查者不知道高毒农药禁止用于蔬菜；45%的被调查者不掌握农药的安全使用基本知识；55%的被调查者对农药防治效果存在误区，认为施药后虫子死得越快、作物病害越轻、田间杂草死得越多，则该药剂的防治效果越好。

2. 农药品种结构不合理

我国每年使用农药约 25 万吨，其中 49%为高毒的有机磷、氨基甲酸酯类农药。高毒农药的大量使用，加之一些农民在使用过程中，缺乏农药安全使用知识，忽视个人安全防护，引起中毒事故时有发生。近年来，我国平均每年有 5 万多人发生农药中毒，死亡人数达 500多人。

3. 农药使用不当，引起农作物药害

近年来，由于农药使用不当或因施用伪劣农药，造成农作物药害现象比较普遍，特别是甲磺隆、绿磺隆、阿特拉津等长残效除草剂的大量使用，使土壤中农药残留给后茬作物带来的药害问题越来越突出，严重影响了我国农业结构的调整和农业的可持续发展。

4. 农药的不合理使用，导致病虫草产生抗药性

在防治农作物病虫草的过程中，一些地方常年单一使用化学农药，且使用浓度越来越高、使用间隔期越来越短，使病虫草对化学农药的抗药性问题日益突出。据统计，我国目前至少有 30 种农业害虫对 40 种杀虫剂、10 种病原菌和 11 种杀菌剂产生了不同程度的抗药性。抗药性杂草已是全球性的问题，目前在 41 个国家有百余种杂草、212 个生物型对多种类型的化学除草剂产生了抗药性；我国部分地方也有多种杂草对百草枯、丁草胺、杀草丹、绿麦隆、

阿特拉津产生了抗药性。

5. 施药器械品种单一，施药技术落后

我国农药器械十分落后，目前小型手动喷雾器械仍占总数的 95%，且均为 20 世纪 60 年代开发的工农-16 型，这些喷药器械，"跑、冒、滴、漏"现象严重，且施药方式单一，药液雾化程度低，导致农药利用率低，药剂浪费严重，也是造成污染环境的主要因素。

6. 违规用药，农产品中农药污染问题突出

在农药安全合理使用方面，我国已先后颁布出台了《农药安全使用规定》《农药安全合理使用准则》，使大部分作物上使用农药有了使用技术标准，但是部分地区农民没有按照国家推荐的有关标准要求施药，仍然在蔬菜、果树等作物上大量使用高毒农药，导致农产品中农药残留超标，农药中毒事故时有发生。

二、加强农药安全合理使用的具体措施

安全使用农药涉及范围广，主管农业的政府部门，应主要做好以下几方面的工作：

1. 贯彻落实《农药管理条例》

1997 年国务院颁布的《农药管理条例》对农药的安全合理使用作了明确规定，即第二十六条："使用农药应当遵守国家有关农药安全、合理使用的规定，按照规定的用药量、用药次数、用药方法和安全间隔期施药，防止污染农副产品。剧毒、高毒农药不得用于防治卫生害虫，不得用于蔬菜、瓜果、茶叶和中草药材"。目前国家已经明确禁止生产和使用的农药品种有敌枯双、二溴氯丙烷、普特丹、培福朗、18%蝇毒磷粉剂、六六六、滴滴涕、艾氏剂、狄氏剂、二溴乙烷、杀虫脒、氟乙酰胺、汞制剂和除草醚等；规定甲拌磷（3911）、对硫磷（1605）、甲基对硫磷（甲基 1605）、内吸磷（1059）、治螟磷（苏化 203）、杀螟威、久效磷、磷胺、甲胺磷、氧乐果、克百威（呋喃丹）、灭多威、异丙磷、三硫磷、水胺硫磷、甲基异柳磷、地虫硫磷、五氯酚、磷化锌、磷化铝、氯化苦不得在蔬菜、果树、茶树、中药材上使用，不得用于防治卫生害虫和人、畜皮肤病。为了贯彻落实《农药管理条例》，优化农药品种结构，农业部已从源头开始调整农药品种，分别于 2000 年和 2002 年决定，停止受理甲胺磷、甲基对硫磷、对硫磷、久效磷、磷胺、甲拌磷、氧化乐果、水胺硫磷、特丁硫磷、甲基硫环磷、治螟磷、甲基异柳磷、内吸磷、涕灭磷、克百威、灭多威等 16 种高毒、剧毒农药的登记申请，已收到成效。

2. 开展农药残留的监测

开展经常性的农药残留监测工作，可为政府正确掌握农产品中农药残留状况提供科学、可靠数据，为政府决策提供依据，也为农民科学防治提供参考。

3. 做好科学技术普及培训

为了强化农药安全使用技术培训，农业部农药检定所先后编写发布了 GB/T 8321.1 ~

8321.7《农药合理使用准则》（一～七），内容包括 183 种农药，涉及 20 种作物，近 400 项科学、合理使用标准。按照标准规定的技术指标施药，收获的农产品中农药残留量一定低于国家标准。多年来，各级农药管理和农技推广部门，结合自己的优势和当地的特点，提出利用板报、广播、电视等传播媒体和工具，是大力宣传、普及国家农药标准的最有效措施。

4. 加快农药新品种的引进、试验与示范

近年来，我国农药品种的更新换代速度不断加快，高效、低毒、低残留的农药数量和销量所占比重持续提高。各级农业部门根据国家农业、种植业结构的调整和加入世贸组织（WTO）后的形势，通过试验与示范，适时在全国推广了一批高效、低毒、低残留的农药新品种，解决了生产需要。

5. 做好新农药产品应用前景的科学评价

通过农药产品评价制度，可以对经试验有推广前景的新农药，组织专家做好参试农药的安全性评价，一经确定为推荐品种，及时通过新闻、媒体等形式向社会发布信息、向农民宣传，以满足防治工作的需要。

6. 积极参与无公害农产品使用技术标准的制定

无公害农产品使用技术标准是做到科学、合理使用农药的前提。甘肃省无公害农产品使用技术标准的制定工作已经起步。目前制定并颁布了 43 个农产品无公害技术标准，科学、合理使用农药是其中的重要内容。这些技术标准的制定与出台，不仅极大地提高了我省农作物病虫害的防治水平，有效地控制农药污染；而且极大地提升了甘肃省农产品的品质，增强了农产品的国际竞争力。

7. 重点开展农药新器械的示范与推广

为了解决我国农药器械设备落后，农药污染严重、防效差的问题，近期全国农业技术推广中心推出了一批新型施药器械，如卫士牌手动喷雾器、没得比手动喷雾器、PB-16 型手动喷雾器、泰山牌机动喷雾喷机、东方红机动喷雾喷机、佳多牌频振式杀虫灯等。

8. 大力开展非化学农药措施的试验示范

近年非化学农药控制措施在农业生产上推广迅速，粘虫板、诱虫灯、幼苗嫁接技术、诱虫板等防虫治病方法已经普遍用于日光温室防治蔬菜蚜虫、白粉虱、枯萎病等病虫害，效果显著。

9. 做好植保新技术的储备

随着我国农业产业结构的不断调整，农作物病虫害将会出现新的优势种群、新的发生特点，为了应付突发事件，我国根据种植业结构的调整，对有潜在为害的病虫害的防治进行超前研究意识，储备一批防治技术措施，保护农业生产。

10. 开展环保型农药的示范与推广

目前阿维菌素、苏云金杆菌、烟碱类农药、石油乳剂等一批效果好、毒性低、对环境安全、市场前景也比较好的农药新品种、新剂型推广迅速，且经济、社会效益显著。

三、作为农药使用者，应自觉做好以下几方面的工作

1. 自觉遵守有关法律法规

做到国家明令禁止的农药产品不使用，国家限制使用的农药品种严格按照确定的使用范围和剂量使用。

2. 科学合理使用农药

（1）确定防治对象：当田间出现病、虫、草、鼠为害时，首先要确定病虫害的名称，如识别不清，应向当地植保人员请教。

（2）选用适用的农药品种：不同作物或同一种作物中的不同品种对农药的敏感性有差异，如果把某种农药施药用在敏感的作物或品种上就会出现药害。如高粱对敌敌畏、敌百虫较为敏感；乙草胺可广泛用于番茄、辣椒、茄子、大白菜、芹菜、萝卜、葱、蒜等多种蔬菜，但对黄瓜、菠菜、韭菜上使用易发生药害。

（3）选择适宜的浓度和防治时间：五氯酚钠是一种除草、杀菌、杀虫兼具的农药，果农用五氯酚钠与石硫合剂的混合液进行葡萄清园，可防治葡萄炭疽病、灰霉病等病害，但若盲目提高使用浓度，或在葡萄老蔓剥过枯皮后使用，极易产生药害。有些除草剂的使用时有严格的规定，只有在一定的剂量下才对作物安全，超过一定剂量范围或施药不均匀，就容易发生药害。农作物和果树的开花期和幼果期，其组织幼嫩，抗逆能力弱，容易发生药害。因此，必须避开作物开花（扬花）期和果树幼果期进行施药，露水未干及雨后作物叶片上留有水珠时喷粉易造成药害。

（4）注意天气条件：刮风喷农药会使农药飘移；施用除草剂后降雨量过大，也可能导致作物药害。如玉米田施用乙草按，施药后降雨量过大，有可能出现药害。除草剂以土壤处理方式施药后，如遇低温天气，作物出苗慢，接触药剂的时间长，很容易发生药害。烈日下施药，植物代谢旺盛，叶片气孔张开，容易发生药害，同时易使药剂挥发，降低防治效果。

（5）防止药液的飘移：使用除草剂时要特别注意防止雾滴飘移到邻近的敏感作物上，阔叶植物（棉花、大豆、马铃薯、油菜、瓜类及果树等）对2,4-滴丁酯、二甲四氯等除草剂敏感。因此，麦田使用上述除草剂进行化学除草时，一定要考虑毗邻是否有阔叶作物，并注意施药时的风向。

（6）清洗药械、量杯、容器。盛装过除草剂的量杯、容器和喷雾器，需经水洗，热碱或热肥皂水洗2~3次，然后再用清水洗净，才能用来盛装其他农药或喷施别的作物，否则，很容易造成药害，施草剂的喷雾器最好专用。

（7）防止残留药害：有些除草剂如莠去津、甲磺隆、氯磺隆、苯胺磺隆、氯嘧磺隆、普

施特、广灭灵等生物活性高，在土壤中降解较慢，残留期长。在上季作物施用而残留在土壤中的这些除草剂有可能影响下茬敏感作物的正常出苗和生长。如在麦田用甲磺隆会和氯磺隆会造成下茬作物如棉花、玉米、水稻的药害；在大豆田施用普施特会造成下茬水稻药害。为了避免或减少这类除草剂的残留药害，一是要按照说明书要求的使用剂量施药，不得随意加大剂量或提高浓度；二是施药期不得推迟；三是下茬不种植敏感作物。

3. 农药使用中的安全防护

（1）使用安全的施药器械（具）。在喷雾前，应检查喷药器械是否有"跑、冒、滴、漏"现象；不要用嘴去吹堵塞的喷头，应用牙签、草秆或水来疏通喷头。

（2）调配农药时，应戴手套及口罩，严禁用手拌药。配制高活性的除草剂时，应采用二次稀释法，即在药剂中加入少许水配成母液，再将母液稀释成所需浓度。

（3）施药人员应是青壮年，老、幼、病弱者和经期、怀孕期、哺乳期的妇女不能施药。

（4）农药配制点应在远离村庄、水源、食品店、畜禽并且通风良好的场所进行。

（5）临时在田间放置的农药，拌过药的种子及施药器械，必须有人看管。

（6）施药时要穿戴防护衣具，如帽、口罩、眼镜、橡皮手套、塑料雨衣、长筒鞋等，防止药液黏上或吸入药液造成中毒；不要在高温、大风条件下施药，施药时应顺风、退行；施药时，不能吸烟、喝水，身体不适时不要喷雾。

（7）施药人员喷雾不能时间太长，每天喷雾时间不能超过 6 h，并且不要多日喷雾。施药过程中如出现乏力、头昏、恶心、呕吐、皮肤红肿等中毒症状，应立即离开现场，脱去被污染的衣服，用肥皂清洗身体，中毒症状较重者应立即送医院治疗。

（8）在喷药中不慎触及药液应迅速用肥皂洗净。若进入眼部应立即用食盐水洗净（食盐 9 份，水 1 000 份）。喷药后，及时用肥皂清洗手、脸和被污染的部位。被污染的衣物和药械应彻底清洗干净后再存放。

（9）喷药后的作物应立警戒标识，尤其是瓜、果、菜应插警戒红牌，禁止人、畜入内。

（10）施药后的作物不能马上采收，应按国家农药安全使用规定中各种农药品种的安全间隔期，在距收获前一定的天数内停止用药，以免造成人、畜中毒或加大农药在农产品中的残留量。

附　录

附录 A　农药安全使用规范总则

（农业行业标准 NY/T 1276—2007）

1 范围

本标准规定了使用农药人员的安全防护和安全操作的要求。

本标准适用于农业使用农药人员。

2 规范性引用文件

下列文件中的条款通过本标准的引用而成为本标准的条款。凡是注日期的引用文件，其随后所有的修改单（不包括勘误的内容）或修订版均不适用于本标准。然而，鼓励根据本标准达成协议的各方研究是否可使用这些文件的最新版本。凡是不注日期的引用文件，其最新版本适用于本标准。

GB 12475 农药贮运、销售和使用的防毒规程

NY 608 农药产品标签通则

3 术语和定义

下列术语和定义适用于本标准。

3.1 持效期 pesticide duration

农药施用后，能够有效控制农作物病、虫、草和其他有害生物为害所持续的时间。

3.2 安全使用间隔期 preharvest interval

最后一次施药至作物收获时安全允许间隔的天数。

3.3 农药残留 pesticide residue

农药使用后在农产品和环境中的农药活性成分及其在性质上和数量上有毒理学意义的代谢（或降解、转化）产物。

3.4 用药 formulation rate

单位面积上施用农药制剂的体积或质量。

3.5 施药液 spray volume

单位面积上喷施药液的体积。

3.6 低容量喷雾 low volume spray

每公顷施药液量在 50～200 L（大田作物）或 200～500 L（树木或灌木林）的喷雾方法。

3.7 高容量喷雾 high volume spray

每公顷施药液量在 600 L 以上（大田作物）或 1 000 L 以上（树木或灌木林）的喷雾方法。也称常规喷雾法。

4 农药选择

4.1 按照国家政策和有关法规规定选择

4.1.1 应按照农药产品登记的防治对象和安全使用间隔选择农药。

4.1.2 严禁选用国家禁止生产、使用的农药；选择限用的农药应按照有关规定；不得选择剧毒、高毒农药用于蔬菜、茶叶、果树、中药材等作物和防治卫生害虫。

4.2 根据防治对象选择

4.2.1 施药前应调查病、虫、草和其他有害生物发生情况，对不能识别和不能确定的，应查阅相关资料或咨询有关专家，明确防治对象并获得指导性防治意见后，根据防治对象选择合适的农药品种。

4.2.2 病、虫、草和其他有害生物单一发生时，应选择对防治对象专一性强的农药品种；混合发生时，应选择对防治对象有效的农药。

4.2.3 在一个防治季节应选择不同作用机理的农药品种交替使用。

4.3 根据农作物和生态环境安全要求选择

4.3.1 应选择对处理作物、周边作物和后茬作物安全的农药品种。

4.3.2 应选择对天敌和其他有益生物安全的农药品种。

4.3.3 应选择对生态环境安全的农药品种。

5 农药购买

购买农药应到具有农药经营资格的经营点，购药后应索取药凭证或发票。所购买的农药应具有符合 NY 608 要求的标签以及符合要求的农药包装。

6 农药配制

6.1 量取

6.1.1 量取方法

6.1.1.1 准确核定施药面积，根据农药标签推荐的农药使用剂量或植保技术人员的推荐，计算用药量和施药液量。

6.1.1.2 准确量取农药，量具专用。

6.1.2 安全操作

6.1.2.1 量取和称量农药应在避风处操作。

6.1.2.2 所有称量器具在使用后都要清洗，冲洗后的废液应在远离居所、水源和作物的地点妥善处理。用于量取农药的器皿不得作其他用。

6.1.2.3 在量取农药后，封闭原农药包装并将其安全贮存。农药在使用前应始终保存在其原包装中。

6.2 配制

6.2.1 场所

应选择在远离水源、居所、畜牧栏等场所。

6.2.2 时间

应现用现配，不宜久置；短时存放时，应密封并安排专人保管。

6.2.3 操作

6.2.3.1 应根据不同的施药方法和防治对象、作物种类和生长时期确定施药液量。

6.2.3.2 应选择没有杂质的清水配制农药，不应用配制农药的器具直接取水，药液不应超过额定容量。

6.2.3.3 应根据农药剂型，按照农药标签推荐的方法配制农药。

6.2.3.4 应采用"二次法"进行操作：

1）用水稀释的农药：先用少量水将农药制剂稀释成"母液"，然后再将"母液"进一步稀释至所需要的浓度。

2）用固体载体稀释的农药：应先用少量稀释载体（细土、细沙、固体肥料等）将农药制剂均匀稀释成"母粉"，然后再进一步稀释至所需要的用量。

6.2.3.5 配制现混现用的农药，应按照农药标签上的规定或在技术人员的指导下进行操作。

7 农药施用

7.1 施药时间

7.1.1 根据病、虫、草和其他有害生物发生程度和药剂本身性能，结合植保部门的病虫情报信息，确定是否施药和施药适期。

7.1.2 不应在高温、雨天及风力大于 3 级时施药。

7.2 施药器械

7.2.1 施药器械的选择

7.2.1.1 应综合考虑防治对象、防治场所、作物种类和生长情况、农药剂型、防治方法、防治规模等情况：

1）小面积喷洒农药宜选择手动喷雾器。

2）较大面积喷洒农药宜选用背负机动气力喷雾机，果园宜采用风送弥雾机。

3）大面积喷洒农药应选用喷杆喷雾机或飞机。

7.2.1.2 应选择正规厂家生产、经国家质检部门检测合格的药械。

7.2.1.3 应根据病、虫、草和其他有害生物防治需要和施药器械类型选择合适的喷头，定期更换磨损的喷头：

1）喷洒除草剂和生长调节剂应采用扇形雾喷头或激射式喷头。

2）喷洒杀虫剂和杀菌剂宜采用空心圆锥雾喷头或扇形雾喷头。

3）禁止在喷杆上混用不同类型的喷头。

7.2.2 施药器械的检查与校准

7.2.2.1 施药作业前，应检查施药器械的压力部件、控制部件。喷雾器（机）截止阀应能够自如扳动，药液箱盖上的进气孔应畅通，各接口部分没有滴漏情况。

7.2.2.2 在喷雾作业开始前、喷雾机具检修后、拖拉机更换车轮后或者安装新的喷头时，应对喷雾机具进行校准，校准因子包括行走速度、喷幅以及药液流量和压力。

7.2.3 施药机械的维护

7.2.3.1 施药作业结束后，应仔细清洗机具，并进行保养。存放前应对可能锈蚀的部件涂防锈黄油。

7.2.3.2 喷雾器（机）喷洒除草剂后，必须用加有清洗剂的清水彻底清洗干净（至少清洗三遍）。

7.2.3.3 保养后的施药器械应放在干燥通风的库房内，切勿靠近火源，避免露天存放或与农药、酸、碱等腐蚀性物质存放在一起。

7.3 施药方法

应按照农药产品标签或说明书规定，根据农药作用方式、农药剂型、作物种类和防治对象及其生物行为情况选择合适的施药方法。施药方法包括喷雾、撒颗粒、喷粉、拌种、熏蒸、涂抹、注射、灌根、毒饵等。

7.4 安全操作

7.4.1 田间施药作业

7.4.1.1 应根据风速（力）和施药器械洒部件确定有效喷幅，并测定喷头流量，按以下公式计算作业时的行走速度：

$$V = 10 \times Q / (q \times B) \qquad (1)$$

式中　V——行走速度，米/秒（m/s）；

　　　Q——喷头流量，毫升/秒（mL/s）；

　　　q——农艺上要求的施药液量，升/公顷（L/hm²）；

　　　B——喷雾时的有效喷幅，米（m）。

7.4.1.2 应根据施药机械喷幅和风向确定田间作业行走路线。使用喷雾机具施药时，作业人员应站在上风向，顺风隔行前进或逆风退行两边喷洒，严禁逆风前行喷洒农药和在施药区穿行。

7.4.1.3 背负机动气力喷雾机宜采用降低容量喷雾方法，不应将喷头直接对着作物喷雾和沿前进方向摇摆喷洒。

7.4.1.4 使用手动喷雾器喷洒除草剂，喷头一定要加装防护罩，对准有害杂草喷施。喷洒除草剂的药械宜专用，喷雾压力应在 0.3 MPa 以下。

7.4.1.5 喷杆喷雾机应具有三级过滤装置，末级过滤器的滤网孔对角线尺寸应小于喷孔直径的 2/3。

7.4.1.6 施药过程中遇喷头堵塞等情况时，应立即关闭截止阀，先用清水洗喷头，然后戴着乳胶手套进行故障排除，用毛刷疏通喷孔，严禁用嘴吹吸喷头和滤网。

7.4.2 设施内施药作业

7.4.2.1 采用喷雾法施药时，宜采用低容量喷雾法，不宜采用高容量喷雾法。

7.4.2.2 采用烟雾法、粉尘法、电热熏蒸法等施药时，应在傍晚封闭棚室后进行，次日应通风 1 小时后人员方可进入。

7.4.2.3 采用土壤熏蒸法进行消毒处理期间，人员不得进入棚室。

7.4.2.4 热烟雾机在使用时和使用后半个小时内，应避免触摸机身。

8 安全防护

8.1 人员

配制和施用农药人员应身体健康，经过专业培训，具备一定的植保知识。严禁儿童、老人、体弱多病者、经期、孕期、哺乳期妇女参与上述活动。

8.2 防护

配制和施用农药时应穿戴必要的防护用品，严禁用手直接接触农药，谨防农药进入眼睛接触皮肤或吸入体内。应按照 GB 12475 的规定执行。

9 农药施用后

9.1 警示标志

施过农药的地块要树立警示标志，在农药的持效期内禁止放牧和采摘，施药后 24 h 内禁止进入。

9.2 剩余农药的处理

9.2.1 未用完农药制剂

应保存在其原包装中，并密封贮存于上锁的地方，不得用其他容器盛装，严禁用空饮料瓶分装剩余农药。

9.2.2 未喷完药液（粉）

在该农药标签许可的情况下，可再将剩余药液用完。对于少量的剩余药液，应妥善处理。

9.3 废容器和废包装的处理

9.3.1 处理方法

玻璃瓶应冲洗 3 次，砸碎后掩埋；金属罐和金属桶应冲洗 3 次，砸扁后掩埋；塑料容器应冲洗 3 次，砸碎后掩埋或烧毁；纸包装应烧毁或掩埋。

9.3.2 安全注意事项

9.3.2.1 焚烧农药废容器和废包装应远离居所和作物，操作人员不得站在烟雾中，应阻止儿童接近。

9.3.2.2 掩埋废容器和废包装应远离水源和居所。

9.3.2.3 不能及时处理的废农药容器和废包装应妥善保管，应阻止儿童和牲畜接触。

9.3.2.4 不应用废农药容器盛装其他农药，严禁用作人、畜饮食用具。

9.4 清洁与卫生

9.4.1 施药器械的清洗

不应在小溪、河流或池塘等水源冲洗或洗涮施药器械，洗涮过施药器械的水应倒在远离居民点、水源和作物的地方。

9.4.2 防护服的清洗

9.4.2.1 施药作业结束后，应立即脱下防护服及其他防护用具，装入事先准备好的塑料袋中带回处理。

9.4.2.2 带回的各种防护服、用具、手套等物品，应立即清洗 2~3 遍，晾干存放。

9.4.3 施药人员的清洁

施药作业结束后，应及时用肥皂和清水清洗身体，并更换干净衣服。

9.5 用药档案记录

每次施药应记录天气状况、作物种类、用药时间、药剂品种、防治对象、用药量、对水量、喷洒药液量、施用面积、防治效果、安全性。

10 农药中毒现场急救

10.1 中毒者自救

10.1.1 施药人员如果将农药溅入眼睛内或皮肤上，应及时用大量干净、清凉的水冲洗数次或携带农药标签前往医院就诊。

10.1.2 施药人员如果出现头痛、头昏、恶心、呕吐等农药中毒症状，应立即停止作业，离开施药现场，脱掉污染衣服或携带农药标签前往医院就诊。

10.2 中毒者救治

10.2.1 发现施药人员中毒后，应将中毒者放在阴凉、通风的地方，防止受热或受凉。

10.2.2 应带上引起中毒的农药标签立即将中毒者送至最近的医院采取医疗措施救治。

10.2.3 如果中毒者出现停止呼吸现象，应立即对中毒者施以人工呼吸。

附录 B 绿色食品 农药使用准则

中华人民共和国农业行业标准 NY/T393—2000

（pesticide application guideline for green food production）

1 范围

本标准规定了 AA 级绿色食品及 A 级绿色食品生产中允许使用的农药种类、卫生标准和使用准则。

本标准适用于在我国取得登记的生物源农药（biogenic pesticides）、矿物源农药（pesticides of fossil origin）和有机合成农药（synthetic organic pesticides）。

2 引用标准

下列标准所包含的条文，通过在本标准中引用而构成本标准的条文。在标准出版时，所示版本均为有效。所有标准都会被修订，使用本标准的各方应探讨，使用下列标准最新版本的可能性。

GB4285—84 农药安全使用标准

GB8321.1—87 农药合理使用准则（一）

GB8321.2—87 农药合理使用准则（二）

GB8321.3—89 农药合理使用准则（三）

GB8321.4—93 农药合理使用准则（四）

GB8321.5—1997 农药合理使用准则（五）

GB8321.6—1999 农药合理使用准则（六）

NY/T 1999 绿色食品产地环境质量标准

3 定义

本标准采用下列定义。

3.1 绿色食品

系指遵循可持续发展原则，按照特定生产方式生产，经专门机构认定，许可使用绿色食品标志的无污染的安全、优质、营养类食品。

3.2 AA 级绿色食品

系指在生产地的环境质量符合《绿色食品产地环境质量标准》，在生产过程中不使用化学合成的肥料、农药、兽药、饲料添加剂、食品添加剂和其他有害于环境和健康的物质，按有机生产方式生产，产品质量符合绿色食品产品标准，经专门机构认定，许可使用 AA 级绿色食品标志的产品。

3.3 A 级绿色食品

指生产地的环境质量符合《绿色食品产地环境质量标准》，生产过程中严格按照绿色食品生产资料使用准则和生产操作规程要求，限量使用限定的化学合成生产资料，产品质量符合绿色食品产品标准，经专门机构认定，许可使用 A 级绿色食品标志的产品。

3.4 生物源农药

指直接利用生物活体或生物代谢过程中产生的具有生物活性的物质或从生物体中提取的物质作为防治病虫草害的农药。

3.5 矿物源农药

有效成分起源于矿物的无机化合物和石油类农药。.

3.6 有机合成农药

由人工研制合成，并由有机化学工业生产的商品化的一类农药，包括中等毒类和低毒类杀虫杀螨剂、杀菌剂、除草剂，可在 A 级绿色食品生产上限量使用。

3.7 AA 级绿色食品生产资料

指经专门机构认定，符合 AA 级绿色食品生产要求，并正式推荐用于 AA 级和 A 级绿色食品生产的生产资料。

3.8 A 级绿色食品生产资料

指经专门机构认定，符合 A 级绿色食品生产要求，并正式推荐用于 A 级绿色食品生产的生产资料。

4 农药种类

4.1 生物源农药

4.1.1 微生物源农药

4.1.1.1 农用抗生素

防治真菌病害：灭瘟素、春雷霉素、多抗霉素（多氧霉素）、井冈霉素、农抗 120、中生菌素等；防治螨类：浏阳霉素、华光霉素。

4.1.1.2 活体微生物农药

真菌剂：蜡蚧轮枝菌等。细菌剂：苏云金杆菌、蜡质芽孢杆菌等。

拮抗菌剂。昆虫病原线虫。微孢子。病毒：核多角体病毒。

4.1.2 动物源农药

昆虫信息素（或昆虫外激素）：如性信息素。活体制剂：寄生性、捕食性的天敌动物。

4.1.3 植物源农药

杀虫剂：除虫菊素、鱼藤酮、烟碱、植物油等。杀菌剂：大蒜素。拒避剂：印楝素、苦棟、川棟素。增效剂：芝麻素。

4.2 矿物源农药

4.2.1 无机杀螨杀菌剂

硫制剂：硫悬浮剂、可湿性硫、石硫合剂等。

铜制剂：硫酸铜、王铜、氢氧化铜、波尔多液等。

4.2.2 矿物油乳剂、柴油乳剂等。

4.3 有机合成农药见 3.6

5 使用准则

绿色食品生产应从作物-病虫草等整个生态系统出发，综合运用各种防治措施，创造不利于病虫草害孳生和有利于各类天敌繁衍的环境条件，保持农业生态系统的平衡和生物多样化，减少各类病虫草害所造成的损失。

优先采用农业措施，通过选用抗病、抗虫品种，非化学药剂种子处理，培育壮苗，加强栽培管理，中耕除草，秋季深翻晒土，清洁田园，轮作倒茬、间作套种等一系列措施，起到防治病虫草害的作用。

还应尽量利用灯光、色彩诱杀害虫，机械捕捉害虫，机械和人工除草等措施，防治病虫草害。特殊情况下，必须使用农药时，应遵守以下准则：

5.1 生产 AA 级绿色食品的农药使用准则

5.1.1 允许使用 AA 级绿色食品生产资料农药类产品。

5.1.2 在 AA 级绿色食品生产资料农药类不能满足植保工作需要的情况下，允许使用以下农药及方法：

a. 中等毒性以下植物源杀虫剂、杀菌剂、拒避剂和增效剂。如除虫菊素、鱼藤根、烟草水、大蒜素、苦棟、川棟、印棟、芝麻素等。

b. 释放寄生性、捕食性天敌动物，如昆虫、捕食螨、蜘蛛及昆虫病原线虫等。

c. 在害虫捕捉器中使用昆虫信息素及植物源引诱剂。

d. 使用矿物油和植物油制剂。

e. 使用矿物源农药中的硫制剂、铜制剂。

f. 经专门机构核准，允许有限度地使用活体微生物农药，如真菌制剂、细菌制剂、病毒制剂、放线菌、拮抗菌剂、昆虫病原线虫、原虫等。

g. 经专门机构核准，允许有限度地使用农用抗生素，如春雷霉素、多抗霉素（多氧霉素）、井冈霉素、农抗 120、中生菌素、浏阳霉素等。

5.1.3 禁止使用有机合成的化学杀虫剂、杀螨剂、杀菌剂、杀线虫剂、除草剂和植物生长调节剂。

5.1.4 禁止使用生物源、矿物源农药中混配有机合成农药的各种制剂。

5.1.5 严禁使用基因工程品种及制剂。

5.2 生产 A 级绿色食品的农药使用准则。

5.2.1 允许使用 AA 级和 A 级绿色食品生产资料农药类产品。

5.2.2 在 AA 级和 A 级绿色食品生产资料农药类产品不能满足植保工作需要的情况下，允许使用以下农药及方法：

a. 中等毒性以下植物源农药、动物源农药和微生物源农药。

b. 在矿物源农药中允许使用硫制剂、铜制剂。

c. 有限度地使用部分有机合成农药，应按 GB4285、GB8321.1、GB8321.2、GB8321.3、GB8321.4、GB8321.5、GB8321.6 的要求执行。

此外，还需严格执行以下规定：a）应选用上述标准中列出的低毒性农药和中等毒性农药。b）严禁使用剧毒、高毒、高残留或具有三致毒性（致癌、致畸、致突变）的农药。c）每种有机合成农药（含 A 级绿色食品生产资料农药类的有机合成产品）在一种作物的生长期内只允许使用一次（其中菊酯类农药在作物生长期只允许使用一次）。

d. 严格按照 GB4285、GB8321.1、GB8321.2、GB8321.3、GB8321.4、GB8321.5、GB8321.6 的要求控制施药量与安全间隔期。

e. 严禁使用高毒高残留农药防治贮藏期病虫害。

f. 有机合成农药在农产品中的最终残留应符合 GB4285、GB8321.1、GB8321.2、GB8321.3、GB8321.4、GB8321.5、GB8321.6 的最高残留限量（MRL）要求。

g. 严格禁止基因工程品种（产品）及制剂的使用。

参考文献

[1]《新型职业农民科技培训教材》编委会. 粮棉油作物病虫害综合防治技术[M]. 四川：电子科技大学出版社，2012.

[2] 蔡祝南，等. 水稻病虫害防治[M]. 北京：金盾出版社，2004.

[3] 车艳芳. 现代水稻高产优质栽培技术[M]. 河北：河北科学技术出版社，2014.

[4] 陈福如. 水稻病虫害原色图谱及其诊治技术[M]. 北京：中国农业科学技术出版社，2012.

[5] 陈勇. 农作物病虫害专业化防治植保员[M]. 北京：中国农业科学技术出版社，2013.

[6] 程亚樵. 作物病虫害防治[M]. 北京：北京大学出版社，2007.

[7] 董伟，郭书普. 水稻病虫害防治图解[M]. 北京：化学工业出版社，2014.

[8] 段培奎，左振朋. 农作物病虫害防治员[M]. 北京：中国农业出版社，2014.

[9] 范仁俊. 山西主要农作物田间杂草及病虫害防治[M]. 北京：中国农业出版社，2014.

[10] 傅强，黄世文，谢茂成. 水稻病虫害及防治原色图册[M]. 北京：金盾出版社，2009.

[11] 韩方胜，徐军. 粮油作物病虫害防治技术[M]. 江苏：东南大学出版社，2009.

[12] 黄国洋，林伟坪. 农作物主要病虫害防治图谱[M]. 浙江：浙江科学技术出版社，2013.

[13] 黄世文. 水稻主要病虫害防控关键技术解析[M]. 北京：金盾出版社，2010.

[14] 黄文江. 作物病虫害遥感监测与预测[M]. 北京：科学出版社，2015.

[15] 李会平，闫爱华，唐秀光. 作物病虫害防治技术[M]. 北京：北京理工大学出版社，2013.

[16] 李源，丁和明，淡振荣. 农作物病虫害专业化防治员[M]. 北京：中国农业科学技术出版社，2015.

[17] 刘自华. 北方农作物病虫害防治技术[M]. 北京：中国农业大学出版社，1997.

[18] 鲁传涛. 农作物病虫害诊治原色图鉴[M]. 北京：中国农业科学技术出版社，2013.

[19] 罗林明. 粮棉油作物病虫害综合防治[M]. 四川：四川教育出版社，2008

[20] 农业部种植业管理司，全国农业技术推广服务中心. 农作物病虫害专业化统防统治培训指南[M]. 北京：中国农业出版社，2013

[21] 邱强. 作物病虫害诊断与防治彩色图谱[M]. 北京：中国农业科学技术出版社，2013

[22] 邱晓红. 水稻病虫害防治路路通[M]. 江苏：江苏科学技术出版社，2008.

[23] 全国农业技术推广服务中心. 农作物重大病虫害防控工作年报 2014[M]. 北京：中国农业出版社，2015.

[24] 全国农业技术推广服务中心. 水稻主要病虫害简明识别手册[M]. 北京：中国农业出版社，2012.

[25] 盛广华. 北方水稻病虫害综合防治[M]. 北京：中国农业出版社，2009.

[26] 孙贵昌. 统防统治植保员[M]. 北京：中国农业科学技术出版社，2015.

[27] 邰连春. 作物病虫害防治[M]. 2 版. 北京：中国农业大学出版社，2014.

[28] 邰连春. 作物病虫害防治[M]. 北京：中国农业大学出版社，2007.

[29] 王本辉，韩秋萍. 粮食作物病虫害诊断与防治技术口诀[M]. 北京：金盾出版社，2010.

[30] 王琦，刘媛，刘超. 水稻病虫害识别与防治[M]. 宁夏：宁夏人民出版社，2009.

[31] 王玉山. 辽宁水稻病虫害防治[M]. 辽宁：辽宁科学技术出版社，2012.

[32] 吴郁魂，刘丽云. 作物病虫害防治[M]. 北京：化学工业出版社，2011.

[33] 向子钧，王盛桥. 农作物病虫害简易测报与防治[M]. 2版. 湖北：武汉大学出版社，2009.

[34] 向子钧. 水稻病虫害自述[M]. 3版. 湖北：武汉大学出版社，2012.

[35] 肖晓华. 农作物病虫害测报防治的理论与实践[M]. 北京：中国农业科学技术出版社，2014.

[36] 辛惠普. 北方水稻病虫害防治彩色图谱[M]. 北京：中国农业出版社，2002.

[37] 徐桂平，曹春英. 粮油作物病虫害防治[M]. 北京：中国农业大学出版社，2015.

[38] 杨普云，赵中华. 农作物病虫害绿色防控技术指南[M]. 北京：中国农业出版社，2012.

[39] 于洪春，张俊华. 黑龙江省水稻病虫害及其防治[M]. 北京：中国农业科学技术出版社，2010.

[40] 虞轶俊，石春华. 施德水稻病虫统防统治手册[M]. 北京：中国农业出版社，2009.

[41] 张素艳，李轲轲，张冬明，等. 北方农作物主要病虫害诊断与防控[M]. 辽宁：辽宁科学技术出版社，2015.

[42] 张维宏. 农作物病虫害防治技术（电子书）[M]. 河北：河北科学技术出版社，2010.

[43] 赵清，邵振润. 农作物病虫害专业化统防统治培训指南[M]. 北京：中国农业出版社，2013.

[44] 赵清，邵振润. 农作物病虫害专业化统防统治手册[M]. 北京：中国农业出版社，2013.

[45] 赵清，邵振润. 农作物病虫害专业化统防统治指南[M]. 北京：中国农业出版社，2015.

[46] 赵清，邵振润. 农作物病虫害专业化统防统治百强服务组织运作模式和经验[M]. 北京：中国农业科学技术，2013.

[47] 赵文生，彭友良. 图说水稻病虫害防治关键技术[M]. 北京：中国农业出版社，2013.

[48] 中国农业科学院植物保护研究所中国植物保护学会. 中国农作物病虫害[M]. 3版. 北京：中国农业出版社，2015.

[49] 朱有勇. 农业生物多样性控制作物病虫害的效应原理与方法[M]. 北京：中国农业大学出版社，2012.

[50] 朱有勇. 农业生物多样性与作物病虫害控制[M]. 北京：科学出版社，2015.

[51] 肖晓华，邹勇. 水稻病虫专业化统防统治实践及成效[J]. 南方农业，2011，15（1）：5-8.

[52] 张信扬，邓国云，李练军，等. 专业化统防统治在水稻病虫害防治中的应用[J]. 植物医生，2011，24（2）：47-50.

[53] 肖俭银，杨力红，曾祥锌，等. 青山桥镇水稻病虫害专业化统防统治的实践和思考[J]. 湖南农业科学，2011（8）：11-12.

[54] 李丹，刘红梅，何海永，等. 水稻病虫害专业化统防统治的防控效果[J]. 贵州农业科学，2012，40（5）：78-80.

[55] 陈将赞，丁灵伟，戴以太，等. 天台县水稻病虫害统防统治的现状、问题与对策分析[J]. 中国稻米，2012，18（6）：75-77.

[56] 万红梅. 水稻病虫害专业化统防统治存在的问题解析[J]. 云南农业，2012（11）：35-36.

[57] 张运胜，张颖，刘冬兰，等. "田保姆"的生意经——对天喜专业合作社开展水稻病虫害统防统治的调查报告[J]. 湖南农业科学，2012（24）：68-70.

[58] 李小龙. 温岭市水稻病虫统防统治工作实施效果及措施[J]. 现代农业科技，2010（11）：

191-192.
[59] 金茂义. 水稻病虫害统防统治的主要做法及成效[J]. 现代农业科技，2010（21）：230-231.
[60] 孙爱华，李国峰. 泰来县水稻病虫害专业化统防统治工作的成效[J]. 北方水稻，2014，44（2）：43-44.
[61] 欧高财，郑和斌，尹惠平，等. 水稻病虫害专业化统防统治与绿色防控融合推进的实践[J]. 中国植保导刊，2014，34（3）：71-72，65.
[62] 谢海华，李建群，潘秋波. 浅析平湖市钟埭街道水稻病虫统防统治实施效果及措施[J]. 上海农业科技，2014（2）：13，16.
[63] 陶伟，赵迳连. 2013 年南京市江宁区水稻全承包专业化统防统治措施及成效[J]. 现代农业科技，2014（7）：171-172.
[64] 周巍，代春桃，王万洪，等. 洪湖市水稻病虫害专业化统防统治实践与思考[J]. 湖北植保，2014（1）：1-3.
[65] 刘栋. 江苏水稻全承包专业化统防统治用工补贴项目实施与思考[J]. 中国植保导刊，2014，34（9）：72-74.
[66] 毛沁. 水稻全承包专业化统防统治用工补贴探索[J]. 江苏农村经济，2014（9）：63-64.
[67] 马惠金，陶献国，陈斌，等. 加强服务抓好督查提升水稻专业化统防统治服务水平[J]. 上海农业科技，2014（5）：7-8.
[68] 雷邦海，吴胜清，刘毅，等. 凯里市 2013 年水稻病虫统防统治模式探讨[J]. 农民致富之友，2013（11）：83-84.
[69] 赵叶茂，罗敏，阳初辉，等. 双峰县水稻病虫害专业化统防统治实践措施及建议[J]. 现代农业科技，2013（19）：181-182.
[70] 曹志平，苏彪，陈有良，等. 水稻病虫害专业化统防统治技术方案的制定策略[J]. 湖南农业科学，2013（20）：52-53.
[71] 况登，胡琼，毛吉业. 水稻病虫害专业化统防统治实施效果与对策[J]. 现代农业科技，2013（21）：178-179.
[72] 陈斌，沈金良，陶献国. 嘉兴市秀洲区水稻病虫害统防统治监管的措施及成效[J]. 现代农业科技，2013（6）：142.
[73] 徐蕾，李群，康晓霞，等. 邗江区水稻病虫害专业化统防统治做法与成效[J]. 中国植保导刊，2013，33（5）：63-65.
[74] 张舟娜，李阿根，汪爱娟. 余杭区 2011 年水稻统防统治用药分析[J]. 浙江农业科学，2013（8）：1004-1005，1008.
[75] 陆彦，殷茵. 水稻病虫害专业化统防统治与绿色防控融合推进实践[J]. 农业与技术，2015，35（20）：5，7.
[76] 杨帅，杨刚，马骕驰. 2015 年南京市江宁区水稻病虫害专业化统防统治工作的实践与思考[J]. 现代农业科技，2015（23）：157-158.
[77] 李晓红. 水稻病虫害专业化统防统治工作的成效与主要措施[J]. 现代农业科技，2015（23）：159-160.
[78] 吴菁菁，郭德英，林宏. 广德县水稻病虫害统防统治的做法与启示[J]. 安徽农学通报，2016，22（1）：50-51+53.
[79] 肖晓华，刘春，杨昌洪，等. 水稻病虫害专业化统防统治与绿色防控融合示范及成效[J].

南方农业, 2016, 10（1）: 6-9.

[80] 陈伟. 水稻病虫害统防统治的成效与探索——以安徽省广德县为例[J]. 安徽农业科学, 2015（36）: 216-217.

[81] 石星华, 周宇杰. 浅析省级整建制水稻病虫害专业化统防统治实施措施、成效及存在问题[J]. 上海农业科技, 2016（1）: 130-131.

[82] 王来亮, 丁新天, 马雅敏, 等. 缙云县水稻病虫统防统治实施成效回顾与展望建议[J]. 浙江农业科学, 2014（12）: 1797-1799.

[83] 黄德兴. 水稻病虫害专业化统防统治存在的问题与对策[J]. 现代农业科技, 2014（15）: 164-165.

[84] 查俊晖, 刘田田, 郭镁渼, 等. 水稻病虫害专业化统防统治与绿色防控融合试点项目在永修县的推广效益初探[J]. 福建农业, 2014（9）: 65-66.

[85] 李天华. 静电喷雾统防统治水稻稻飞虱的效果[J]. 农业研究与应用, 2015（1）: 30-33.

[86] 徐月华. 永定区水稻病虫害专业化统防统治现状与发展对策[J]. 福建农业科技, 2015（5）: 77-80.

[87] 陈松林, 徐再清. 水稻病虫统防统治效益分析及发展前景初探[J]. 湖北植保, 2004（6）: 17-28.

[88] 冯娟. 专业化统防统治在水稻病虫害防治中的应用[J]. 农技服务, 2016, 33（4）: 138.

[89] 张朝阳, 虞新华, 温绵福, 等. 兴国县水稻病虫害统防统治技术示范及成效[J]. 安徽农学通报, 2009（21）: 116-117.

[90] 黄中文, 袁雪松. 水稻统防统治保高产[J]. 植物医生, 1998, 11（1）: 44.

[91] 郭跃华. 对农作物病虫害专业化统防统治的思考[J]. 中国植保导刊, 2012, 32（1）: 56-59.

[92] 孔建康. 农作物病虫害专业化统防统治的现状问题及对策[J]. 四川农业科技, 2012（1）: 52-53.

[93] 韦学能, 莫进雄, 莫海南, 等. 创新发展模式, 积极推进农作物病虫害专业化统防统治工作——平南县保得丰植保农化有限公司开展农作物病虫害专业化统防统治工作概述[J]. 广西植保, 2012, 25（1）: 34-36.

[94] 龙维国, 杨建华, 罗东洋. 中丘地区农作物病虫害专业化统防统治的实践与探索[J]. 四川农业科技, 2012（4）: 52-54.

[95] 刘卫国. 农作物病虫害统防统治"三位一体"模式的推进应用与思考[J]. 中国植保导刊, 2012, 32（6）: 61-62, 55.

[96] 刘敬芝. 浅谈如何搞好农作物病虫害统防统治[J]. 种业导刊, 2012（8）: 32-33.

[97] 赵清, 邵振润. 我国农作物病虫害专业化统防统治发展现状与思考[J]. 中国植保导刊, 2014, 34（2）: 72-75+68.

[98] 曹志平, 苏彪, 张益夫, 等. 益阳市农作物病虫害专业化统防统治推进中的问题与对策[J]. 湖南农业科学, 2014（18）: 39-40, 44.

[99] 欧高财, 唐会联, 尹惠平, 等. 湖南农作物病虫害专业化统防统治模式探索与发展[J]. 中国植保导刊, 2013, 33（4）: 59-63.

[100] 陈广泉, 张宏伟. 创新发展模式提升服务水平积极推进农作物病虫害专业化统防统治工作[J]. 农业科技通讯, 2013（10）: 20-22.

[101] 朱景全, 汤金仪, 朱叶芹, 等. 江苏省农作物病虫害专业化统防统治概况及发展建议[J].

中国植保导刊，2010，30（9）：44-46.

[102] 冯金祥，陈跃，钟雪明，等. 农作物专业化统防统治存在的问题及对策建议[J]. 上海农业科技，2011，01：15-17.

[103] 陶凤英，潘云鹤，栾金波. 农作物病虫害专业化统防统治的现状与发展对策[J]. 内蒙古农业科技，2011（2）：96-97.

[104] 张启勇，曹辉辉，闫德龙，等. 扎实推进专业化统防统治工作大力提高安徽省农作物病虫害防控水平[J]. 安徽农学通报，2011，17（5）：103-104，109.

[105] 彭辉，胡建辉，周长庚，等. 沅江市农作物病虫害专业化统防统治项目的推广与成效[J]. 湖南农业科学，2011（16）：13-15.

[106] 祝剑波. 农作物病虫害统防统治的做法和发展对策[J]. 中国植保导刊，2008，28（6）：43-44.

[107] 钱国华，亚晓云，吴飞龙，等. 农作物病虫害专业化统防统治整建制推进实践与思考[J]. 农药科学与管理，2015，36（1）：22-25.

[108] 王陶玲. 农作物病虫害专业化统防统治工作的思考[J]. 农业技术与装备，2015（3）：25-26，30.

[109] 张政兵，郭海明，欧高财. 湖南农作物病虫害专业化统防统治工作实践与思考[J]. 中国植保导刊，2016，36（3）：81-85.

[110] 杨栋. 农作物病虫害专业化统防统治发展中的几个问题[J]. 新疆农业科技，2013（6）：45-47.

[111] 何卫蓉，蔡道辉，李泽森，等. 龙山县开展农作物病虫害专业化统防统治服务的思考[J]. 湖南农业科学，2013（20）：45-48.

[112] LI N, ZHANG W J, LI X. A brief manual of technical specification for integrated control of major rice insect pests in China[J]. Environmental Skeptics and Critics, 2014, 3(3): 61-64

[113] CHAUDHARI B N, NEHARKAR P S, SHAMKUWAR G R. Compatibility of insecticides and fungicides against major insect pests and diseases of rice[J]. International Journal of Tropical Agriculture 2014, 32(3/4): 757-761.

[114] FU K Y, ZHANG W Y, CAO H X, et al. Research progress on crop diseases and insect pests monitoring based on spectrum[J]. Journal of Agricultural Science and Technology, 2014, 16(5): 90-98

[115] HUANG S, WANG L, LIU L, et al. Nonchemical pest control in China rice: a review[J]. Agronomy for Sustainable Development, 2014, 34(2): 275-291.

[116] JEONG H K, KIM C G, MOON D H. An analysis of impacts of climate change on rice damage occurrence by insect pests and disease[J]. Korean Journal of Environmental Agriculture, 2014, 33(1): 52-56.